건축재료실험

오상균·강병희·이수용·이한승·안재철 공저

머 리 말

건축에 있어서 계획, 설계, 시공 시 건축재료 선정의 적부는 건축물의 외관뿐만 아니라, 구조물의 안전성, 내구성, 기능성, 거주성 등에 크게 영향을 준다는 것은 말할 필요도 없습니다. 그러므로 건축물의 계획, 설계, 시공에 임하여 공간의 플레이닝, 디자인, 구조, 시공계획 등과 함께 사용재료에 관해서 충분한 검토와 고려를 하지 않으면 안 됩니다. 그를 위해서는 미리 각 재료에 관하여 그 특성, 품질, 성능에 관해 알아 두어야할 필요가 있으며, 이러한 재료의 성질과 성능은 그 재료에 적합하고 보편화된 시험을 통하여 알 수 있습니다. 이에 우리나라를 비롯한 세계 각국에서는 이러한 건축재료들에 대해 각각 그 성질과 성능을 시험할 수 있는 방법들을 규정하고 그 규격을 정하고 있습니다. 건축전문가들은 이러한 시험방법과 또 이러한 시험을 통해 얻은 결과에 대해 식별할 수 있어야 하며, 건축의 모든 프로세스에서 현명한 판단을 할 수 있어야 합니다. 따라서 건축재료실험에 관한 교육은 매우 중요하고 이론으로만 습득했던 지식들을 실제 실험을 통하여 몸으로 체험할 수 있는 기회가 될 것입니다.

한편, 현대건축에서 가장 많이 사용되어지고 있는 구조재료는 콘크리트와 강을 들 수 있는데, 이 두 가지 구조재료는 제조방법이 전혀 다르기 때문에 건축을 배우는 학생들이 이러한 재료에 관한 실험법에 대해서 습득해야 할 내용들도 당연히 다릅니다. 즉 콘크리트에 대해서는 콘크리트를 이루는 조성재료, 배합방법 등과 그 성질에 관한 실험 등이 중요한 경우가 많으나, 강재에 대해서는 오로지 구조부재 혹은 구조물로서의 실험, 다시 말해 구조실험이 보다 중요합니다. 최근 콘크리트에 대해서도 시공프로세스에 따른 분업화, 전문화가 진행되어 제조과정에서 구조체 콘크리트의 품질관리에 이르기까지 어느 특정 기술자가 일관해서 담당하는 경우는 많지 않습니다. 또 건축기술의 진보, 신재료 · 신기술의 개발, 각종 측정기술의 진전 등에 의해 구조재료 실험방법으로서 학습해야할 내용도 점차 변화하고 있습니다.

최근, 학교를 졸업하고 건설회사나 연구소에 취업한 학생들을 채용하고 있는 기업에서는 신입사원들이 건축재료의 품질관리에 대한 지식이 없어 곤란한 경우가 많다고 합니다. 따라서 품질을 확보하지 않으면 살아남을 수 없는 현장이나 기업으로서는 사원들의 연수나 재교육에 신중을 가하고 있는 실정입니다. 이 책은 건축구조재료 중 콘크리트와 강재에 관한 실험을 중심으로 공업고등학교, 전문대학, 대학교 등의 건축학도들을 위한 학습교재로 사용하기 위해 집필되었으나, 기업 내의 교육이나 연구소에서의 참고서로도 충분히 활용할 수 있을 것으로 기대합니다. 현재 국내에서 구입할 수 있는 대부분의 건축재료실험에 관한 교재들은 실험에 대해 그 내용들을 대부분 글로만 설명하고 있으며, 공업규격, 시방서, 관련이론지식 등에 대한 정리도 잘 이루어지고 있지 않은 교재들이 많아 실제 실험에 임하는 교육자나 피교육자의 입장에서 전체 실험프로세스를 이해하는 데에 적지 않은 어려움이 있었다고 생각됩니다. 저자는 이러한 문제점들을 개선하고 재료실험의 모든 프로세스를 되도록 알기 쉬운 그림과 표 등으로 정리함으로써 실험자가 교재만으로도 3차원적인 이해를 할 수 있도록 최선을 다하였으며 그 내용은 다음과 같습니다.

먼저, 제1장 총론에서는 건축재료실험에 관한 기초적 지식을 정리하였고, 제2장에서는 시멘트에 관한 기초이론과 시험을, 제3장에서는 골재에 관한 기초이론과 시험을, 제4장에서는 콘크리트에 관한 기초이론과 시험을, 제5장에서는 강재에 관한 기초이론과 시험을, 제6장에서는 비파괴 시험에 관한 기초이론과 시험을 기술하였습니다. 그리고 마지막으로 부록에서는 각종 실험결과를 정리할 수 있는 데이터 시트를 추가하였고, 건축엔지니어로서 꼭 알아 두어야할 기호, 단위, 건축재료에 관한 중요 데이터를 정리하여 더욱 내실을 기하였습니다.

이 책이 건축을 공부하는 학생들이나 건축관련 전문가들의 참고도서로서 유익하게 활용될 수 있기를 바라며, 자료수집과 시간의 제약으로 인한 부족한 점들은 앞으로도 계속 보완해 나갈 것을 약속드립니다.

끝으로 이 책의 집필에 있어서 각종 공업규격과 시방서의 정리는 물론, 그림 및 표의 작성, 편집에 이르기까지 노고를 아끼지 않고 최선을 다해준 임승준 군과 김세영 양을 비롯한 동의대학교 건축공학과 시공재료 연구실 연구원 모두와 출간을 위해 물심양면으로 성원해주신 도서출판 서우의 이석환 사장님께 진심으로 감사를 드리는 바입니다.

저자 일동

차 례

제1장 총 론

제2장 시멘트 시험

제3장 골재 시험

제4장 콘크리트 시험

제5장 강재 시험

제6장 비파괴 시험

부 록 1

부 록 2

1

총 론

1. 서 론
2. 시험에 관한 기초 지식 Q & A
   (단위에 관한 상식)
3. 시험에 관한 기초 지식 Q & A
   (시험에 관한 상식)
4. 시험에 관한 기초 지식 Q & A
   (수치처리방법)
5. 시험에 관한 기초 지식 Q & A
   (보고서 작성 요령)

1. 서 론

- 1.1 재료실험의 의의 -

■ 재료와 실험

(1) 건축재료의 입장

건축물을 만들 때에 사용되어지는 재료는 모두 ① 주어진 상황, ② 사용되는 재료의 성질, 그리고 ③ 재료의 치수와 형상에 대한 요구조건에 맞지 않으면 안 된다. 그러나, 건축재료는 매우 다양하므로, 건축물의 설계나 시공 단계에서 위의 조건들을 만족시킬 수 있는지를 철저히 확인하는 것이 상당히 곤란하다. 게다가 건축재료의 개선 혹은 개량은 하루가 다르게 발전하고 있으며 신재료 · 신공법의 출현 또한 이와 더불어 다양화, 복잡화하여 가고 있는 경향이 있다. 따라서, 우리들은 그러한 재료들을 분류, 정리하여 각종 요구조건에 대응할 수 있도록 해 둘 필요가 있으며, 또 재료들의 성능에 대해서도 등급을 나누어 정리함으로써 위에서 서술한 건축재료에 요구되어지는 3가지 조건에 대한 인식을 명확히 할 수 있다. 이를 위해서는 「재료설계」와 같은 방법이 필요하게 된다. 재료설계의 개념은 구조설계, 설비설계, 방화설계 등과 같이, 설정되어진 목적에 대해 주어진 조건으로부터 사용되는 재료, 공법 등을 합리적으로 선정하는 시스템을 말한다.

(2) 건축재료의 기능

건축물이 대상으로 하는 기능은 다양하지만 그것을 집약해 보면 「안전」, 「기능」, 「건강」, 「미」 및 「경제」의 5항목을 들 수 있다. 이러한 항목을 만족하는 건축재료가 구비해야 할 사항들을 좀 더 구체적으로 들자면 「안전」이란 구조상의 내력을 주축으로 하는 것으로 상시하중, 지진력, 풍력은 물론 각종 충격이나 수해, 그 밖의 외력에 대한 안전성을 말하며, 「기능」은 음, 빛, 열, 공기, 물, 습기 등에 대한 성능, 또 평면, 입면, 계획 등으로부터 오는 편리성이나 사용상의 효율까지도 포함한다.

「건강」은 건축계획 혹은 설비에 의한 인간의 건강상의 효용이나 쾌적성, 주거성을 대상으로 하고, 「미」는 의장상의 미적 효용 전반을, 「경제」는 계획으로부터 완성까지, 또 그 후의 유지관리, 보수 등도 포함한 경제상의 조건을 표현한다고 생각된다.

(3) 재료실험

건축재료 및 그 성능은 매우 많은 내용을 포함하고 있어 이것을 크게 나누면 구조재료와 마감재료가 되지만, 이러한 경우 설비용 재료나 가설용 재료는 포함되지 않게 된다. 또 건물의 표면은 내벽, 외벽, 지붕, 천정 및 바닥의 5면으로부터 형성되므로 각각에 대한 마감재료가 있다. 이 재료실험용 교재에서는 대상을 대표적인 구조재료 만으로 하고 있다.

재료실험의 의의는 재료를 직접 접하고 시험하는 그 자체에 있다. 또 시험에 임할 때에는 어떠한 항목에 관해 어떠한 방법으로 행하여 그 결과를 어떻게 평가하고 판단할 것인가가 중요하다.

재료실험에는 재료의 성상 연구를 위한 것과 시험을 위한 것 2가지가 있다. 본 재료실험 교재의 중점은 시험을 위한 실험에 있다. 재료실험의 목적으로서는 재료의 반입, 즉 유통을 위한 시험, 품질관리를 위한 시험, 새로운 용도에 적용하기 위한 시험 등이 있다.

① 재료의 반입을 위한 시험은 한국공업규격(KS) 혹은 표준시방서에 의한 규정치에 적합한 품질인지 아닌지를 확인하는 시험이다.
② 품질관리를 위한 시험은 공사의 진행과 함께 부위별, 상태별로 설계도 및 시방서의 규정에 맞는 품질이 확보되었는지 어떤지를 관리하기 위한 시험이다.
③ 새로운 용도에 적용하기 위한 시험은 재료의 기본적인 품질, 성상에 관하여 연구적으로 행하는 시험으로 이것에 따라 새로운 효용, 용도에 기초자료가 된다.

(4) 재료에 요구되어지는 성능

재료의 종류가 많은 것처럼 시험항목도 매우 많다. 주요 재료특성시험이라 할 수 있는 것을 들면 아래와 같다.

① 외력에 대한 성능 : 재료의 강도, 탄소성, 내마모성, 내충격성 등
② 물에 대한 성능 : 흡수, 투수, 함수, 흡습, 투습 등
③ 열에 대한 성능 : 열팽창, 수축, 비열, 열전도율 등
④ 음에 대한 성능 : 흡음, 차음, 충격음 등
⑤ 불에 대한 성능 : 내화, 방화, 재료의 연소, 가스독성 등
⑥ 내구성에 대한 성상 : 동결융해의 반복작용이나 건습의 반복작용에 대한 저항성, 내자외선, 내약품, 내해수, 그 밖에 야외폭로에 대한 내후성 등

– 1.2 실험에 있어서의 주의사항 –

■ 올바른 실험

실험을 하면 반드시 결과가 나온다. 이것은 지극히 당연한 것이지만 이 결과가 정확한지 아닌지는 중대한 문제가 된다. 즉 실험은 「① 실험계획」, 「② 실험방법 및 상태」, 「③ 실험용 기기와 그 성능」, 「④ 얻어진 결과」, 「⑤ 결과에 대한 판단」으로 구성되어 그 전반에 대해 고찰되어야 한다.

또, 실험에 있어서는 표준시험방법이 정해져 있는 것은 그 방법에 대해 충실했느냐 여부와, 얻어진 결과의 신뢰도 혹은 표준시험방법이 정해져 있지 않은 경우에는 채용된 시험방법과 그 결과의 고찰이 중요해 진다.

어떠한 경우에라도 실험에 임함에 있어 필요한 주의사항의 요점을 들면 다음과 같다.

① 시험 : 대표시료의 채용방법 및 그 대표성의 확인
② 실험용 기기의 점검 : 각종 계측기기의 표준량, 감량, 눈금 등의 검사와 확인
③ 실험상태 : 온도, 습도 등의 실험실 내외 환경조건
④ 측정과 유효숫자 : 측정에는 직접측정과 간접측정으로 나눌 수 있다. 또 실험치의 정도와 측정치의 유효숫자를 확인해 두어야 한다.

■ 실험실 내에 있어서의 안전

재료실험은 기술적으로 미숙한 단계에 있는 학생이 하는 것이다. 따라서 안전에는 충분한 주의가 있어야 한다. 실험실 담당자의 지시에 따라 이하의 안전항목에 대한 검토를 하고 유의해야 한다. 또, 안전에 대한 주의사항이나 안전규칙은 대학마다 혹은 각 전공마다 독자적으로 준비되어진 경우가 많다.

① 실험실에 출입할 때에는 열쇄의 반납여부나 보관, 셔터나 창의 개폐, 전기 · 가스 · 수도 등의 적정한 취급, 야간 혹은 시간 외의 사용 등은 정해진 규칙대로 할 것
② 실험실 내에 있어서의 행동은 헬멧, 안전구두, 작업복의 착용, 금연 엄수, 장난이나 소리지르기 금지
③ 기계, 기구, 공구, 물품, 시험체, 실험용 재료 등의 정리정돈에 유념할 것. 정밀측정기구는 특히 진중하게 취급할 것
④ 크레인의 조작 포크리프트의 운전 등 위험을 동반한 작업은 실험실 담당자가 직접 하든

지, 혹은 교관의 지휘 하에 주의해서 할 것

⑤ 콘크리트 실험에서는 바닥에 전도, 믹서나 컷터 등의 모터 회전벨트에 손가락이나 의복 등이 끼이지 않도록 주의할 것

⑥ 재하실험 중에는 기계의 움직임에 주의할 것. 기계의 성능을 숙지할 것

⑦ 중량물의 취급은 운반용 기계류나 운반차를 사용하여 진중하게 할 것

⑧ 고소작업에서는 물건의 낙하, 사람의 추락에 주의할 것. 또 작업 중에 작업장 바로 아래에는 사람이 지나치지 않도록 할 것

⑨ 그 밖에 화학약품의 취급, 보관, 청소, 누전, 방화, 도난 등에 대해서 충분히 주의할 것

- 1.3 실험 데이터의 정리방법 -

■ 측정값과 그 정도(精度)

(1) 측정

양을 측정한다는 것은 그 양을 기준의 단위량과 비교해서 단위량에 대한 비가 얼마인가를 정하는 것으로, 그 조작을 '측정'이라 부르고, 측정에 의해 얻어진 수치를 '측정값'이라 한다. 양의 측정에는 '직접측정'과 '간접측정'이 있다. 직접측정이란 양 그 자체를 그것에 대한 측정기로 직접 측정하는 것을 말하며, 간접측정이란 그 양과 일정관계에 있는 다른 양의 직접측정값을 이용하여 구하는 방법으로, 예를 들어 어떤 원주체의 밀도 ρ는 그 직경 d, 높이 h, 질량 m의 직접측정값에 기초하여 $\rho=4m/\pi d^2h$ 에 의해 간접측정값으로서 구해진다.

(2) 오차

측정을 할 경우, 아무리 정밀한 측정기를 사용하여 세심한 주의를 기울인다할지라도 그 결과는 참값의 근사값에 불과하며 참값을 얻는다는 것은 불가능하다. 그 측정값과 참값과의 차를 '절대오차' 혹은 간단히 '오차'라고 한다. 참값을 알지 못하는 이상 측정값의 오차도 알 수 없다. 그러나 그 경우에 대응해서 얼마 이하의 오차라는 한계는 안다. 참값을 얻을 수 없어도 측정값이 그 목적을 위해 도움이 되는 것은 그 오차가 목적으로 하는 현상의 변화량에 비해 현저히 작을 경우, 즉 그것이 절대적인 것이 아니라도 일정 정도를 가질 경우이다. 그러므로 측정을 할 때에 그 결과의 신뢰성을 판단하기 위해서는 반드시 얻어진 값의 정도를 평가해야 하며, 또 역으로 필요로 하는 정도를 보증하는 측정방법을 검토해야 한다. 이와 같이 실험에 있어서 정도의 문제는 중요한데, 이것을 처리하기 위해서는 '오차론'에 관한 지식이 필요하다. 특히, 간접측정에 있어서는 직접측정에 비해 정도의 문제가 매우 복잡해지며 그 처리가 곤란한 경우가 많기 때문에 오차론의 적용에 의해 해결해야 한다.

오차가 생기는 원인은 여러 가지 복잡하지만, 다음과 같이 분류할 수 있다.

① 정차(定差, 혹은 계통적 오차)

- 기계적 오차(눈금의 부정확에 의해 생기는 것 등), 물리적 오차(광선의 굴절에 의해 생기는 것 등), 개인적 오차(관측자의 특성으로 어떤 양을 매우 과대 혹은 과소평가함으로써 생기는 것 등)이 있으나, 그 원인은 밝히면 정차는 계산 혹은 적당한 방법으로 결과로부터 제거할 수 있다.

② 과실

- 눈금을 잘못 읽음, 기록이나 계산상의 착오 등에 의한 것으로 충분히 주의하면 제거할 수 있다.

③ **우차(偶差, 혹은 우연오차)**

- 정차나 과실을 제거해도 반드시 존재한다고 생각되어지는 것이므로 원인을 알 수 없고 오로지 우연성에 지배된다. 오차론에서 말하는 오차는 이 우차를 가리키는 것으로 측정의 횟수가 매우 많을 경우는 다음의 3가지 성질을 공리(公理)로서 갖는다.

a. 작은 오차를 일으킬 확률은 큰 오차를 일으킬 확률보다 크다.
b. 정(正)의 오차와 이것과 크기가 같은 부(負)의 오차를 일으킬 확률은 같다.
c. 정도가 심하고 큰 오차를 일으킬 확률은 매우 작다.

이러한 생각으로부터, 반복해서 측정한 측정값의 평균값은 각 개의 측정값보다도 오차가 작아지며, 따라서 보다 참값에 가까운 것이라 생각되어진다.

④ **직접측정의 정도(精度)**

- 정도(精度)는 오차의 대소만으로는 알 수 없고 측정값의 크기가 관계된다. 일반적으로 참값과 측정값과의 차, 즉 절대오차를 참값으로 나눈 것을 '상대오차'라 부르며 정도를 나타낸다. 참값은 알 수 없는 값이므로 그 대신에 측정값을 사용한다. 절대오차도 또한 알 수 없는 것이므로 보통은 추정에 의한 한계값(표준편차 등)을 사용한다.

⑤ **간접측정의 정도(精度)**

- 실험에서는 간접측정을 하는 것이 매우 많다. 그럴 경우, 측정방법을 검토하고 또 결과의 신뢰성의 한계를 고찰한 뒤, 직접측정의 정도로부터 간접측정의 정도를 아는 것이 매우 중요하며, 거기에는 오차론에 의한 수학적 처리가 필요하다. 일반적으로 오차법칙을 나타내는 다음의 식으로부터 구할 수 있다. 즉, 직접측정을 해야 하는 양 x_1, x_2, ……, x_n 이, 간접측정을 해야 하는 양과, $y=f(x_1, x_2, ……, x_n)$ 관계에 있고, x_1, x_2, ……, x_n 에 각각 ε_1, ε_2, ……, ε_n 의 오차가 있다고 하고, y 의 오차를 ε_0 라 하면,

$$\varepsilon_0^2=\left(\frac{\partial f}{\partial x_1}\right)^2 x_1^2+\left(\frac{\partial f}{\partial x_2}\right)^2 x_2^2+\ldots+\left(\frac{\partial f}{\partial x_n}\right)^2 x_n^2$$

이다.

■ 측정값의 취급방법

(1) 측정값의 표기방법과 유효숫자 자리 수

측정값은 오차를 동반하고 있으므로 그 측정 정도에 따라 유효한 숫자의 자리수로 표시해야 한다. 그러기 위해서는 측정값은 항상 그 최초의 의심이 가는 숫자의 자리까지 사사오입하면 된다. 이와 같이 표시되어진 숫자를 '유효숫자', 그 자리수를 '유효자리수'라고 한다. 예를 들어 1mm 눈금의 자로 어떤 길이를 측정할 경우, 45mm 와 46mm 사이에 측정되었다고 하면 45mm 를 눈금으로 읽고 다음은 눈대중으로 0.3mm 로 읽었다고 하면 측정값은 45.3mm 로 쓴다. 만약, 45.30mm 로 썼다면 그 값이 나타내는 의미는 45.3mm 와는 전혀 달라 눈대중으로 읽은 0.3mm (실제는 0.4mm 일지도 모름) 가 정밀자 등으로 측정한 것과 같은 충분히 신뢰할 수 있는 값을 나타내는 것이므로 특히 0을 붙이는 경우는 주의해야 한다.

이상에서 알 수 있듯이 직접측정값의 유효숫자는 측정값 그 자체이며 거기에 쓰여진 자리수에 지나지 않는다. 한편 간접측정값에 관하여 생각해 보면 직접측정값의 자리수보다도 한층 증가할 것이며 경우에 따라서는 무한히 계속되어지는 것도 있을 수 있다. 그런데 유한한 정확도를 가진 측정값을 사용하여 구한 결과가 측정값의 정확도 이상이거나 무한히 정확한 수치가 되는 모순을 쉽게 알 수 있다. 실제로는 간접측정값의 정확도는 직접측정값의 정확도보다도 낮아야 하는 것이 당연하며 최상의 조건에서도 동일해야 한다. 일반적으로 직접측정값의 종류가 적을 경우에는 간접측정값의 유효자리수와 직접측정값의 유효자리수는 일치하지만, 감소하는 경우는 있어도 증가하는 경우는 없다. 여기서, 실험에 앞서 간접측정값과 직접측정값과의 정도관계를 조사해 두어 측정을 보다 능률적으로 할 수 있도록 간접측정값의 유효자리수를 정하는 것이 좋다. 즉 직접측정의 범위를 결정하는 것이다.

(2) 근사값의 계산방법

전술한 바와 같이 간접측정값에는 직접측정값의 숫자적 처리의 과정이 포함되어, 대부분의 경우 이 과정은 직접측정에 비해 매우 번잡하다. 특히 근사값의 계산규칙에 따라 불필요한 숫자를 버리는 것을 고려하지 않고 정확한 수치에 대한 계산처럼 진행할 경우에는 결과에 있어 숫자의 자리수는 급속하게 증대되어 중간조작도 현저히 곤란해진다. 그러므로 결과의 정도를 저하시키지 않고 계산작업을 쉽게 할 수 있는 방법을 취하는 것이 좋다.

또 계산에 '계산자'을 사용하면 거의 어렵지 않게 적당한 약산을 한 근사값이 얻어진다. 계산자은 4~5 자리 등의 유효수자 계산을 할 경우를 제외하면 대부분 모든 경우에 사용할 수 있으므로 실험에는 편리하다.

(3) 수치의 정리방법

측정값을 정리할 때에, 종래의 사사오입법에 따르면 5는 항상 잘라 올리므로 오차가 커지는 경우가 있다. 이 수치의 정리방법에 대해 개략적으로 서술하면 어떤 수치를 유효숫자 n자리에서 정리할 경우, 또 소수점 이하 n자리에서 정리할 경우에는 (n+1)자리 이하의 수치를 다음과 같이 한다.

(n+1)자리 이하의 수치가 n자리째의 단위의 1/2일 경우 (즉 (n+1)자리 이하의 수치가 5이고 그 후에 숫자가 없거나 혹은 전부 0인 경우)에는 n자리째의 숫자가 짝수 (0을 포함) 이면 (n+1)자리째 이하를 잘라 버리고, n자리째의 숫자가 홀수면 잘라 올려서 n자리째를 1단위만큼 늘리면 된다.

그 이외의 경우에는 종래의 사사오입에 의한다.

또한 이 수치정리방법은 1단계에서 해야 한다.

■ 통계량의 표기방법

측정의 결과 얻어진 데이터는 같은 값별 혹은 구분하여 그룹별로 도수분포의 형태로 정리함으로써 주어진 수치의 집합이 갖는 성질, 분포상태의 특징을 명확히 할 수 있는 경우가 많다.

이러한 수치의 중심적 위치를 나타내는 대표값으로 '평균값', 평균값에서 벗어나 흩어진 정도를 나타내는 것으로 '분산', '표준편차', '변동계수', '범위' 등이 있다. 각각의 값은 다음과 같은 방법으로 구할 수 있다.

n개의 측정값을 x_1, x_2, ..., x_n 이라고 한다면,

평 균 값 $$\bar{x}=\frac{(x_1+x_2+......+x_n)}{n}=\frac{1}{n}\sum_{i=1}^{n}x_i$$

분 산 $$S=\frac{1}{n}\sum_{i=1}^{n}(x_i-\bar{x})^2$$

표준편차 $$\sigma=\sqrt{S}$$

변동계수 $$v=\frac{\sigma}{\bar{x}}\times 100(\%)$$

범 위 R = (데이터 중의 최대치) - (데이터 중의 최소치)

이상과 같이 n개의 실험 데이터로부터 산출되어지는 양을 총칭해서 통계량이라고 한다.

통계량으로 실험결과를 나타내는 경우, 적어도 평균값, 표준편차 및 측정값의 수를 표시할 필요가 있다. 그것만으로도 유용하지만, 거기에 확률이론에 기초하여 모집단의 성질을 추정, 검정 등의 통계적 추론을 하는 경우가 있다.

'추정(推定)'이란 모수(母數)에 관해 어떠한 예비지식도 없이 그 값이 어느 정도일까를 알려고 하는 것이며, '검정(檢定)'이란 모수(母數)에 관해 어떤 예상을 가지고 이것을 가설이라고 하는 형태로 제시하고 측정값을 기초로 검증을 하는 것이다. 예를 들어 평균값, 분산의 추정이나 검정, 또 그 신뢰구간의 추정, 2개의 평균값의 유의차 검정, 측정값의 기각 등의 가설을 설정함에 따라 검정이 행해진다. 만약 표본평균값 $\overline{x}$의 값을 알면 모평균의 존재구간을 추정할 수 있다. 즉,

$$\overline{x} \pm t(n-1,\ \alpha) \times \sqrt{\frac{S}{n}}$$

t(n-1, α)는 t 분포표의 자유도 (n-1)에 대한 신뢰율 α 의 값이다. 예를 들면 n=0 의 경우에 신뢰구간은 이것을 95% 로 한 경우 : $\overline{x} \pm 2.262\sqrt{\frac{S}{n}}$, 99% 로 한 경우 : $\overline{x} \pm 3.250\sqrt{\frac{S}{n}}$ 로 얻어진다.

그 밖에 3개 이상의 모평균의 차를 검정하는 것은 '분산분석법'이 사용되어진다. 데이터가 가지고 있는 오차의 전체를 원인별로 몇 가지 분석하여 각 원인에 대해 추정이나 검정을 하는 일반적인 방법으로 응용범위도 넓고 '실험계획법'의 기초가 된다.

■ 실험 데이터의 표기방법

측정의 결과를 나타내는 방법으로는 '표', '도표(그래프)', '실험식'의 3가지가 있다. 각각 특징을 가지고 있으나 측정목적이나 내용에 맞게 선택한다.

(1) 표

표는 데이터의 보존에 적합하며 실험결과 전체를 개관하기에 용이하다. 또 결과간의 관계나 측정에 있어서 결함을 발견하는 데에도 도움이 된다. 각 항목의 가로, 세로 란에 배치나 공백의 넓이 등, 기입이나 계산의 능률, 결과의 분석이나 검사 등을 시작으로 잘 고려하여 작성해야 한다.

(2) 도표(그래프)

도표에서는 표에서 알기 힘들었던 수치 상호간의 관계나 최대 · 최소값, 주기성 혹은 범위

를 벗어난 값 등의 중요한 성질을 쉽게 발견할 수가 있다. 좌표축에 두는 양의 종류 선택이나 단위, 눈금의 크기, 범위, 보기 쉬운 정도나 측정값의 정도 등을 고려하여 작성해야 한다. 일반적으로 사용되어지는 도표의 형식과 그 특징은 아래와 같다.

① 도수분포의 표기방법

어떤 양의 측정값이 많은 수가 얻어진 경우에는 그 도수분포를 표시한다. 그러기 위해서는 먼저 도수표를 만든다.

[도수표]

표수표를 만들기 위해서 데이터의 수는 원칙적으로 100개 이상이 바람직하나 어쩔 수 없을 경우 50개 정도라도 좋다. 데이터가 존재하는 범위를 그 수에 따라 7~20 정도로 구분한다. 구분한 수가 적으면 분포의 상태를 알기 힘들며 역으로 너무 많으면 보기 어려워진다. 구분의 경계는 중복되지 않도록 주의한다. 보통은 데이터 최소자리의 1/2만큼 끝수에 붙은 값을 경계로 본다.

[히스토그램(주상도)]

가로축에 측정값의 구분을, 세로축에 그 구분에 해당하는 도수를 취한다. 도수표에 비해 구분상태를 보다 확실히 알 수 있다. 각 구분에 있어서 도수를 총 데이터 수로 나눈 상대도수(%)를 세로축으로 하는 경우도 있다.

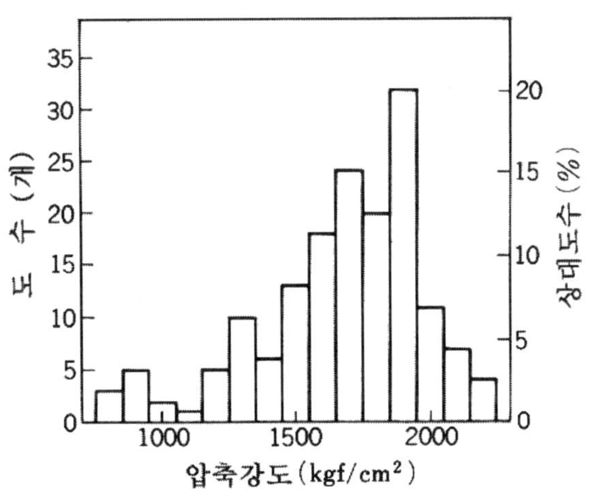

<히스토그램>

[도수꺾은선(도수나각형) 그래프] : 히스토그램에 있어서 각 중앙값을 취해 순차로 연결하여 얻어진다. 데이터 수를 점차로 증가시켜 구분폭을 작게 하면 꺾은선은 부드러운 곡선에 가깝게 된다. 이 극한 곡선을 '도수곡선'이라 한다.

이것들을 일괄해서 도수그래프라고도 하나 그 특징은 구분폭과 그래프로 싸여진 부분의 면적이 그 구분에 속하는 도수를 나타낸다.

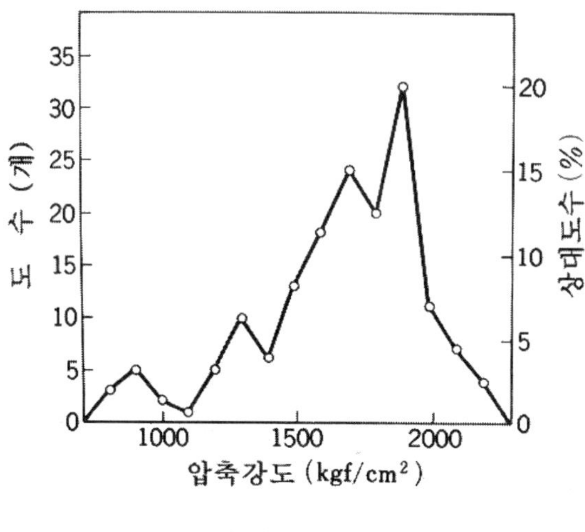

<도수꺾은선 그래프>

[누적도수꺾은선 그래프]

누적도수를 꺾은선으로 나타낸 것으로 누적도수를 세로축으로 하면 어느 값 이하 혹은 이상의 것이 전체의 몇 퍼센트(%)를 차지하는지 알기 쉽다.

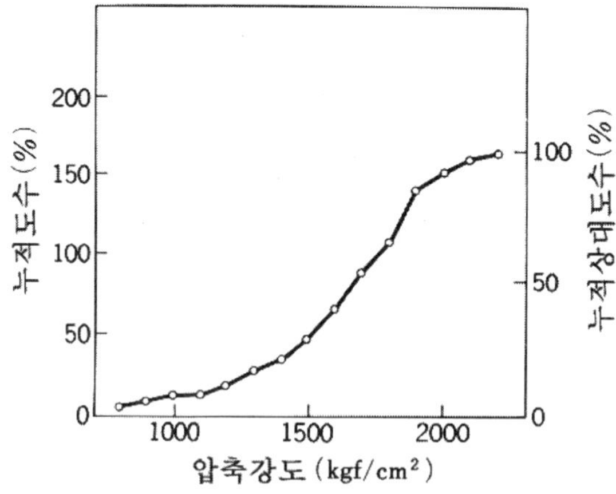

<누적도수꺾은선 그래프>

② 좌표축에 있어서 눈금을 정하는 방법

[균등눈금 그래프]
가로세로 양축 모두 그 눈금이 균등한 폭을 이루는 그래프로 가장 일반적으로 사용되어진다.

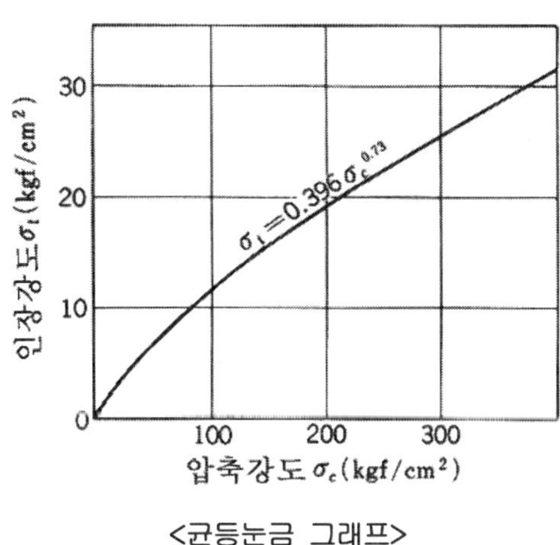

<균등눈금 그래프>

[함수눈금도표]
좌표축에 있어서 비균등한 눈금을 가진 그래프로 변수 x 및 y 의 값에 직접 비례하는 것이 아니라 그것들의 어떠한 함수, 예를 들어 log x 및 log y 혹은 log x 및 y^2 등 에 비례하도록 되어있다. 일반적으로 이러한 함수의 형태는 균등눈금에서 곡선 그래프가 직선이 되도록 선택된다. 가장 많이 사용되어지는 것은 '대수눈금 그래프'이다. 그 외에 역수눈금 등 목적에 따라 사용되어진다.

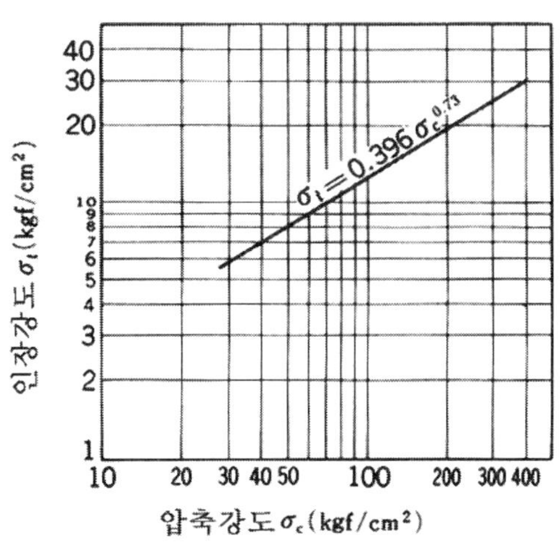

<대수눈금 그래프>

③ 실험식

실험식에 의해 결과를 나타내면 구하고자 하는 양 간의 관계를 간략하게 표현할 수 있고 수학적 해석방법을 적용할 수 있으므로 편리하다. 또 계산작업도 유효하다.

실험식을 얻기 위해서는 두 세가지 방법이 있으나 여기서는 그래프를 만드는 방법에 관해 생각해 본다. 먼저, 균등눈금 그래프로 양 간의 관계가 직선관계인가 곡선관계인가를 확인하여 그에 따라 적당한 실험식의 형태를 선택한다.

[직선관계]

균등눈금 그래프 상에 있는 점에 직선을 대어 보면 쉽게 알 수 있다. 다음으로, 이 관계를 y = ax + b 로 표현하는 정수 a, b 값을 구한다. 예를 들어 n개의 점으로부터 아래 그림과 같이 직선이 얻어졌다고 하면 다음 n개의 등식이 얻어진다.

$$y_1 = ax_1 + b$$
$$y_2 = ax_2 + b$$
$$\vdots \qquad \vdots$$
$$y_n = ax_n + b$$

정수 a, b 를 결정하기 위해서는 등식의 집단을 거의 같은 개수의 그룹으로 나누어 각각의 그룹에 있어서 이들 등식의 좌변과 우변을 가산하여 2개의 식으로부터 a, b 를 구하면 된다.

$$y_1 + y_2 + \ldots + y_k = a(x_1 + x_2 + \ldots + x_k) + kb$$
$$y_{k+1} + y_{k+2} + \ldots + y_n = a(x_{k+1} + x_{k+2} + \ldots + x_n) + (n-k)b$$

여기서, k 는 제 1 그룹에 있어서 등식의 개수로 k 는 대략 n/2 로 한다.

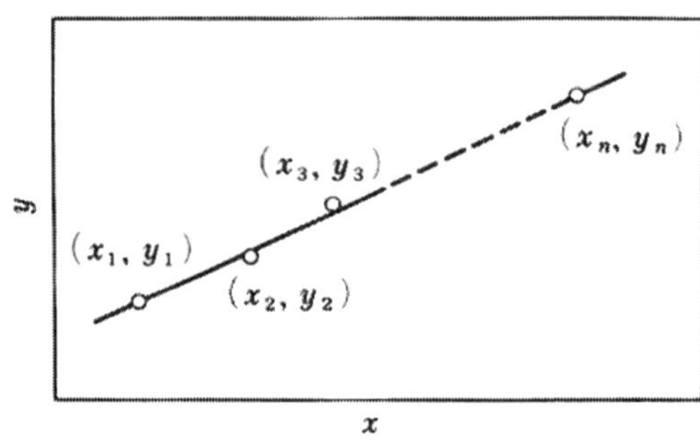

<직선관계>

[곡선관계]

균등눈금 그래프에 그린 실험 그래프가 곡선이 된 경우, 이 그래프를 각종 그래프와 비교해 보고 가장 유사한 것을 선택하여 그것이 표현하고 있는 방정식을 알아본다. 다음으로 이 방정식에 새로운 변수에 의해 직선관계가 얻어지도록 변수를 바꾸어 대입한다. 새로운 변수의 수치계산을 해서 작성한 그래프가 직선화되었는지를 조사한다.(완전히 직선화되지 않은 경우는 그것을 버리고 다른 방정식을 이용하여 다시 검토한다.) 최적의 방정식을 얻었다면 새로운 변수에 의한 실험식(직선)의 정수를 결정하고 또 변수를 바꾸어 역산으로 얻은 본래의 변수에 의한 실험식(곡선)의 정수를 결정하여 최종적인 실험식을 유도한다. 예를 들면 선택되어진 방정식이 다음과 같은 형태라 하자 : $y = ae^{bx}$. 여기에 log y = x, log a = A 로 바꾸어 대입하면 : z = A + bx 라고 하는 직선식이 된다.

[최소2승법]

이상의 방법 외에 2개의 양이 어떤 함수관계에 있는지를 알고 있는 경우, 측정값에 의해 이 관계의 방정식을 구하기 위해서는 최소2승법이 있다. 측정값과 참값에 대한 추정값과의 차를 '잔자(殘差)'라고 하는데, 이 진차의 2승의 합이 최소가 되는 값을 측정값으로부터 구하는 방법이다. 최소2승법은 오차가 우연적인 것이므로 정부(正負) 양쪽이 같은 확률로 일어난다는 가정 하에 성립하는 이론이다.

2. 시험에 관한 기초 지식 Q & A

- 단위에 관한 상식 -

Q : SI 단위란 무엇인가?

A : 정확히는 SI단위계라고 하고 다음과 같이 표기한다.

길　이 : m (미터)
속　도 : m/s (미터 퍼 세커)
가속도 : m/s^2 (미터 퍼 세커 2승)
질　량 : kg (킬로그램)
힘　: 질량과 가속도의 곱($kg{\cdot}m/s^2$)으로 N (뉴튼)
압　력 : 단위면적당 힘(N/m^2)으로 Pa (파스칼)

s, m, kg 과 같이 단일의 단위를 기본단위, 기본단위를 조합한 m/s, $kg{\cdot}m/s^2$ = N, N/m^2 = Pa 을 조립단위라고 말한다. 이 외에 각도를 나타내는 rad (라디안)을 보조단위라고 하여, SI 단위계는 기본단위, 조립단위, 보조단위로 구성된다.

Q : SI 단위에서는 mm, cm, g, t, min, h 등의 단위는 사용하지 않는가?

A : 사용해도 된다.

㎛ = 10^{-6} m, mm = 10^{-3} m, cm = 10^{-2} m, g = 10^{-3} kg, t = 10^3 kg, min = 60 s, h = 3600 s 와 같은 의미이나, 가능한 s, m, kg 등의 SI단위를 사용하는 것이 바람직하다.

Q : SI단위로 큰 수, 작은 수는 어떻게 표시하나?

A : mm 앞의 m 은 접두어의 밀리를, 뒤의 m 은 단위의 m(미터)를 나타내며, 10^{-3} m 를 의미한다. 또 km 의 k(킬로)는 접두어로10^3을 나타내며, 10^3 m 를 의미한다. 접두어에는 다음 표와 같은 것들이 있다.

10^9	G	(기가)
10^6	M	(메가)
10^3	k	(킬로)
10^2	h	(헥토)
10^1	da	(데카)
10^{-1}	d	(데시)
10^{-2}	c	(센티)
10^{-3}	m	(밀리)
10^{-6}	μ	(마이크로)
10^{-9}	n	(나노)

Q : 지구의 적도를 1주하면 약 40,000 km 이다. SI단위로 이와 같이 표기하면 되는가?

A : SI단위로는 원칙적으로 0.1~1000 사이에 있는 수치로 표기하고 이보다 클 경우나 작을 경우는 접두어를 붙여서 표시해야 한다.

40,000 km ➜ 4×10^4 km ➜ $4 \times 10^4 \times 10^3$ m
➜ 40×10^6 m ➜ 40 Mm (메가 미터)

이처럼 길이는 접두어 M(메가)를 붙인 Mm 의 단위로 표기하는 것이 원칙이다.

Q : SI단위와 중력단위는 어떤 관계가 있는가?

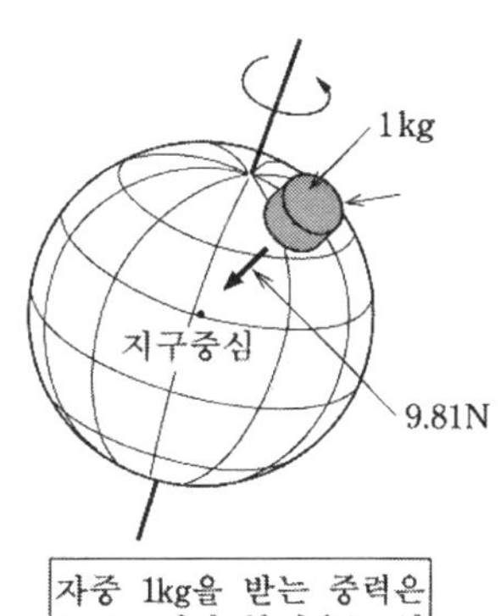

A : 지구상에 질량 1 kg 의 물체가 있다. 이 물체는 지구의 인력(중력가속도 9.81 m/s^2)의 작용을 받아 지구의 중심을 향한 힘(질량 × 가속도 = 1 kg × 9.81 m/s^2) 9.81 N 을 받는다.

이전의 중력단위로는 1 kg 의 질량은 1 kgf 의 중력을 받는 것을 나타내므로 중력단위와 SI단위는

1 kgf = 9.81 N

이라고 하는 관계가 있으며 상호 환산할 수 있다.

Q : 액체나 기체에 작용하는 압력이나 기압의 단위와 구조부재에 생기는 응력도가 같은 단위인 Pa 을 사용하는 것은 이해할 수 없는데...

A : 수압도 재료에 생기는 응력도도 단위면적당 받는 힘을 일컫는 의미로 SI단위로는 N/m^2 = Pa 로 표시하고 그 구별은 전혀 없다. 그러나, 관용적으로 수리, 기상 등은 Pa 을, 재료역학에서는 N/mm^2 을사용 하고 있다.

응력도의 계산에서 N/mm^2 을 단위로서 사용하고 있는 것은 종래의 중력단위에 가까운 수치로 표현하려고 하는 의도이다. 예를 들면,

1,400 kgf/cm^2 = 1,400 × 9.81 N/cm^2 = 1,400 × 9.81 $N/100mm^2$ = 137 N/mm^2

중력단위의 응력도 1 kgf/cm^2 은 SI단위로 환산하면 약 1/10 이 되기 때문이다.

1 kgf/cm^2 = 0.0981 N/mm^2

3. 시험에 관한 기초 지식 Q & A

- 시험에 관한 상식 -

Q : 길이를 측정하는 도구는 어떠한 것이 있는가?

A : 길이나 2점간의 거리를 측정하기 위해서는 그 길이나 목적으로 하는 정밀도에 따라 적합한 도구를 선택하여야 한다.

① 자 : 1 cm~1 m 정도가 많고 0.1 mm 의 정밀도로 읽는다.

② 버니어캘리퍼스 : 30 mm~50 cm 정도가 많고 내경, 외경, 깊이를 측정할 수 있고 버니어를 이용하여 0.05 mm 까지 읽을 수 있다.

③ 마이크로미터 : 25 mm 정도 이하의 것이 많으며 버니어캘리퍼스보다 정도가 높고 0.01 mm 까지 읽을 수 있다.

④ 다이얼게이지 : 변하는 시험체의 변위량을 측정하는 것으로 5~10 mm 정도로 0.01~0.001 mm 까지 읽을 수 있다.

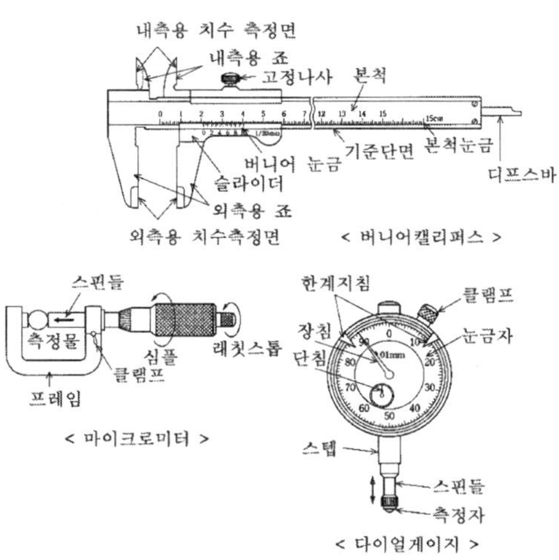

Q : 질량, 힘을 측정하는 도구로는 어떤 것들이 있는가?

A : 질량을 측정하는 도구로는 다음과 같은 것들이 있다.

① 천칭 : 0.5 g~500 kg 로 정밀도는 측정량의 1/1000 정도이다.

② 전자저울 : 천칭과 같이 광범위한 질량 측정이 가능하다. 정밀도도 천칭과 거의 같다.

③ 저울 : 수kg ~수백 t 으로 정밀도는 측정량의 1/100~1/1000 정도까지 이다.

④ 로드셀 : 힘의 작용으로 생기는 변형을 전기적으로 검출하는 것으로 재하시험기에 장착해서 사용한다. 정밀도는 측정량의 1/1000 정도까지 이다.

⑤ 프루빙 링 : 힘의 크기와 링의 처짐량 간에는 직선관계가 있는 것으로 가정해서 힘의 크기를 검출하는 것으로, 정밀도는 측정량의 1/100 ~ 1/500 정도까지 이다.

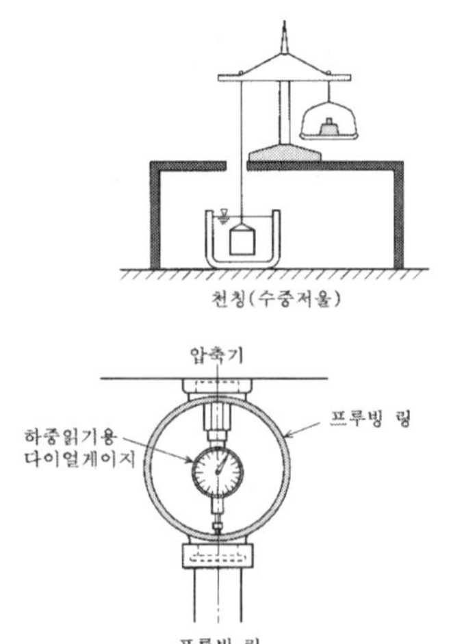

Q : 온도를 측정하는 도구로는 어떤 것들이 있는가?

A : ① 수은온도계 : −30~+700 ℃ 사이의 온도측정이 가능하고 0.1 ℃ 까지 측정할 수 있다.

② 열전계 : −200~+600 ℃ 의 온도가 측정 가능하고 원격측정, 자동측정장치의 일부로서 사용된다. 정밀도는 지시온도의 0.5~0.75 정도이다. 측정에는 증폭기를 사용한다. 지시열전온도계라고도 함.

③ 방사온도계 : −50~+2000 ℃ 의 온도가 측정 가능하고 정밀도는 지시온도범위의 0.1 % 정도이다. 고체의 표면온도를 접촉하지 않고 측정할 수 있는 특징이 있다. 이것은 열방사(전자파)의 강도로부터 측정한다.

Q : 체적이나 밀도는 어떤 도구로 측정하는가?

A : ① 고체의 체적을 구하고자 할 때에는 밀도를 미리 알고 있는 액체를 가득 넣은 용기 중에 고체를 넣고 넘쳐 나온 액체의 질량을 측정하거나 용량을 메스실린더로 측정하여 구한다.

$$\text{체적} = \frac{\text{질량}}{\text{밀도}}$$

의 관계가 있다.

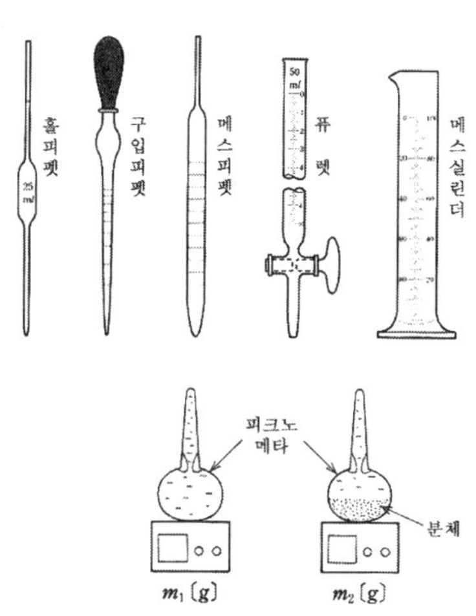

② 시멘트 등과 같은 분체의 체적을 구하고자 할 때에는 용적을 미리 알고 있는 피크노메타와 밀도 ρ (g/cm³) 를 알고 있는 액체를 사용하여 측정한다.

측정방법은 액체를 피크노메타에 가득 넣고 질량 m_1 (g) 을 측정하고, 다음에는 액체를 빼내고 피크노메타에 분체를 넣은 다음 액체를 채워서 질량 m_2 (g) 을 측정하여 분체의 체적을 다음의 식으로부터 구한다.

$$\text{체적} = \frac{m_2 - m_1}{\rho}$$

③ 액체의 체적은 메스실리더로 용량(㎖)을 측정한다.

④ 밀도의 측정도 체적의 측정과 같이 용적을 알고 있는 용기인 피크노메타나 메스실리더를 사용하여 측정한다. 그 밖에 소량의 액체를 측정하고 계량할 때에는 피펫이나 뷰렛을 사용한다.

Q : 입도는 어떤 도구를 사용하여 측정하는가?

A : ① 크기가 정해진 한 세트의 체를 사용하여 분류하고 체에 남은 시료의 질량을 측정해서 입도분포를 구한다.

② 체에 걸리지 않는 초세입자는 입자가 침강하는 속도차를 이용하여 측정한다.

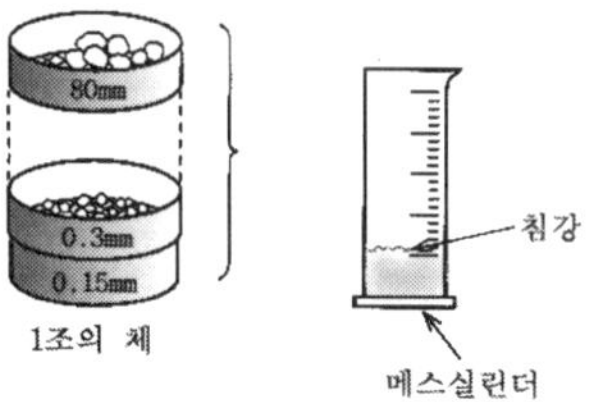

Q : 압력이나 응력, 변형은 어떤 도구로 측정하는가?

A : ① 기체나 액체에 작용하는 압력은 관내에 밀도가 다른 액체를 채워 별도의 가는 관을 삽입시켜 그 액면의 위치를 측정해서 압력을 구한다.

② 흙이나 콘크리트 등의 응력도나 변형은 일반적으로 변형저항측정기를 사용하고 전기를 이용하여 응력도나 압력 등을 측정한다.

액체 등은 액체의 압력이 미치는 관의 신축량을 계측하여 압력을 구한다. 또 흙의 응력도나 콘크리트에 생기는 응력도는 변형을 측정해서 응력도를 환산할 수 있다.

어느 것이나 측정하는 것은 변형 ε 로, 후크의 법칙으로부터 콘크리트의 압축응력도 f_c', 강재의 응력도 σ (N/mm^2)으로 환산한다.

$$(f_c', \sigma) = E \cdot \varepsilon$$

단, E는 재료의 탄성계수(영계수) (N/mm^2)

Q : pH 는 왜 측정하는 것일까?

A : pH는 액체의 수소이온 농도를 나타내는 지표로 산성이나 알칼리성의 정도를 표시한다. 주로 pH지시약 색의 변화와 비교하는 방법과 pH를 이미 알고 있는 표준액이나 유리전극을 이용하여 두 액체의 전위차로부터 구하는 방법이 있다.

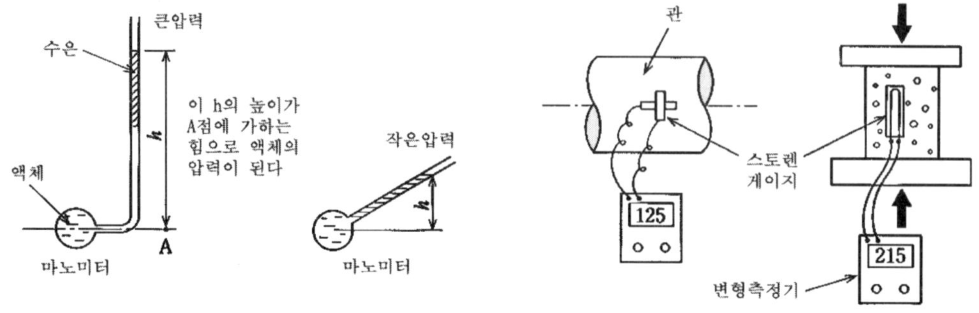

Q : 시험을 할 때에 주의해야 할 것은 어떤 것들이 있는가? 또 어떤 대응이 필요합니까?

A : 약품을 다루는 화학적인 시험에는 물로 충분히 세정하면 문제가 없는 것이 대부분이다. 그러나 수은, 아세톤 등의 유해물을 다루는 시험에는 사전에 충분히 처치방법을 생각해 두어야 한다. 수은 등을 만일에 엎질렀을 때에도 회수 가능하도록 큰 접시 위에서 취급하는 등의 대응이 필요하다.

또, 사고 방지를 위하여 실험복도 평소에 정리 정돈하는 습관을 갖도록 한다.

4. 시험에 관한 기초 지식 Q & A

– 수치처리방법–

Q : 시험의 데이터에 5.3 mm 라고 쓰면 5.30 mm 라고 쓴 것과 어떻게 다른가?

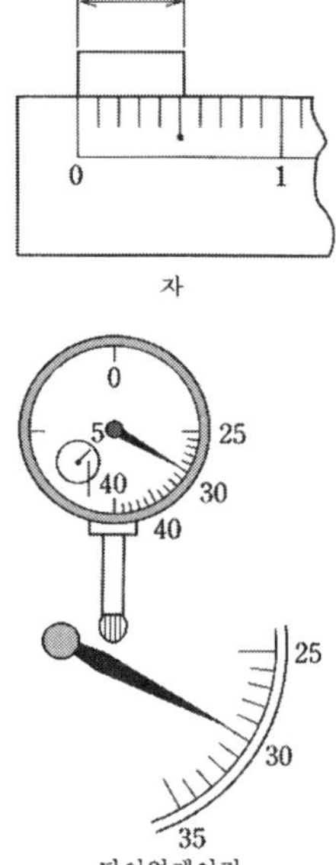

A : 5.3 mm 는 자를 이용하여 측정한 것이기 때문에, 5.3 mm 라고 하는 수치는 다음 그림의 자로부터

$$5.0 < 5.3 < 6.0$$

의 범위에 있고 5.3의 최후의 행인 3은 정확하지 않다. 5.30 mm 는 다음 그림의 다이얼 게이지로 측정한 것으로,

$$5.295 < 5.30 < 5.305$$

의 범위에 있고 5.3까지는 확실히 정확하고 최후행인 0은 정확하지 않다.

이와 같이 측정되어진 데이터의 최후행의 수는 반드시 정확한 것이 아니지만 그 하나 앞 행의 정밀도는 보증되어진다. 그러므로 최후에 0이 있는 경우는 0이 없는 경우보다도 정밀도가 높다. 5.30은 유효숫자가 3행, 5.3은 유효숫자가 2행이다.

Q : 콘크리트의 압축시험을 하여 다음과 같은 데이터를 얻었다. 이 때에 최소 자승법에 의해 시멘트물비 x 와 압축강도 y 와의 관계를 구하고 압축강도 50 N/mm^2 가 되는 시멘트물비를 구하는 방법을 설명하시오.

횟수 n	1	2	3	4	5
시멘트물비 x	1.5	1.7	1.8	2.0	2.2
압축강도 y	34	45	46	47	52

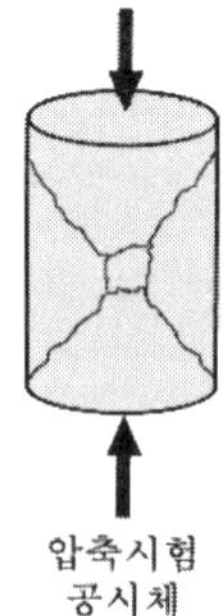
압축시험
공시체

A : 다음과 같이 표를 만들어 아래의 식으로 계산한다.

관계식

$$y = ax + b$$

$$a = \frac{n\times\sum(x\times y) - \sum x\times\sum y}{n\times\sum(x)^2 - \sum x\times\sum x}$$

$$= \frac{①\times⑤ - ②\times④}{①\times③ - ②\times②}$$

$$= \frac{5\times418.7 - 9.2\times224}{5\times17.22 - 9.2\times9.2} = \frac{32.7}{1.46} = 22.4$$

$$b = \frac{\sum(x)^2\times\sum y - \sum x\times\sum(x\times y)}{n\times\sum(x)^2 - \sum x\times\sum x}$$

$$= \frac{③\times④ - ②\times⑤}{①\times③ - ②\times②}$$

$$= \frac{17.22\times224 - 9.2\times418.7}{5\times17.22 - 9.2\times9.2} = \frac{5.24}{1.46} = 3.59$$

따라서, $y = 22.4x + 3.59$ 가 구해지고,

$y = 50$ 이라고 하면

$$50 = 22.4x + 3.59$$

$$x = 2.1$$

그러므로, 시멘트 물 비는 2.10이 된다.

n	x	$(x)^2$	y	$(x\times y)$
1	1.5	2.25	34	51
2	1.7	2.89	45	76.5
3	1.8	3.24	46	82.8
4	2.0	4.00	47	94
5	2.2	4.48	52	114.4
①n =5	②$\sum x$ =9.2	③$\sum(x)^2$ =9.2	④$\sum y$ =224	⑤$\sum(x\times y)$ =418.7

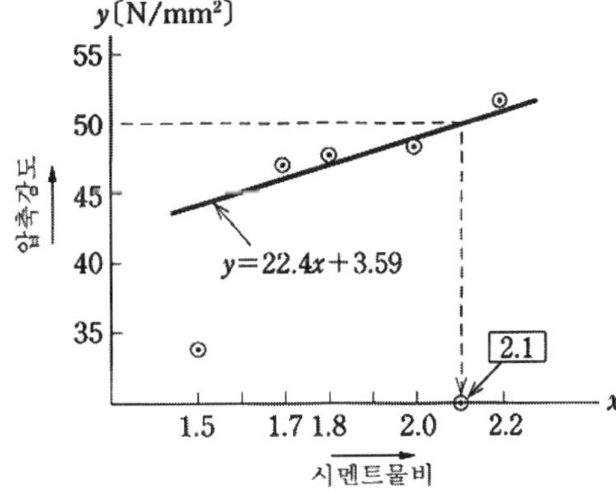

Q : 물은 온도에 따라 1 ㎤ 당 질량이 변화하지만, 각 종 시험에서 그 변화는 무시해도 되는가?

A : 많은 시험에서는 물의 밀도 ρ_w(1 ㎤ 당의 질량)은 1 g/㎤ 로서 좋으나, 물은 4 ℃에서 밀도가 최대가 되고 온도의 상승과 함께 밀도가 작아진다. 이와 같이 미소한 용적의 변화가 중요한 의미를 가지는 시험도 있다. 다음 표에 나타내는 값은 온도와 밀도의 관계이다.

T [℃]	10	11	12	13	14	15	16
ρ_w [g/㎤]	1.000	1.000	1.000	0.999	0.999	0.999	0.999
T [℃]	17	18	19	20	21	22	23
ρ_w [g/㎤]	0.999	0.999	0.998	0.998	0.998	0.998	0.998
T [℃]	24	25	26	27	28	29	30
ρ_w [g/㎤]	0.997	0.997	0.997	0.997	0.996	0.996	0.996

5. 시험에 관한 기초 지식 Q & A

- 보고서 작성 요령 -

Q : 시험을 종료한 경우 어떠한 것들을 보고해야 하는가?

A : 보고서는 시험을 한 사람의 인격까지 나타낸다고도 한다. 건축공학의 기술자는 공공성이 높은 일에 종사하고 있는 이상 정확하고 정직한 시험결과가 기대되어진다.

보고서는 KS, 학회 등의 기준이 있을 경우는 그 데이터 시트에 보고자가 시험한 날짜, 기온, 기후, 장소, 공시체 제작, 시험결과 그래프 등 이외에 시험에는 노트를 지참해서 주의해야 할 것들을 기록할 필요가 있다.

보고서 내용

1. 시험명
2. 날짜
3. 기후
4. 기온, 온도
5. 공시체
6. 데이터
7. 데이터의 처리방법
8. 그래프
9. 결론
10. 사용기기, 정밀도 등
11. 보고자
12. 그 외 주의사항

Q : 실험을 할 때에 특히 주의해야 할 것은 어떤 것이 있는가?

A : ① 실험을 할 경우에는 먼저 도구, 장치의 점검을 하는 것이 중요하다.

② 실험 전에 결과로서 어느 정도의 값이 정상인가 사전에 조사해 두고 측정되어진 수치가 정상인지를 판단 가능하도록 해 두는 것이 중요하다. 전혀 동떨어진 수치가 나왔을 경우에는 곧 검토할 수 있도록 해둔다.

③ 측정 데이터를 읽을 때에는 필요 정도에 응해서 유효숫자를 미리 정해두는 것이 중요하다. 너무 정밀하게 읽으면 다음 데이터를 읽을 기회를 잃어버릴 수 있다.

④ 보고서에는 유효숫자를 고려해서 기입해야 한다. 측정한 이상으로 계산이 되었어도 보고서에는 그 행수까지 쓸 필요가 없다. 측정 데이터의 유효숫자에 맞추도록 해야 한다.

2

시멘트시험

개　요

1. 시멘트의 분말도시험(블레인법)
2. 시멘트의 밀도시험
3. 시멘트의 응결시험
4. 시멘트의 안정성 시험
5. 시멘트의 오토클레이브 팽창도 시험
6. 시멘트의 강도시험

《 개 요 》

시멘트는 석회, 실리카, 알루미나 및 산화철을 함유하는 원료를 적당한 비율로 충분히 혼합하여 그 일부가 용융하여 소결된 클링커에 적당한 석고를 가하여 분말로 한 것으로 「굳힌 것」 또는 「결합된 것」 이라는 어원을 갖는 「표면 부착에 따라 물질과 물질을 결합할 수 있는 접착제」의 기능을 갖는 재료로 정의되며, 19세기부터 고유명사로 사용하였다. 포틀랜드시멘트라고 불리게 된 것은 당시 경화한 시멘트의 색깔과 경화 현상이 당시 건축재료로 사용되던 포틀랜드산 천연석과 유사했기 때문이다.

일반적으로 많이 사용하고 있는 포틀랜드 시멘트는 1824년 영국의 조셉 아스프딘(Joseph Aspdin)에 의해서 발명된 것으로 석회질 원료와 점토질 원료를 혼합, 소성하여 얻은 클링커에 석고를 가하여 분쇄한 것이다.

시멘트의 종류로는 다음과 같다.

KS L 5201(포틀랜드시멘트)에 1종 보통포틀랜드시멘트, 2종 중용열포틀랜드시멘트, 3종 조강포틀랜드시멘트, 4종 저열포틀랜드시멘트, 5종 내황산염포틀랜드시멘트의 5종류의 시멘트가 규정되어 있다.

시멘트의 시험방법으로는 분말도, 밀도, 응결시간, 안정성, 강도 등의 물리 시험방법, 화학분석 시험방법, 수화열 측정방법이 있다.

■ 시멘트의 물리 · 화학적 특성

<포틀랜드시멘트의 화학조성>

포틀랜드 시멘트의 종류	화학조성(%)						강열감량(%)	불용잔분(%)	잠재함유조성(%)				분말도(㎠/g)
	SiO_2	Al_2O_3	Fe_2O_3	CaO	MgO	SO_3			C_3S	C_2S	C_3A	C_4AF	
보 통	20.9	5.2	2.3	64.4	2.8	2.9	1.0	0.2	55	19	10	7	3,700
중 용 열	21.7	4.7	3.6	63.6	2.9	2.4	0.8	0.4	51	24	6	11	3,700
조 강	21.3	5.1	2.3	64.9	3.0	3.1	0.8	0.2	56	19	10	7	5,400
저 열	24.3	4.3	4.1	62.3	1.8	1.9	0.9	0.2	28	49	4	12	3,800
내황산염	25.0	3.4	2.8	64.4	1.9	1.6	0.9	0.2	38	43	4	9	3,800

<시멘트 클링커의 주요 화합물의 성질>

명칭	규산제3칼슘	규산제2칼슘	알루민산제3칼슘	알루민산철제4칼슘
분 자 식 약 자 별 명	$3CaO \cdot SiO_2$ C_3S alite	$2CaO \cdot SiO_2$ C_2S belite	$3CaO \cdot Al_2O_3$ C_3A aluminate	$4CaO \cdot Al_2O_3 \cdot Fe_2O_3$ C_4AF ferrite, celite
수화반응속도	빠르다(수시간)	느리다(수일)	순간적	아주 빠르다(수분)
강도발현속도	빠르다(수일)	느리다(수주간)	아주 빠르다(1일)	아주 빠르다(1일)
최종 강도	높다	높다	낮다	낮다
수화열	120 cal/g	60 cal/g	200 cal/g	100 cal/g

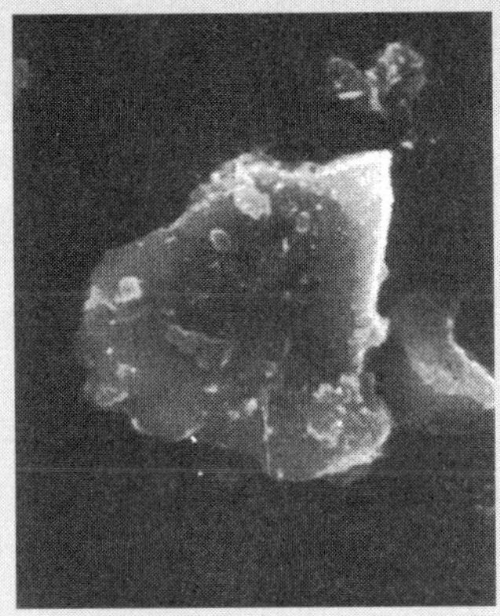

미수화시멘트입자

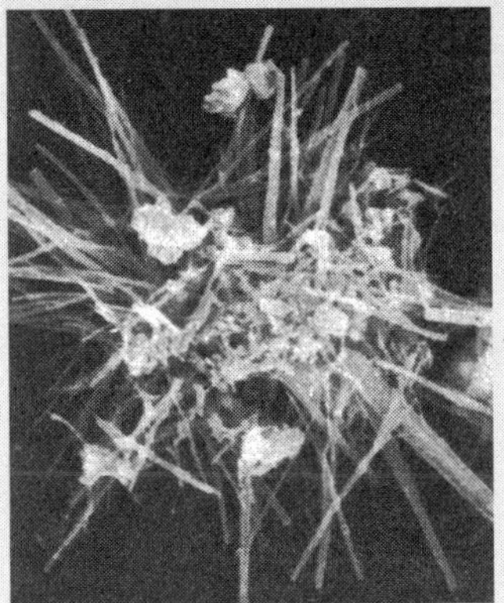

수화반응 초기

C_3A와 석고의 반응으로 긴 침상의 에트링가이트가 생성된 것으로, 이 시점까지는 페이스트의 유동성이 유지된다.

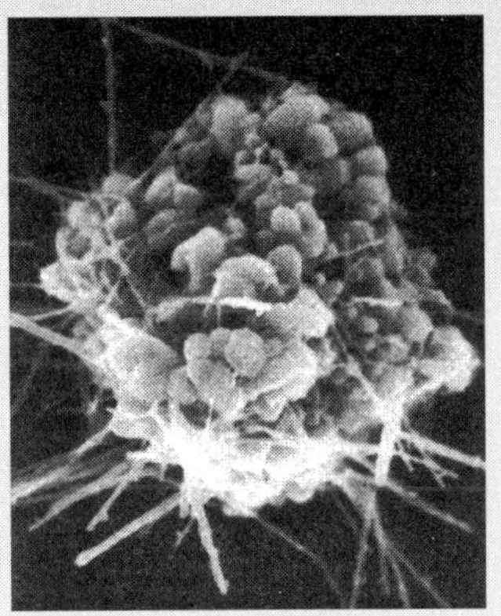

수화반응 진행기

에트링가이트와 C_3A가 반응하여 육각판상의 모노설페이트 수화물이 생성된다. C_3A 또는 C_2S의 수화생성물인 C-S-H의 량도 증가한다.

수화생성물의 증대에 의해 강도가 발현된다.

<시멘트의 물리적 성질>

항 목	특 성
밀 도	시멘트의 밀도는 3.0~3.2g/㎤정도(일반적으로 3.15)이며, 르샤틀리에 플라스크로 측정 소성온도나 성분에 의하여 다르며, 동일시멘트인 경우 풍화한 것일수록 작음 시멘트의 품질판정에도 사용하며 시멘트의 단위용적질량은 일반적으로 1500㎏/㎥
분 말 도	시멘트의 분말도는 단위질량에 대한 비표면적에 의하여 표시 일반적으로 비표면적이 큰 시멘트일수록 수화반응이 촉진되어 응결 및 강도의 증진이 큼 비표면적이 너무 크면 풍화하기 쉽고 수화열에 의한 축열량이 커짐
강 도	시멘트 강도는 KS L 5105에 규정된 시험방법에 의하여 시멘트모르터 강도로부터 추정 시멘트 강도는 물시멘트비, 골재혼합비, 골재의 성질과 입도, 시험체의 형상과 크기, 양생방법과 재령, 시험방법 등에 의해 변화
응결, 경화	응결-수화과정 중에서 일반적으로 액체상태로부터 고체상태로 변화하여가는 물리적 현상 경화-수화반응의 진행과 동시에 수화물이 많아지고 강도를 증가시키는 현상 KS규격-시멘트의 초결은 60분 이후, 종결은 10시간 이내로 규정 신선한 시멘트로서 분말도가 미세한 것일수록, 수량이 작고 온도가 높을수록 응결시간은 짧아짐
수 화 열	포틀랜드시멘트가 수화반응의 진행과 동시에 발산하는 열 물시멘트비, 수화온도, 분말도와 같은 요인에 영향 응결, 경화의 촉진에 도움이 되는 경우도 있음 수화열이 축적되기 쉬운 매스콘크리트에서는 열응력에 의한 균열이 발생
안 정 성	시멘트가 경화될 때 용적이 팽창하는 정도 측정은 오토클레이브 팽창도 시험방법으로 행함
풍 화	시멘트가 습기를 흡수하여 경미한 수화반응을 일으켜 생성된 수산화칼슘과 공기 중의 탄산가스가 작용하여 탄산칼슘을 생성하는 작용 풍화된 시멘트 입자의 표면은 반응에 의해 생긴 수화물의 피막으로 덮여있기 때문에 시멘트페이스트의 수화반응이 저해되고 경화체의 강도 저하

■ 01. 시멘트의 분말도시험(블레인법) KS L 5106

KS L 5106 (공기투과장치에 의한 포틀랜드 시멘트의 분말도 시험 방법)
KS L 5112 (표준체 45㎛에 의한 시멘트 분말도의 시험 방법)

실험목적 : 시멘트의 비표면적으로부터 분말도를 구하고, 시멘트의 풍화의 상태를 조사한다.

1. 시료의 준비

(1) 저울(측정용량 100g으로 감량 1㎎의 것) (2) 용기
(3) 광구병 (100㎖) (4) 스톱워치

2. 시험 기구

블레인 공기투과장치 일식
시료의 일정량을 공기 투과시켜, 그 투과시간으로부터 시멘트의 비표면적을 구하는 장치.

(1) 각종 시멘트 (2) 거름종이 (3) 마노미터액
(4) 수은 (5) 블레인 공기 투과장치

3. 시험 방법

(1) 시멘트 베드의 부피v(㎤)측정

$$v = \frac{m_a - m_b}{\rho_H}$$

m_a : 셀 안을 전부 채운 수은의 무게(g)

m_b : 셀 안에 시멘트 베드를 만들고 남은 공간을 채운 수은의 무게(g)

ρ_H : 시험할 때 온도에서 수은의 밀도(g/㎤)

<시멘트 기공률>

시료의 종류	밀도(g/㎤)	기공률
보통 포틀랜드 시멘트	3.15	0.500±0.005
조강 포틀랜드 시멘트	3.12	0.520±0.005
초조강 포틀랜드 시멘트	3.11	0.540±0.005
중용열 포틀랜드 시멘트	3.20	0.500±0.005

(2) 셀에 넣은 시멘트의 필요량 m(g)을 계산한다.

$$m = \rho_c v(1-e)$$

ρ_c : 시료의 밀도(g/㎤)

(포틀랜드시멘트는 3.15g/㎤ 를 사용한다)

v : 시멘트 베드의 부피(㎤)

e : 시멘트 베드의 기공률

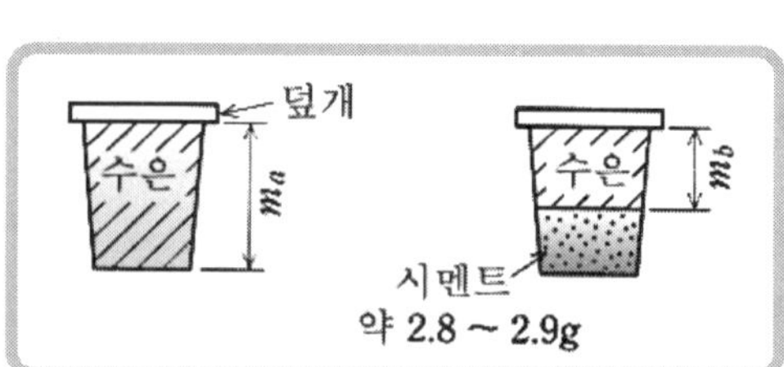

<수은의 밀도>

실온(℃)	16	18	20	22	24	26	28	30	32	34
수은의 밀도 (g/㎤)	13.56	13.55	13.55	13.54	13.54	13.54	13.53	13.52	13.52	13.51

(3) 시료 m을 셀에 채워 플렌저를 꽂아 마노미터에 설치한다.
(4) 고무구를 쥐어 코크를 열고 마노미터의 액면이 B에서 C로 강하한 시간 t(s)를 측정한다.

4. 결과의 정리

시멘트의 분말도는 비표면적S로 표현하는 것이 KS에 정해져 있다. 시멘트의 비표면적S는 시멘트 1㎣부피에 해당하는 표면적S로 다음 식을 이용해 구할 수 있다.

$$S = kS_o\sqrt{\frac{t}{t_o}}$$

S : 시험 시료의 비표면적(㎠/g)
S_o : 표준 시료의 비표면적(㎠/g)
t : 강하시간(s)
t_o : 표준시멘트의 강하시간(s)

<각종 시멘트의 k값>

보통 포틀랜드 시멘트	조강 포틀랜드 시멘트	초조강 포틀랜드 시멘트	중용열 포틀랜드 시멘트	저열 포틀랜드 시멘트	고로, 실리카, 플라이애쉬 시멘트
1.000	1.115	1.236	0.984	1.081	3.310/시멘트의 밀도

<시멘트의 비표면적 S_o규격>

시멘트의 종류	보통 포틀랜드 시멘트(㎠/g)	조강 포틀랜드 시멘트(㎠/g)	초조강 포틀랜드 시멘트(㎠/g)	중용열 포틀랜드 시멘트(㎠/g)
비표면적	2500이상	3300이상	4000이상	2500이상

5. 주의사항

(1) 셀 안에 플렌져를 꽂을 때 급하게 밀어 넣으면 시료가 밀려나오게 된다.
(2) 여과지는 항상 같은 크기의 것을 만든다.
(3) 셀과 마노미터의 밀착부 및 콕(cock)에는 그리스(grease)를 엷게 발라 공기가 유통되지 않도록 한다.
(4) B표시선 및 C표시선의 읽음은 마노미터의 뒤에 있는 거울을 통해서 정확한 눈금의 위치로 한다.
(5) 비표면적 시험은 매회 새로운 베드를 만들어 2회 이상으로 하고 2%이내에서 일치한 것의 평균값을 취한다. 단, 정수 첫째자리를 반올림하여 0으로 한다.
(6) 시멘트 및 실험장치는 실온으로 유지하고 표준시료시험과 시험시료시험시는 같은 기공률을 가져야 하며 온도가 ±3℃이상의 차이가 있어서는 안된다.
(7) 표준화 시험은 셀 플렌져의 마모 여과지의 크기니 품질의 변화 및 마노미터액의 오염, 증감이 있을 때마다 다시 행하여야 한다.
(8) 시멘트 베드의 부피측정은 2회 이상 실시하여 계산 값의 차이가 ±0.005㎤ 이내로 되는 것의 평균값을 취한다.

1 시료의 준비

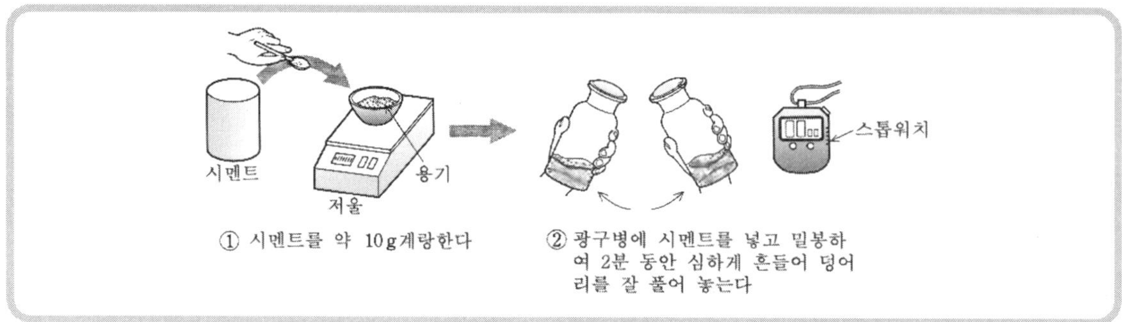

시멘트
용기
저울

① 시멘트를 약 10g계량한다

스톱워치

② 광구병에 시멘트를 넣고 밀봉하여 2분 동안 심하게 흔들어 덩어리를 잘 풀어 놓는다

2 블레인법

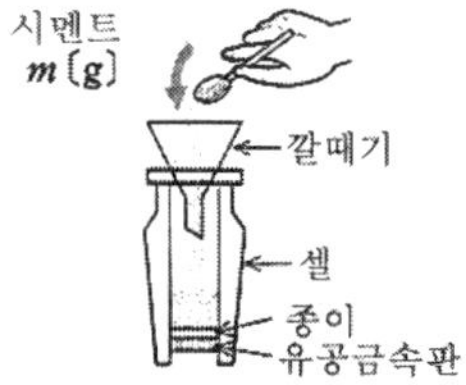

시멘트
m〔g〕
깔때기
셀
종이
유공금속판

① 시멘트 약 **2.80 ~ 2.90 g** 을 셀에 넣고 측면을 가볍게 쳐서 시료를 수평하게 한다

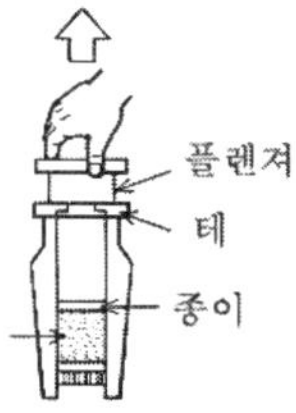

플렌져
테
종이

② 다시 1매의 종이를 시료위에 두고 플렌져를 테의 위치까지 밀어 넣었다가 뺀다

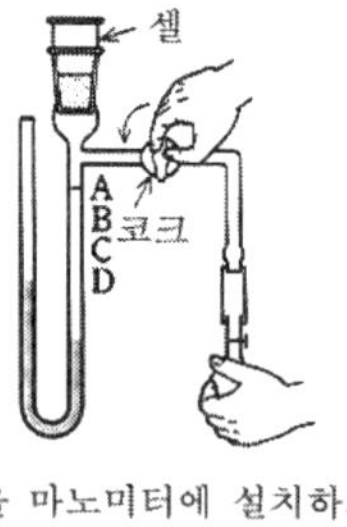

셀
A
B
C
D
코크

③ 셀을 마노미터에 설치하고, 고무구를 쥐면서 코크를 뺀다

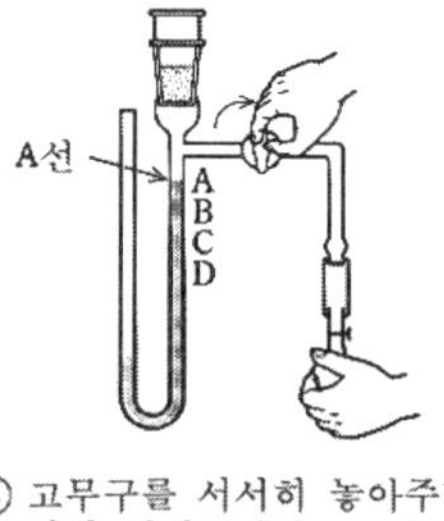

A선
A
B
C
D

④ 고무구를 서서히 놓아주면서 마노미터의 액체표면이 A표시 선까지 올라오면 코크를 닫고 고무구를 놓는다

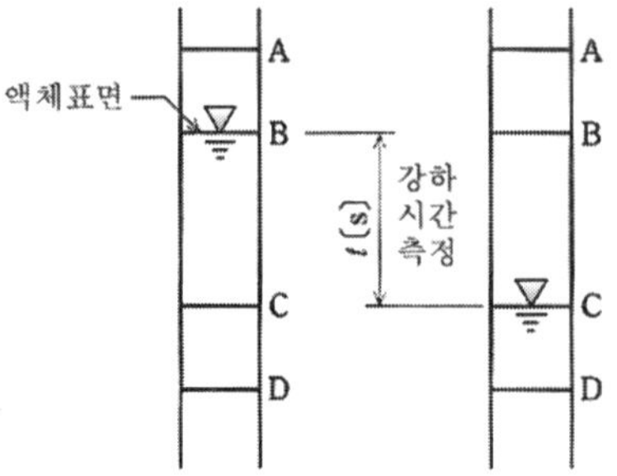

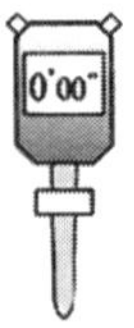

액체표면
A
B
C
D
t〔s〕
강하
시간
측정
A
B
C
D

0'00"

⑤ 액체표면이 B표시선으로 부터 C표시선까지 강하하는 시간 t를 측정한다

3 결과의 정리

<table>
<tr><td colspan="8">시료명 = 보통포틀랜드시멘트</td></tr>
<tr><td colspan="3">ρ(밀도)=3.15 g/㎤</td><td colspan="3">v(시멘트베드의 부피)=1.828 ㎤</td><td colspan="2">e(시멘트 베드의 기공률)=0.500</td></tr>
<tr><td colspan="8">시멘트량 $m = \rho_c v(1-e)$ = 2.879 g</td></tr>
<tr><td colspan="3">k(정수) = 1.000</td><td colspan="3">S_o = 2500 ㎠/g</td><td colspan="2">t_o = 81.0초</td></tr>
<tr><td colspan="8">시멘트의 비표면적 $S = kS_o\sqrt{\frac{t}{t_o}}$ (계산식)</td></tr>
<tr><td>1</td><td>t=80.0초
S=2485㎠/g</td><td>2</td><td>t=81.0초
S=2500㎠/g</td><td>3</td><td>t=79.5초
S=2478㎠/g</td><td>평균</td><td>t=80.0초
S=2485㎠/g</td></tr>
</table>

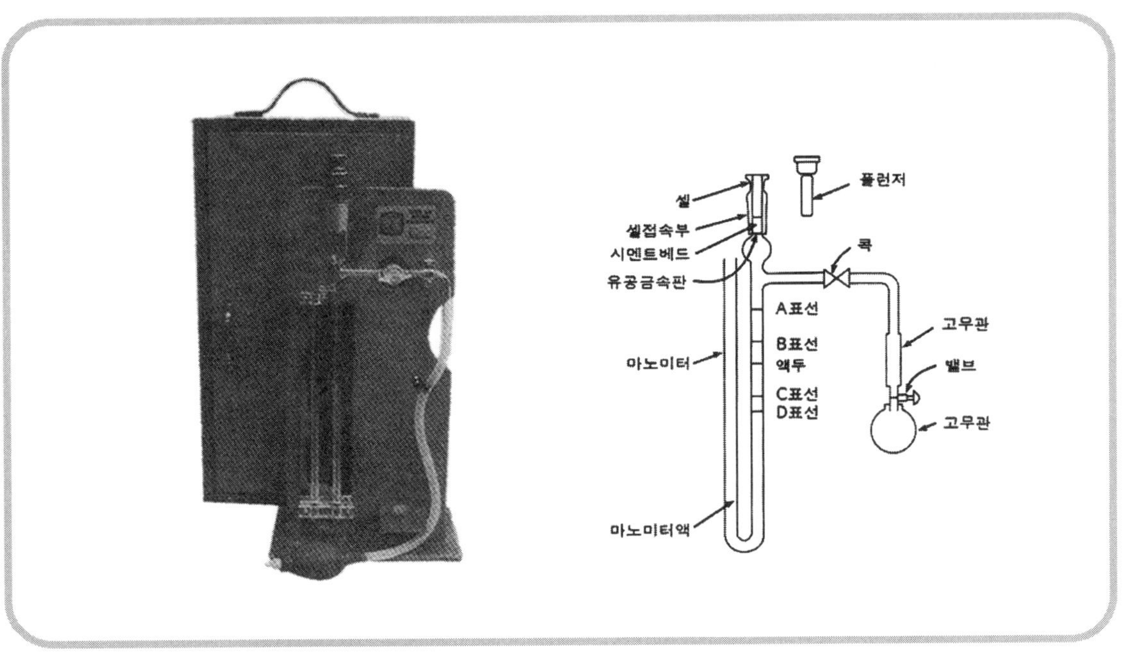

<블레인 공기 투과장치> <블레인 투과장치 개요>

■ 02. 시멘트의 밀도시험 KS L 5110

KS L 5110 (시멘트의 밀도 시험 방법)
KS L 5101 (시멘트의 시료 채취 방법)

실험목적 : 시멘트의 밀도ρ를 구하여, 시멘트의 풍화상태를 조사하고 배합설계에 이용한다.

1. 시료의 준비

(1) 시멘트
시멘트의 품질이 평균적이 되도록 적당량(5㎏)의 시료를 채취한다.
채취한 시료는 표준체 850㎛를 이용하여 불순물을 제거한 후, 기밀한 용기에 넣는다.
(2) 표준체 850㎛
(3) 받침접시
(4) 기밀한 용기 (시멘트 저장용기)

2. 밀도시험 기구

(1) 르샤틀리에 플라스크(유리)
(2) 광유(탈수된 등유, 나프타)
(3) 저울
(4) 항온수조
(5) 마른수건을 감은 철사
(6) 온도계
(7) 시약수저
(8) 깔때기
(9) 사발
(10) 흑색 종이
(11) 고무판

3. 시험방법

(1) 광유를 르샤틀리에 플라스크에 0~1㎖ 표시까지 넣고, 항온수조에 담근 후 수온 T(℃)를 측정한다.
(2) 시멘트 64g을 광유에 투입하고 공기를 제거한다.
(3) 정치시킨 후, 광유의 액면 v_2(㎖)를 측정한다.

4. 결과의 정리

(1) 시멘트의 질량 m (g)
(2) 처음의 광유 눈금 v_1 (㎖)
(3) 시료와 광유의 눈금 v_2 (㎖)
(4) 눈금의 차이 $v = v_2 - v_1$ (㎖)
(5) 밀도 $\rho = m/v$(g/㎤)

【관련 지식】

- 보통 포틀랜드 시멘트 : 건설공사의 일반적 용도에 사용되는 시멘트.
- 조강 포틀랜드 시멘트 : 조기에 고강도가 얻어지기 위하여 조정된 시멘트.
- 중용열 포틀랜드 시멘트 : 시멘트가 물과 반응할 때의 발열을 감소시키기 위한 시멘트.
- 내황산염 포틀랜드 시멘트 : 토양중의 물, 해수 등에 대한 저항성을 높힌 시멘트.
- 고로 시멘트 : 하천, 항만, 하수공사에 사용된다.
- 실리카 시멘트 : 염류, 약산 등에 대한 내화학성이 양호하다.
- 플라이애쉬 시멘트 : 수밀성을 요구하는 구조물이나 매스콘크리트에 적용되고 있다.

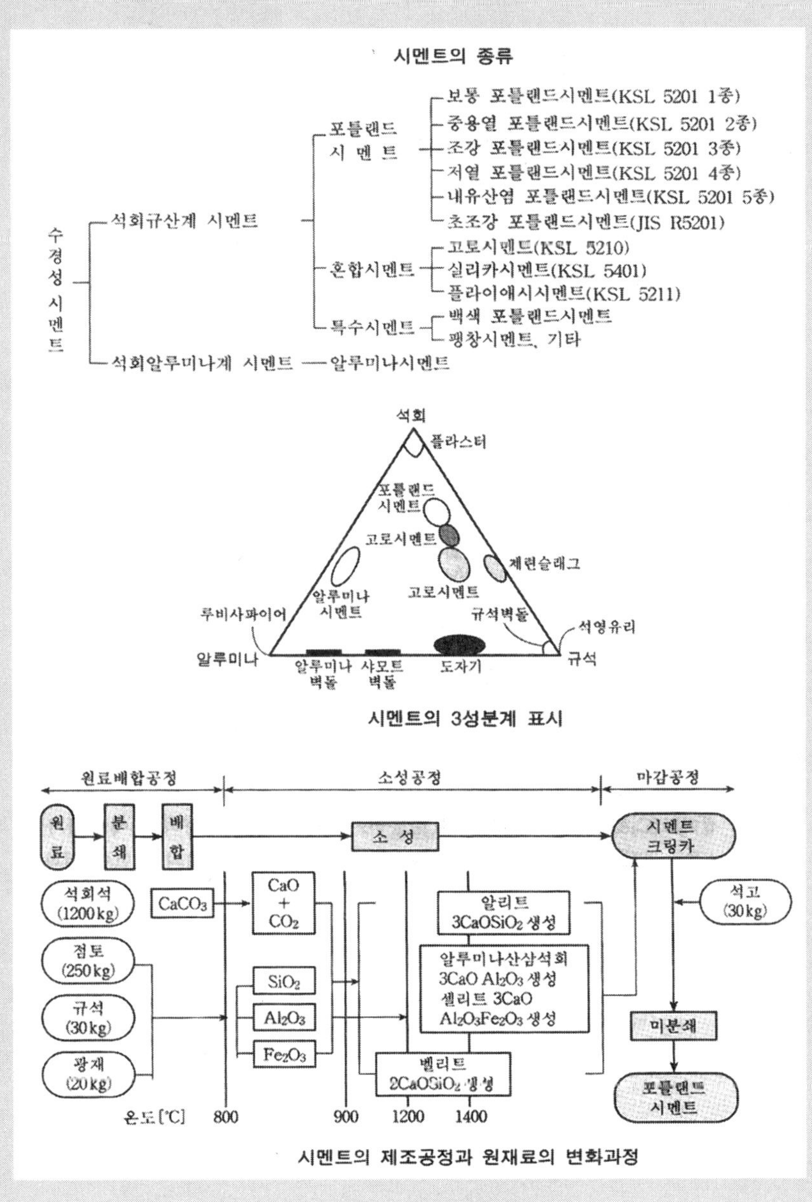

시멘트의 3성분계 표시

시멘트의 제조공정과 원재료의 변화과정

1 시료의 준비

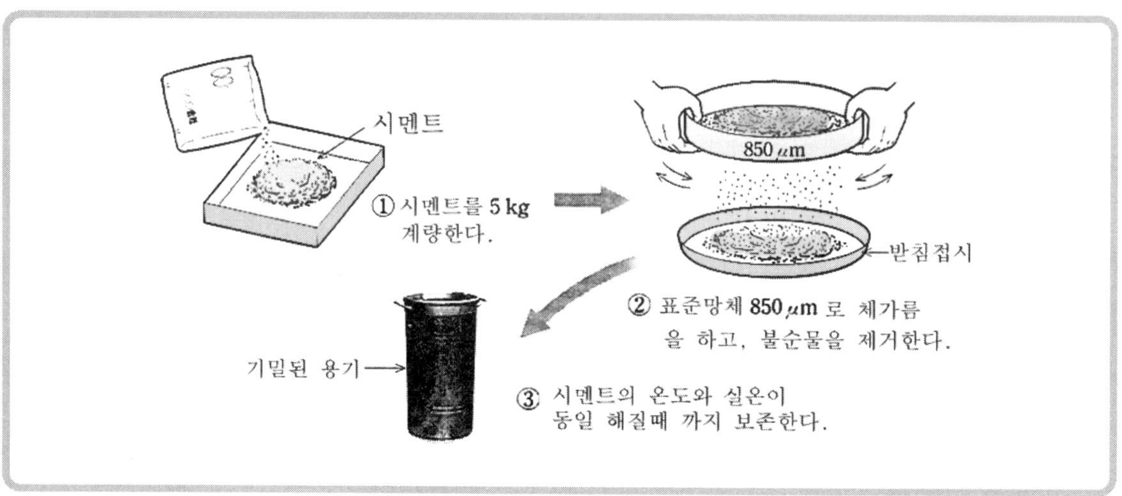

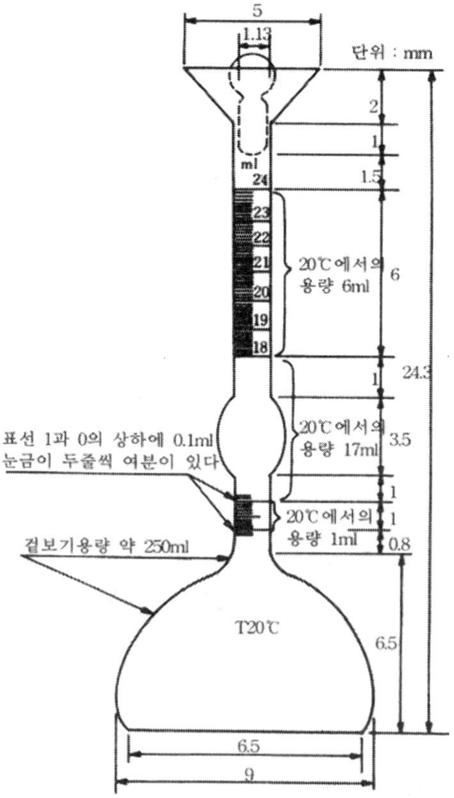

시멘트
① 시멘트를 5 kg 계량한다.
850 μm
받침접시
② 표준망체 850 μm 로 체가름을 하고, 불순물을 제거한다.
기밀된 용기
③ 시멘트의 온도와 실온이 동일 해질때 까지 보존한다.

5
1.13
단위 : mm
2
1
1.5
ml
24
23
22
21
20
19
18
20℃에서의 용량 6ml
6
24.3
1
20℃에서의 용량 17ml
3.5
표선 1과 0의 상하에 0.1ml 눈금이 두줄씩 여분이 있다
1
20℃에서의 용량 1ml
1
0.8
걸보기용량 약 250ml
T20℃
6.5
6.5
9

<르샤틀리에 플라스크>

2 시험방법

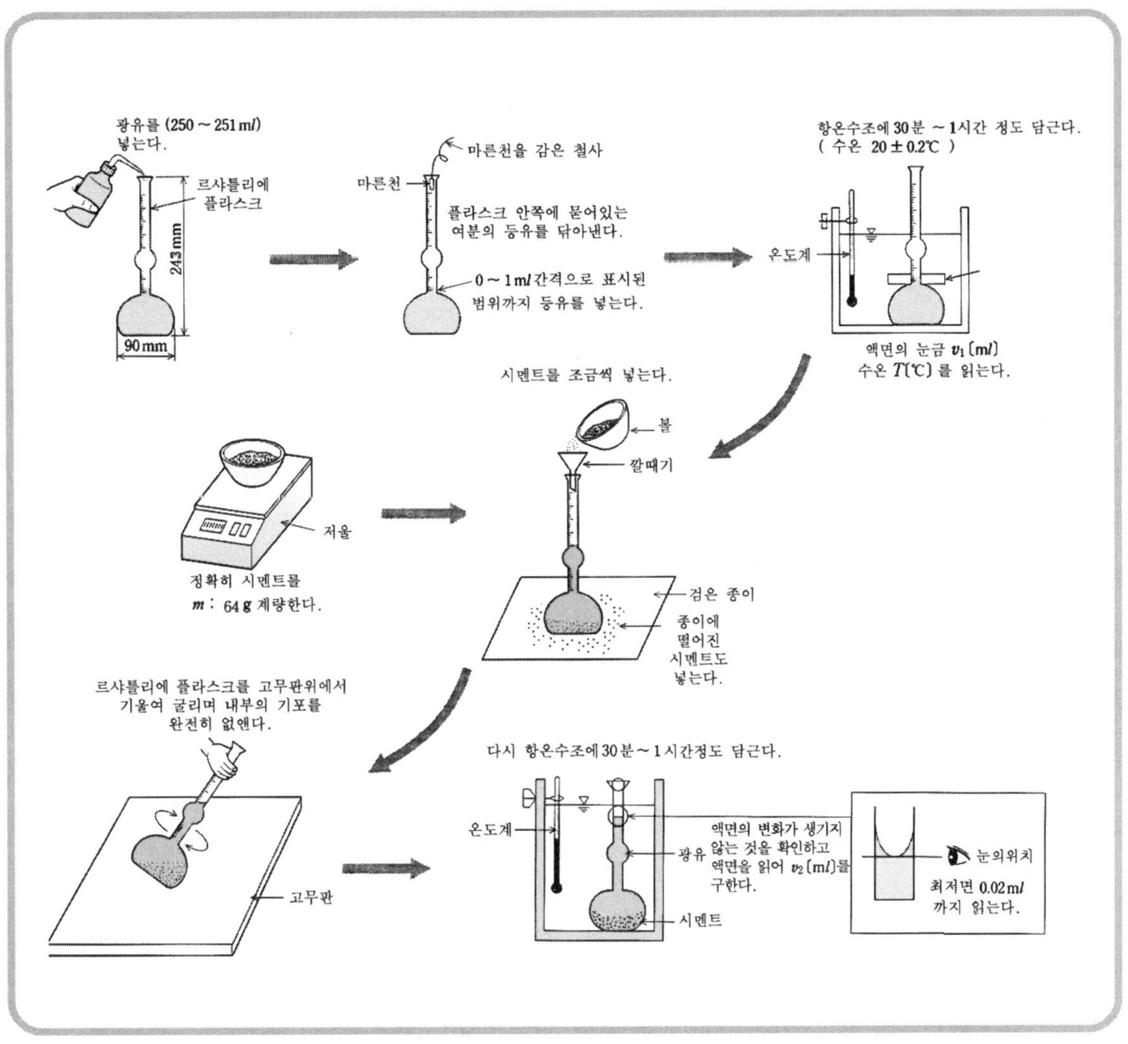
광유를 (250 ~ 251 ml)
넣는다.
르샤틀리에 플라스크
243 mm
90 mm
마른천을 감은 철사
마른천
플라스크 안쪽에 묻어있는
여분의 등유를 닦아낸다.
0 ~ 1 ml 간격으로 표시된
범위까지 등유를 넣는다.
항온수조에 30분 ~ 1시간 정도 담근다.
(수온 20 ± 0.2℃)
온도계
액면의 눈금 v1 (ml)
수온 T(℃) 를 읽는다.
시멘트를 조금씩 넣는다.
볼
깔때기
저울
정확히 시멘트를
m : 64 g 계량한다.
검은 종이
종이에
떨어진
시멘트도
넣는다.
르샤틀리에 플라스크를 고무판위에서
기울여 굴리며 내부의 기포를
완전히 없앤다.
고무판
다시 항온수조에 30분 ~ 1시간정도 담근다.
온도계
광유
액면의 변화가 생기지
않는 것을 확인하고
액면을 읽어 v2 (ml)를
구한다.
시멘트
눈의위치
최저면 0.02 ml
까지 읽는다.

■ 03. 시멘트의 응결시험 KS L 5108

KS L 5108 (비카트 침에 의한 수경성 시멘트의 응결시간 시험방법)
KS L 5103 (길모어 침에 의한 시멘트의 응결시간 시험방법)
KS L 5102 (수경성 시멘트의 표준 주도 시험 방법)

실험목적 : 시멘트에 물을 첨가한 후부터 경화하기 시작할 때까지의 응결시간(setting time)을 측정하고, 풍화의 정도를 구한다.

1. 시료의 준비

(1) 저울
(2) 모르터 믹서
(3) 스톱워치
(4) 메스실린더
(5) 숟가락
(6) 유리판
(7) 비카침 장치(연도계)
(8) 시멘트 페이스트 용기
(9) 시멘트 칼

2. 표준연도의 시멘트 페이스트 제작

(1) 시멘트 500g과 물 100~150㎖을 넣고, 저속 60초, 30초 정지, 고속 90초 회전한다. 이때, 주수시각 t_0(s)를 기록해 둔다.
(2) 비카침을 플런저(Ø10mm) 방향으로 설치한다.
(3) 시멘트 페이스트를 페이스트 용기에 넣고 표면을 시멘트 칼로 고르게 한다.
(4) 플런저를 낙하시켜, 침입도가 10±1㎜가 되는 물시멘트비를 구하고, 이때를 시멘트 페이스트의 표준연도로 하고 응결시험을 한다.

3. 시험 방법

(1) 초결시각은 초결침(Ø1mm)으로 바꿔서 30초간 25mm 침입도를 얻을 때가 될 때까지 실험한다. : 초결시각 t_1(s)를 기록한다.
(2) 응결시험은 배합후 습기실에서 30분간 존치 후, 매 15분마다 측정한다.
(3) 침입도 시험은 기존 시험장소에서 6mm 이내로 접근하지 않으며, 몰드 내면에서 9mm 이상 떨어진 곳에서 시험한다.
(4) 종결시각은 종결침으로 바꿔서 침의 테두리 흔적이 남지 않는 시각 t_2(s)을 기록한다.

【관련 지식】

보통 포틀랜드 시멘트의 응결시간과 온도는 다음의 표와 같다.
단, 국내 KS 규준에서는 초결시간만을 규정하고 있기 때문에, 종결시간은 JIS 규준에 준하였다.

온도(℃)	습도(%)	초결시간(h-m)	종결시간(h-m)
0	86	6-10	11-39
5	80	4-08	6-25
10	86	3-23	5-17
18	90	2-07	3-21
38	80	1-42	2-05

단, 국내 KS 규준에서는 초결시간만을 규정하고 있기 때문에 종결시간의 측정은 JIS R 5201 규준에 준하였다.

4. 결과의 정리

(1) 초결시간 = 초결시각 − 주수시각 = $t_1 - t_0$

(2) 종결시간 = 종결시각 − 주수시각 = $t_2 - t_0$

5. 결과의 이용

(1) 시멘트의 헛응결을 판단할 수 있다.
(2) 시멘트 및 콘크리트의 경화속도 등 시공성(유동성)을 판단하는데 이용한다.
(3) 시멘트의 풍화의 정도를 조사한다.

1 표준연도의 시멘트페이스트 제작

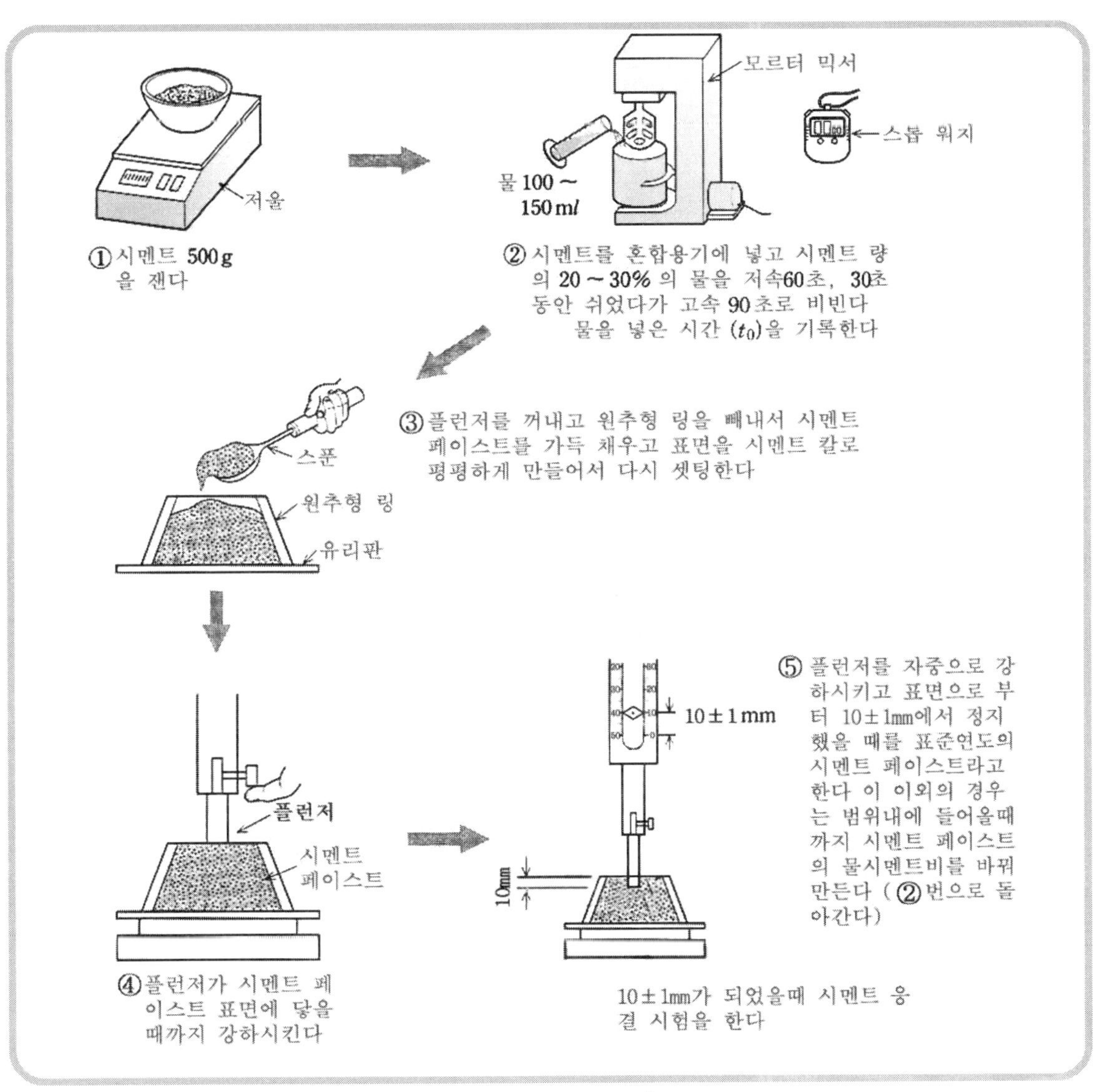

2 초결측정 방법

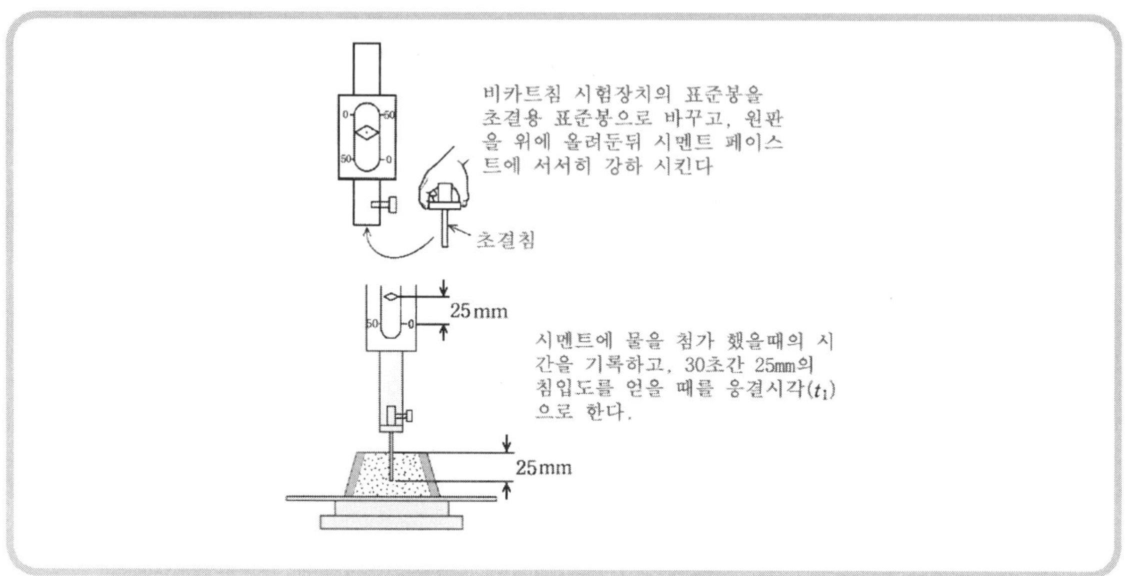

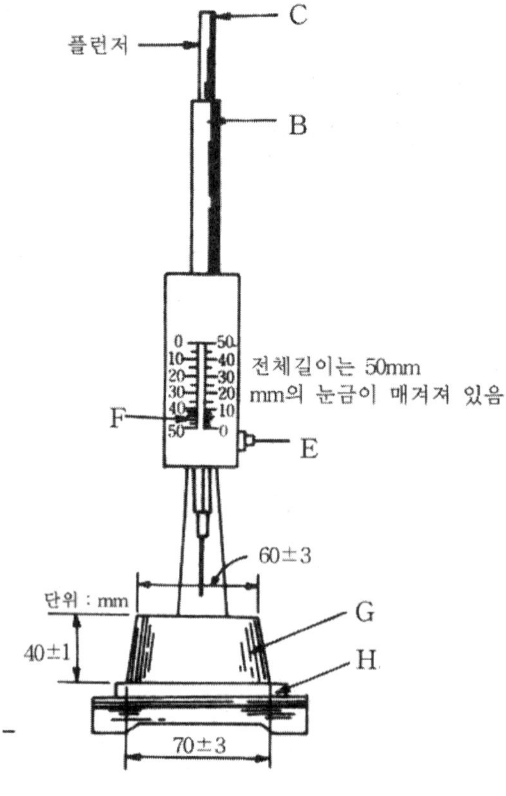

플런저
C
B
0 10 20 30 40 50
50 40 30 20 10 0
전체길이는 50mm
mm의 눈금이 매겨져 있음
F
E
60±3
단위 : mm
G
H
40±1
70±3

<비카트침 시험장치>

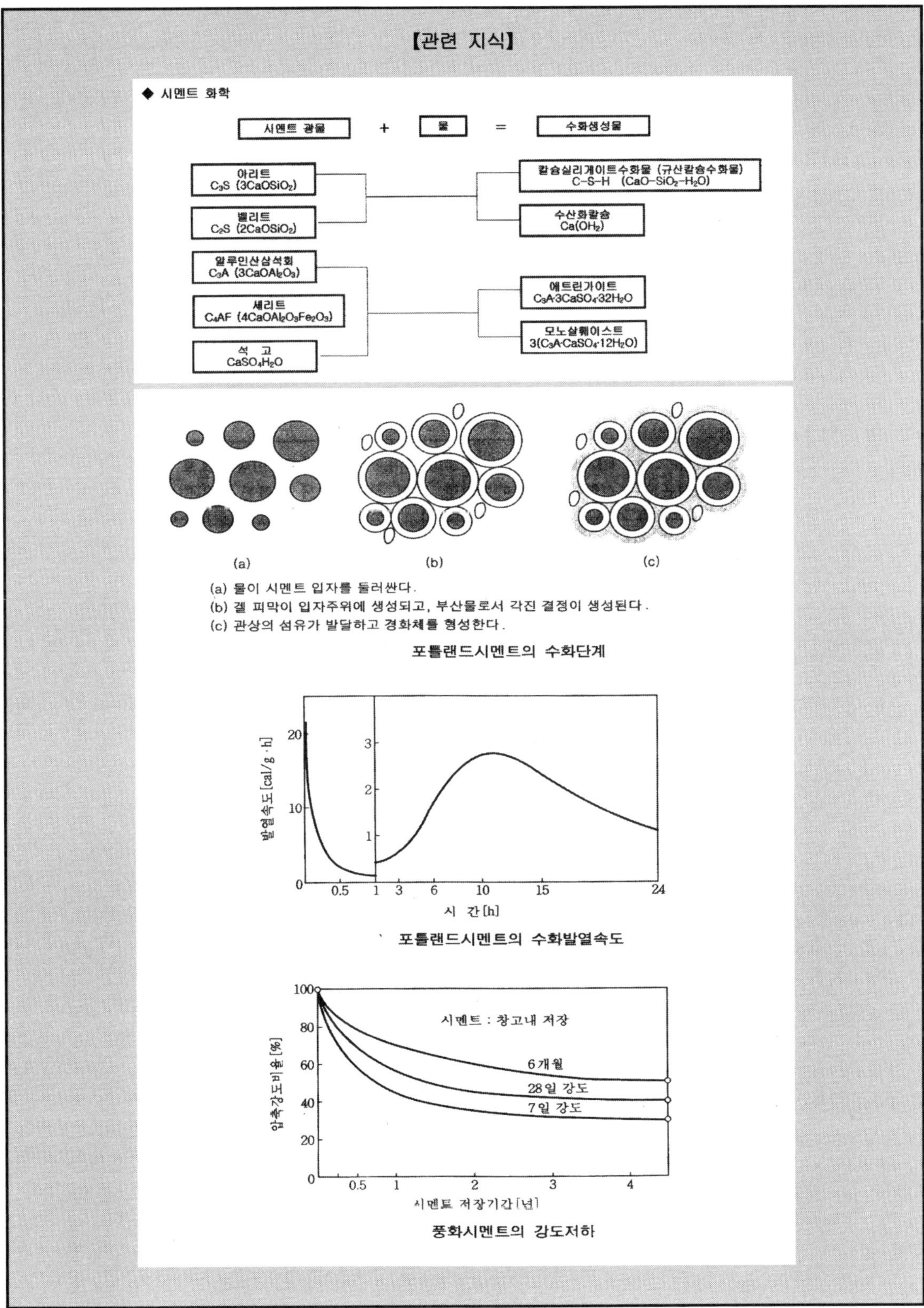

(a) 물이 시멘트 입자를 둘러싼다.
(b) 겔 피막이 입자주위에 생성되고, 부산물로서 각진 결정이 생성된다.
(c) 관상의 섬유가 발달하고 경화체를 형성한다.

포틀랜드시멘트의 수화단계

포틀랜드시멘트의 수화발열속도

풍화시멘트의 강도저하

■ 04. 시멘트의 안정성 시험 JIS R 5201

실험목적 : 시멘트 페이스트의 건조균열로부터 시멘트의 안정성을 조사한다.

1. 시료의 준비

(1) 저울 (용량 1kg, 감량 1g 이상)
(2) 혼합용 그릇
(3) 혼합용 숟가락
(4) 메스실린더
(5) 유리패드 (130×130×2mm)
(6) 시멘트 칼
(7) 습기상자 (항온항습조)

2. 시험 방법

(1) 습기상자에서 두개의 유리패드를 꺼내어 균열이 없는 것을 관찰하고 두개 모두 양호한 경우 90분간 끓인다.
(2) 패드 중 한 개라도 불량한 균열이 있을 경우 패드 2개를 다시 만든다.
(3) 끓인 후에는 자연 냉각시킨다.

3. 결과의 정리

본 시험은 모두 육안에 의해 검사한다.

(1) 정상인 패드(양호하다고 인정되는 것)는 상호 가볍게 맞부딪치거나 패드의 모서리로 철판 또는 콘크리트 바닥을 두드리면 맑은 금속음이 난다.
(2) 패드가 유리판으로부터 탈락한 것은 반드시 휘어짐에 의한 원인이라고는 할 수 없다. 그럼으로, 판이 떨어진 패드를 유리판에 붙인다던지 두 판을 합쳐보면서 휘어짐의 유무를 확인할 필요가 있다.
(3) 팽창성의 균열, 휘어짐의 원인으로서 고려될 수 있는 것은 시멘트 클링커 내부에 유리석회, 산화마그네슘, 산화유황 등의 함유량이 높은 것이 예상된다.

4. 결과의 이용

어떠한 방법으로도 안정된 패드가 얻어질 수 없을 때는 시멘트가 풍화 등이 되고 있기 때문에 사용하지 않는다.

불안정한 시멘트를 사용하는 것은 구조물의 내구성을 해치는 원인이 되기 때문에 안정한 시멘트를 사용할 필요가 있다.

1 시료의 준비

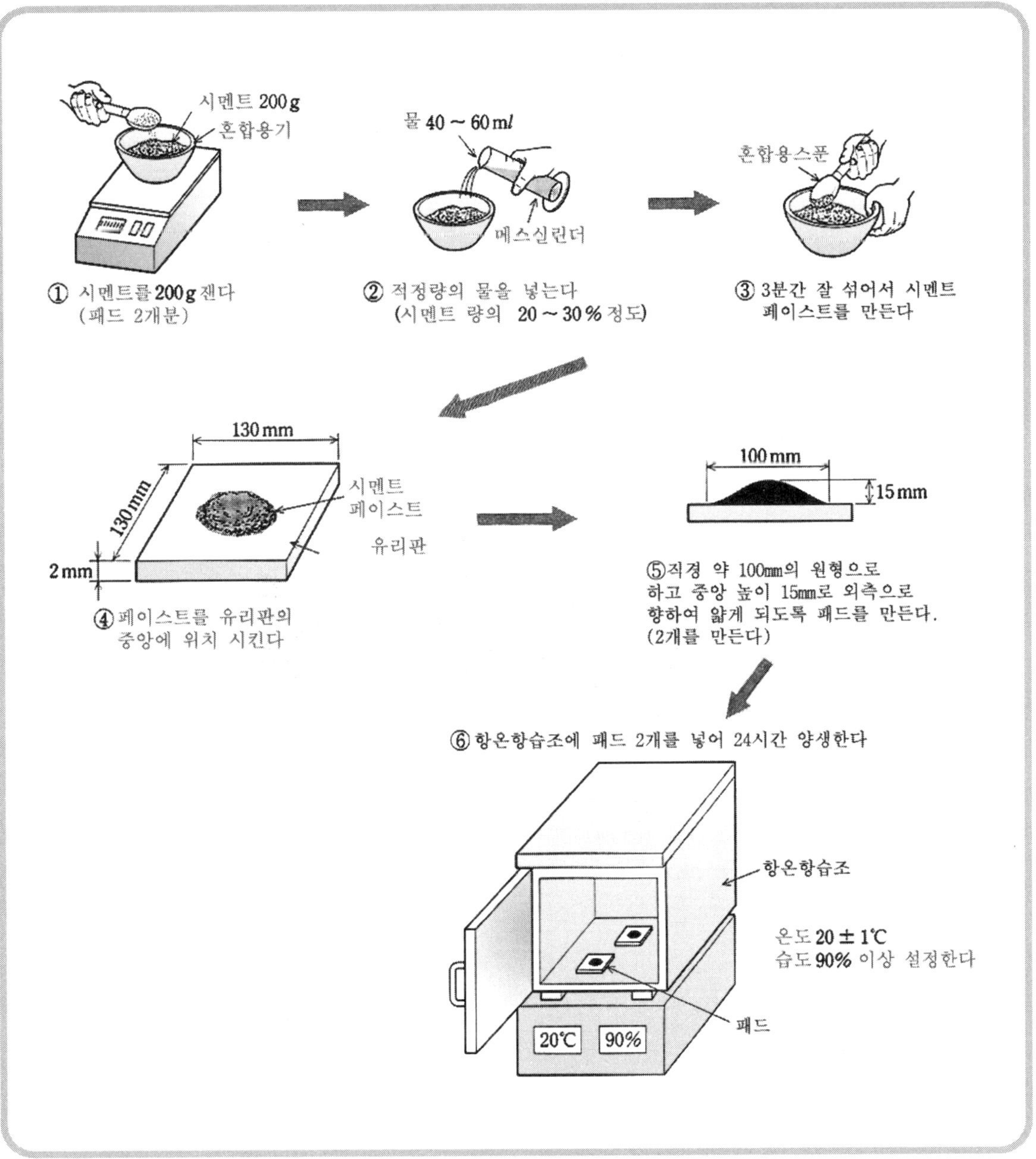
시멘트 200 g
혼합용기
① 시멘트를 200 g 잰다
(패드 2개분)
물 40 ~ 60 ml
메스실린더
② 적정량의 물을 넣는다
(시멘트 량의 20 ~ 30 % 정도)
혼합용스푼
③ 3분간 잘 섞어서 시멘트
페이스트를 만든다
130 mm
130 mm
시멘트
페이스트
유리판
2 mm
④ 페이스트를 유리판의
중앙에 위치 시킨다
100 mm
15 mm
⑤직경 약 100mm의 원형으로
하고 중앙 높이 15mm로 외측으로
향하여 얇게 되도록 패드를 만든다.
(2개를 만든다)
⑥ 항온항습조에 패드 2개를 넣어 24시간 양생한다
항온항습조
온도 20 ± 1℃
습도 90% 이상 설정한다
패드
20℃
90%

2 시험방법

패드 2개를 유리판에 붙은 상태 그대로 항온항습조에서 꺼내어 건조수축의 유무를 관찰한다

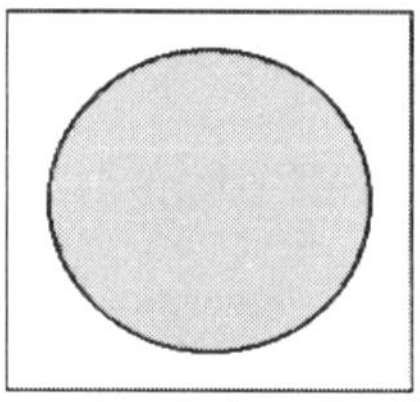

양질의 것

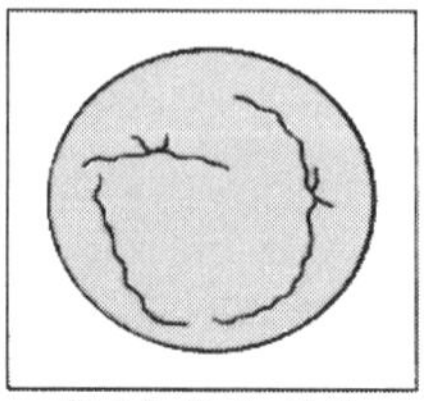

건조수축에 의한 균열이 일어난것 (불량)

2개 모두 양질의 것일 때 → 패드 2개를 끓임용기에 넣고 타이머를 90분으로 조정한다.

1개라도 불량이 있을때 → 패드 다시 제작

3 결과의 판정

자연에서 냉각 후 팽창성 균열 또는 휨의 유무를 확인한다

양질의 것

팽창성 망상균열

팽창성 휨

2개 모두 양질의 것일때 → 시험종료

1개라도 균열또는 휘어졌을 때 → 재시험을 한다

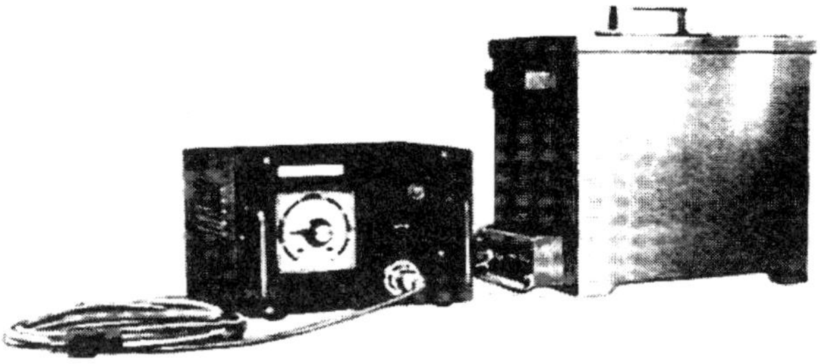

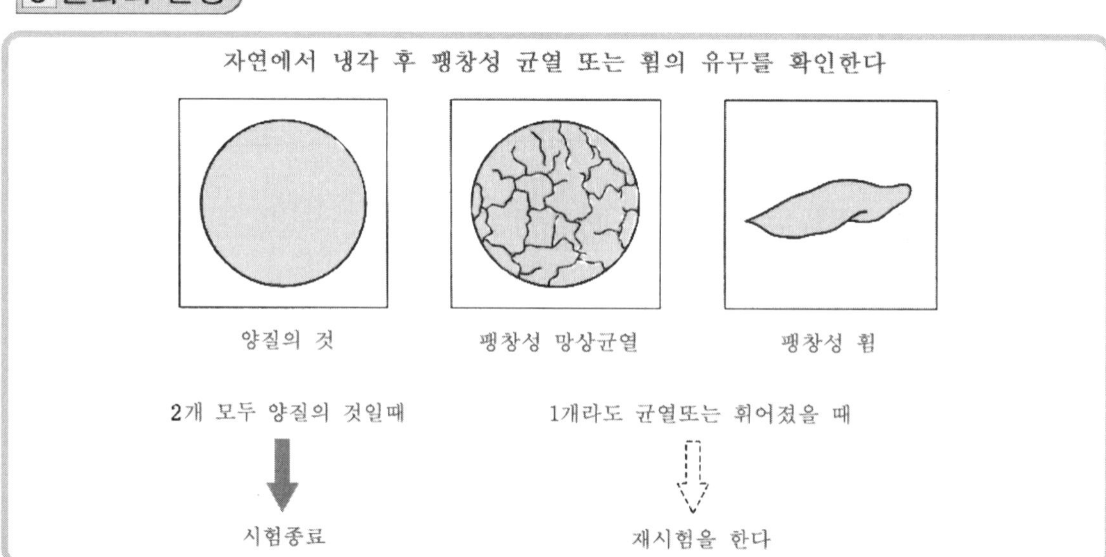

■ 05. 시멘트의 오토클레이브 팽창도 시험 KS L 5107

KS L 5102 (수경성 시멘트의 표준 주도 시험 방법)

실험목적 : 시멘트가 불안정하면 균열이 발생하는 등의 구조물의 내구성을 저하시키는 원인이 되므로 안정성 있는 시멘트를 사용하기 위해 안정성 시험을 한다.

1. 시험 기계기구 및 재료

(1) 저울 (용량 1㎏, 감량 1g 이상)
(2) 메스실린더 (용량 200~250㎖)
(3) 틀 (단식 또는 복식)
(4) 흙손 (길이 100~150㎜)
(5) 오토클레이브 (2.4MPa±5% 압력조작용)
(6) 길이측정용 콤퍼레이터 및 표준막대
(7) 칼 (흙칼)
(8) 헝겊
(9) 광유
(10) 습기함 또는 습기실
(11) 온도계 (100℃ 측정용)
(12) 혼합기, 혼합용기 및 패들(paddle)

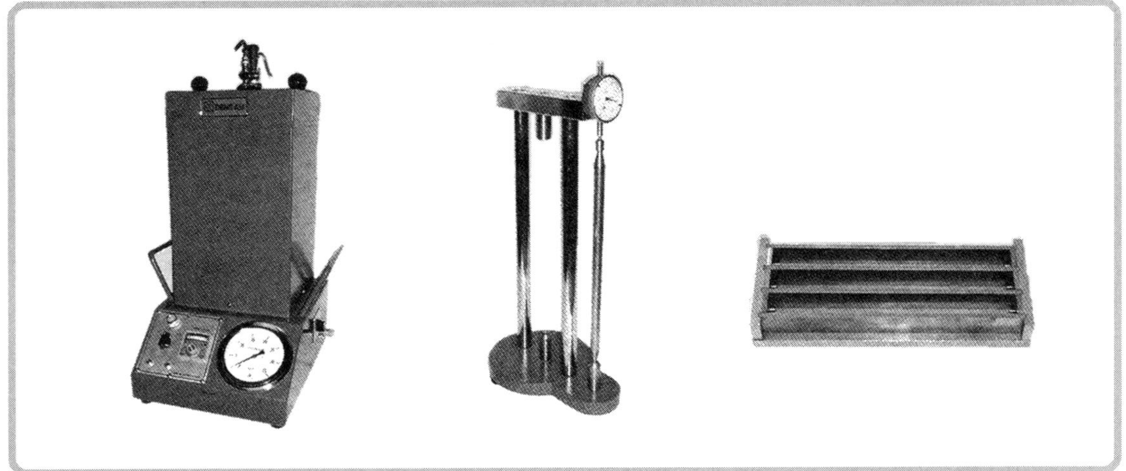

< 시멘트 오토클레이브 > < 길이측정용 콤퍼레이터 > < 시멘트 길이측정용 틀 >

2. 시험 방법

(1) 온도와 습도

① 시험체 성형실과 건조 재료의 온도로는 20~27.5℃로 유지하여야 한다. 함수와 습기함 또는 습기실의 온도는 23±2℃의 범위 내에 있어야 한다.

② 시험실의 상대 습도는 50%이상이어야 하며, 습기함이나 습기실은 90%이상의 표준 습도에서 시험체가 저장되도록 제작하여야 한다.

(2) 시험체의 제작

① 시험체의 수는 하나만 만들고 만약, 재시험을 하여야 할 때에는 3개의 시험체를 만들어야 한다.

② 틀은 광유를 엷게 바른 다음에 표점을 끼워야 하며, 기름이 묻어 있지 않도록 깨끗이 하여야 한다.

(3) 시멘트 반죽의 조제

표준 배치는 시멘트 500g에 표준 주도의 반죽을 만드는데 알맞은 물을 가한 것으로, KS L 5102(수경성 시멘트의 표준 주도 시험 방법)의 규정에 따라서 혼합하여야 한다.

(4) 시험편의 성형

① 혼합이 끝나는 즉시로 시험체는 두 층으로 고르게 채워 만드는데 각 층은 엄지손가락이나 집게손가락으로 틀의 구성이나 끼워놓은 표점 주위와 틀의 표면을 따라서 반죽을 다져 넣어 균일한 시험체가 되도록 성형한다.

② 상층이 단단하게 되면 흙손의 얇은 날로 반죽을 틀의 높이대로 깎아내고, 표면을 흙손으로 몇 번 문질러 매끈하게 한다. 혼합이나 성형 조작을 할 때는 손에 맞는 깨끗한 고무장갑을 끼워야 한다.

(5) 시험편의 저장

① 틀에 반죽을 채워 성형이 끝나면 즉시 습기함이나 습기실 안에 둔다. 시험체는 적어도 20시간을 틀에 채워 둔 채 습기함이나 습기실에 놓아두어야 한다.

② 24시간 전에 틀에서 빼어 냈을 때에는 시험할 때까지 습기함이나 습기실 안에서 보관해야한다.

(6) 오토클레이브 시험

① 성형한 다음 24시간±30분에 시험체를 습기실에서 들어내어 즉시 길이를 측정하고, 각 시험체의 4면이 포화 증기에 쏘이도록 시험체 걸이에 끼워 실온 상태로 되어 있는 오토클레이브 안에 넣는다.

② 오토클레이브에는 시험할 동안 언제나 포화 수증기로 차 있도록 물을 충분히 넣어 놓는다. 보통, 오토클레이브 용적의 7~10%의 물을 넣어야 한다.

③ 가열 기간의 초기에는 오토클레이브로부터 공기가 빠져 나가도록 통기 밸브를 수증기가 나오기 시작할 때까지 열어 놓는다.

④ 다음에 통기 밸브를 닫고 가열하기 시작해서부터 45~75분에 증기압이 21±1㎏/㎠의 압력으로 3시간 유지한다.

⑤ 3시간 경과한 뒤에 가열을 중지하고, 다시 1시간 30분 뒤에는 압력이 1㎏/㎠이하가 되도록 오토클레이브를 냉각한다.

⑥ 통기 밸브를 조금씩 열어 남은 압력을 천천히 내려, 완전히 대기압이 되도록 한다. 오토클레이브를 열고 시험체를 즉시 90℃이상의 물속에 담근다.

⑦ 시험체 주위의 물에 골고루 찬물을 가하여 15분 동안 23℃가 되도록 균일하게 냉각한다.

⑧ 시험체 주위의 물은 23℃로 15분간 다시 유지하고, 시험체를 꺼내어 표면이 건조하면 다시 길이를 측정한다.

(7) 결과의 계산

오토클레이브 시험 전후의 시험체의 길이의 차는 유효 표점 길이의 0.01%까지 계산하여 시멘트의 오토클레이브 팽창도로 보고한다. 길이가 수축했을 때는 백분율에 (-)부호를 붙인다.

3. 주의 및 참고사항

(1) 측정 결과가 규격에 미달할 때는 재시험을 하여야 한다.
(2) 재시험을 하는 경우 3개의 시험체를 만들어 시험한 결과를 평균하여 시료의 오토클레이브 팽창도로 한다.
(3) 안정성(安定性)이란 시멘트가 경화(hardening)중에 용적이 팽창하는 정도를 뜻한다.
(4) 팽창으로 인하여 금이 가거나 뒤틀리는 원인은 시멘트 클링커(clinker)중의 유리산화칼슘, 산화마그네슘(MgO), 삼산화황(SO_3)등에 의해 함량이 한도를 넘는 때가 많다.
(5) 오토클레이브 시험방법의 안정도 시험에 불합격된 시멘트는 28일 이내에 새로운 시료로 재시험하여 합격된 것이어야 합격품으로 인정한다.
(6) 시멘트 안정성의 규격은 아래 표와 같다.

<시멘트의 안정도>

규 격	종 류		오토클레이브 팽창도 또는 수축도(%)
KS L 5201	포틀랜드 시멘트	보통	0.80 이하
		중용열	0.80 이하
		조강	0.80 이하
KS L 5204	백색 포틀랜드 시멘트		0.80 이하
KS L 5401	포틀랜드 포졸란 시멘트		0.50 이하
KS L 5211	플라이애쉬 시멘트		0.50 이하

■ 06. 시멘트의 강도시험 KS L 5105

KS L 5100 (시멘트 강도 시험용 표준사)
KS L 5109 (수경성 시멘트 반죽 및 모르터의 기계적 혼합 방법)
KS L 5111 (시멘트 시험용 플로 테이블)

실험목적 : 시멘트의 압축강도를 측정한다.

1. 시험 기구 및 장치

(1) 저울(용량 2㎏, 감량 1g) (2) 모르터 믹서 (3) 메스실린더
(4) 사발 (5) 스푼 (6) 스톱워치

2. 플로우 시험 (KS L 5111)

(1) 흐름판(Flow table) (2) 흐름몰드(Flow mold) (3) 다짐봉(tamper)
(4) 흙손 (5) 마른헝겊 (6) 흐름 측정자

① 마른헝겊으로 흐름(flow)시험기의 테이블을 건조하게 하고 흐름몰드(flow mold)를 중앙에 놓는다.
② 용기에서 모르터를 꺼내어 흐름몰드에 2층으로 채워 넣고 다짐봉으로 각 20회 다진다.
③ 몰드에 모르터가 꽉 차면 표면을 평평하게 한다. 이때는 흙손의 곧은 날로 몰드의 윗면에 거의 직각이 되게 세우고 몰드 윗면을 따라서 톱질운동으로 평평하게 한다.
④ 테이블 윗면과 몰드 주위의 물기를 마른헝겊으로 완전히 없앤 다음 반죽을 끝마친 후 1분 뒤에 몰드를 천천히 들어 올린다.
⑤ 즉시 흐름판을 15초 동안 25회 상하로 진동한다.
⑥ 흐름판 위에 퍼진 모르터를 거의 같은 간격으로 4개의 평균 지름을 측정하고 원지름에 대한 증가를 원지름의 백분율(%)로 나타낸다.
⑦ 그 후에 모르터를 강도시험에 사용한다.

3. 공시체 제작 도구

(1) 시멘트 압축시험용 몰드 (2) 다짐봉
(3) 나무망치 (4) 항온수조

① 플로우 시험이 끝나는 즉시로 모르터를 흐름판으로부터 믹서 용기에 쏟고, 전 배치를 제1속으로 15초 동안 반죽한다.
② 모르터 배치의 처음반죽이 끝난 뒤로부터 2분 15초 이내에 공시체의 성형을 시작한다.
③ 두께 약2.5㎝ 모르터 층을 모든 입방체 칸 안에 넣는다. 각 입방체 칸 안의 모르터에 대하여 약 10초 동안 4바퀴로 32회 찧는다.

4	5
3	6
2	7
1	8

(a) 첫째 번과 셋째 번 바퀴

5	6	7	8
4	3	2	1

(b) 둘째 번과 넷째 번 바퀴

<공시체를 만들 때 다지는 순서>

④ 제1층의 찧기를 끝내고, 모든 칸에 나머지의 모르터를 채우고, 제1층에서 규정한데로 찧는다. 찧기가 끝났을 때는 각 입방체의 윗부분은 틀의 윗면 보다 약간 나와 있어야 한다.
⑤ 틀 윗면에 밀려나온 모르터는 흙손으로 힘을 주지 않고 윗부분을 끌어당겨 윗부분을 고르게 한다.
⑥ 흙손을 몰드 위에 놓고 톱질하듯이 위의 면을 고른다.

4. 압축강도 시험

(1) 성형된 시험체는 24시간동안 습기실에 보관한 후, 탈형하여 수중양생한다.
(2) 시험은 재령 28일에 실시하며, 시험체의 평균 단면적을 구한다.
(3) 시험체의 하중은 최대 하중이 20초 이상 80초 이내에 미치는 속도로 가하며, 충격하중이 작용하지 않도록 주의한다.

5. 결과의 정리

(1) 플로우값 (%) = $\dfrac{\text{시험후 퍼진 모르터의 평균 직경}}{\text{흐름몰드의 아래 직경}} \times 100$

(2) 압축강도 (kgf/㎠)= $\dfrac{\text{최대하중(kgf)}}{\text{시험체의 단면적(㎠)}}$

6. 결과의 이용

(1) 시멘트의 결합력 발현상태를 본다.
(2) 콘크리트강도의 표준을 얻는다.
(3) 시멘트의 품질을 확인한다.

7. 주의사항

(1) 공시체 제작에 따른 혼합용수, 습기함, 습기실 및 저장수조의 온도는 23±2℃를 유지하도록 한다.
(2) 실험실의 상대습도는 50%이상이어야 하며, 습기함이나 습기실은 95%이상의 상대습도에서 공시체가 저장되어야 한다.
(3) 플로우 시험기는 바닥이 수평을 이루고 있으며, 견고한 콘크리트 바닥에 설치되어야 한다.
(4) 압축강도 시험시 공시체 밑면은 깨끗해야 하며, 공시체는 편심이 일어나지 않도록 정확하게 놓여져야 한다.
(5) 압축강도를 결정하는데 있어서 명백한 불완전 시험체 또는 동일 조건의 시험체 중에서 평균값보다 10%이상의 강도차가 있는 시험체는 압축강도의 계산에 넣지 않는다.

1 시험기구 및 장치

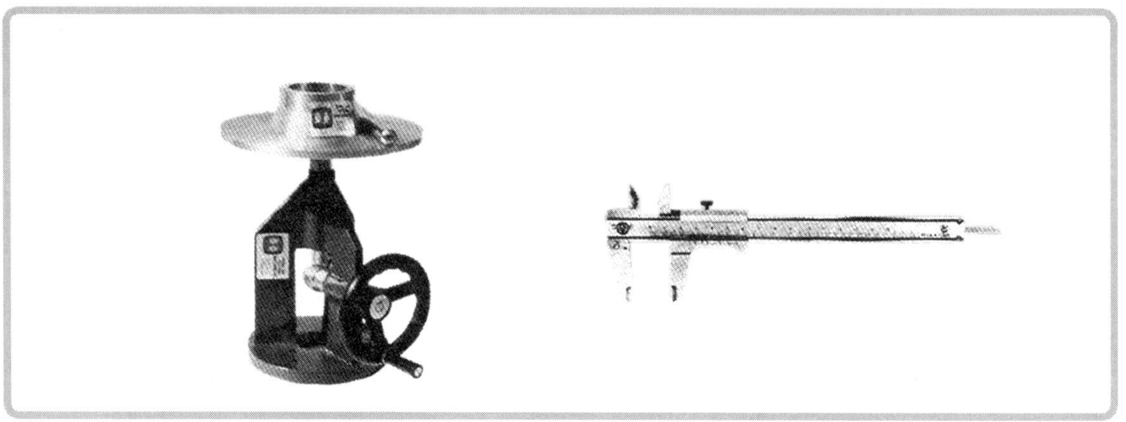

< 모르터 플로우 시험기(Mortar Flow Tester) >　　　　< 흐름 측정자 >

※참고

흐 름 판 : 지름 254±2.5mm
낙하무게 : 4100±50g
낙하높이 : 1.27㎝
흐름몰드 : 원뿔형, 상부 안지름 70±0.5mm
하부 안지름 100±0.5mm
높이 50±0.5mm

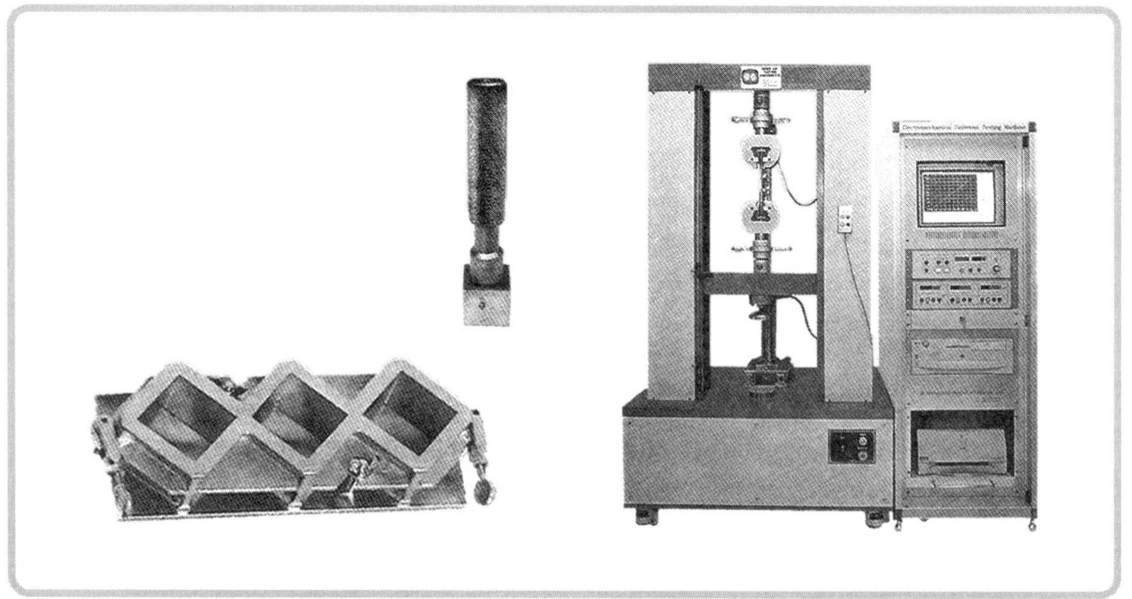

< 시멘트 모르터 압축강도 시험용 몰드 및 다짐봉 >　　　　< 만능재료 시험기 >

2 모르터 제작

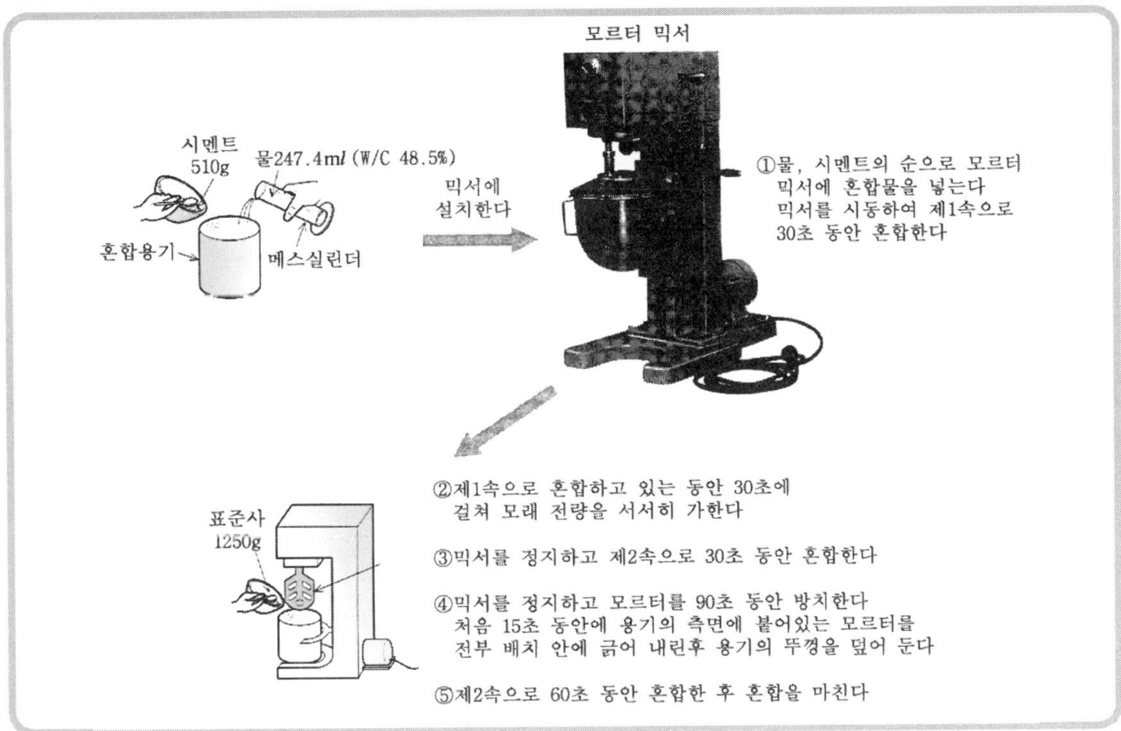

3 플로우 시험

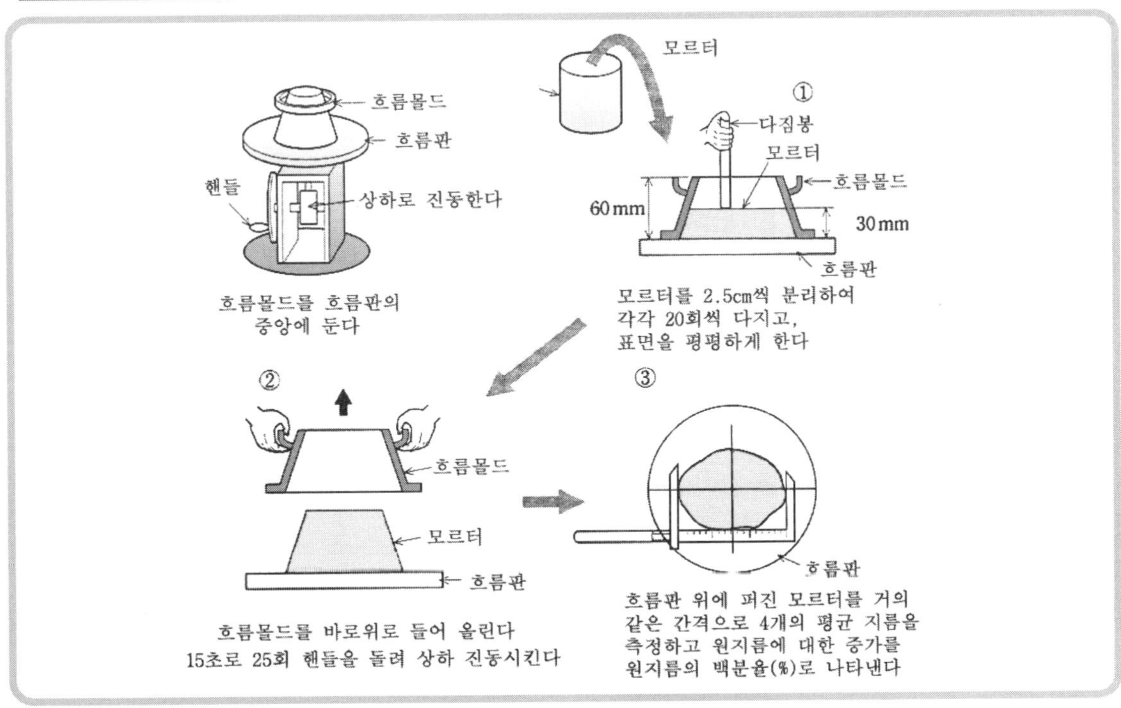

【관련 지식】

◆ 시멘트 수화물의 생성과 공극률

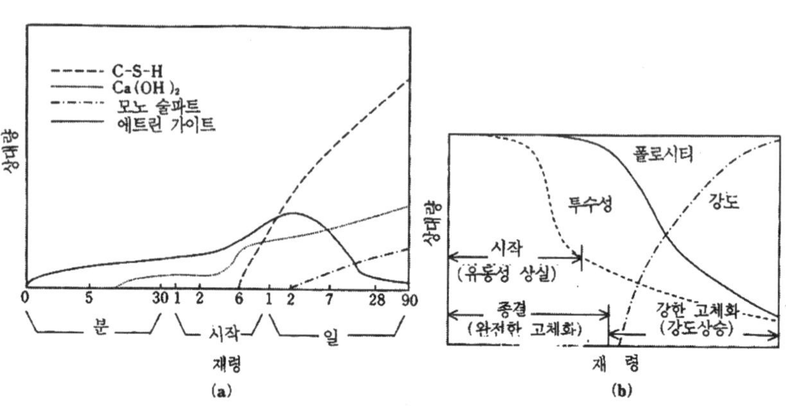

(a) 보통 포틀랜드 시멘트풀 속 수화물의 전형적인 생성 속도, (b) 시멘트풀의 응결 시간, 공극률(porosity), 투수성 및 강도에 끼치는 수화 생성물의 영향 [(a) J. Soroka, *Portland Cement Paste and Concrete*. The Macmillan Press, p.35, 1979.]

◆ 시멘트의 강도발현

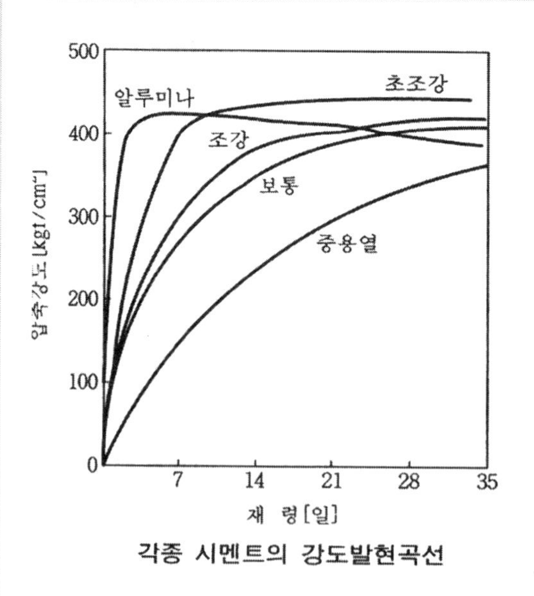

각종 시멘트의 강도발현곡선

3

골재시험

개 요
1. 골재시료의 채취
2. 잔골재의 체가름 시험
3. 잔골재의 표면수율 시험
4. 잔골재의 밀도 및 흡수율 시험
5. 잔골재의 유기불순물 시험
6. 골재 중의 염화물 함유량 시험
7. 잔골재의 안정성 시험
8. 골재에 포함된 미세입자 시험 방법
9. 굵은골재의 단위용적질량 및 실적률 시험
10. 굵은골재의 밀도 및 흡수율 시험
11. 굵은골재의 마모감량 시험
12. 굵은골재의 파쇄시험
13. 연석량 시험
14. 경량 굵은골재의 부림용 시험

《개　요》

모르터 혹은 콘크리트를 만들기 위해 시멘트와 물과 함께 섞는 모래, 자갈등의 재료를 골재라 한다. 골재는 주로 경제적인 이유로 시멘트페이스트와 혼합되는 단순한 충전재로만 생각되어져 왔으나 시점을 바꿔보면, 골재는 조적구조와 같이 시멘트 페이스트에 의해 일체화되는 건축 재료로도 생각 할 수 있다. 그러므로 골재는 단순한 충전재가 아니라 그 물리적 성질, 열적 성질 혹은 화학적 성질은 콘크리트의 품질에 큰 영향을 미칠 수 있다.

그리고 골재는 콘크리트에서 용적의 65~85%정도를 차지하는데 시멘트보다 가격이 저렴하여 골재를 가능한 한 많이 시멘트는 가능한 한 적게 사용하는 것이 경제적이다. 그러나 골재를 사용하는 것은 경제적인 이유뿐만 아니라 골재를 사용함으로써 시멘트페이스트만의 경우보다 용적변화가 적고 내구성이 좋아지는 것과 같은 상당히 기술적인 장점이 콘크리트에 주어진다.

골재의 성질은 콘크리트의 굳기 전, 후의 물성에 큰 영향을 미친다. 따라서 골재가 구비해야 되는 성질, 성능은 콘크리트의 요구성능과 밀접한 관련을 가지게 된다. 콘크리트용 골재가 가지는 중요한 역할로서는, 우선 굳기 전의 콘크리트의 작업성을 양호하게 하고, 굳은 후에는 시멘트 페이스트와 완전히 밀착하여 구조물의 강도와 내구성, 수밀성을 소정의 내구연한까지 보전시켜야 함과 동시에 페이스트의 건조수축을 완화시켜야 한다.

따라서 골재는 큰 것과 작은 것이 적당히 혼합된 입도조성을 가지면서, 깨끗하고 단단하며 내구적인 것이고, 유해한 흙, 점토, 유기불순물이 포함되지 않으며 경화페이스트의 강도보다 높은 강도를 가져야만 한다.

■ 콘크리트용 골재로서 갖추어야 될 조건(요구성능)

① 물리적으로 안정할 것
- 골재는 열이나 기상작용에 대해 안정해야 한다.

② 화학적으로 안정할 것
- 시멘트는 강알칼리성 물질이므로 이것에 대해 불안정한 것은 사용할 수 없다.

③ 유해물질을 함유하지 않아야 할 것
- 시멘트의 경화 즉 수화반응에 유해한 물질(유기불순물, 특수한 염류 등)이 포함되지 않아야 한다.

④ 치밀하고 단단해야 할 것
- 골재의 강도는 콘크리트 중의 경화시멘트페이스트의 강도 이상이어야 한다.

⑤ 입형이 둥글어야 할 것
- 골재입자의 형상은 납작하거나, 각이 지거나, 가늘고 긴 모양보다는 구형에 가까운 다면체 형상이 좋다.

⑥ 입도가 적절해야 할 것
- 콘크리트용 골재는 크고 작은 입자가 적당히 섞여 있어야 한다.

⑦ 시멘트 페이스트와 부착력이 큰 표면 조직을 가질 것

⑧ 소정의 밀도를 가질 것

⑨ 내화적일 것

⑩ 같은 종류의 골재로서 품질의 편차가 적을 것

■ 골재의 분류

분류 방법	골재의 종류
생산 방식	천연골재, 인공골재, 부산골재, 재생골재 - 천연골재 : 천연작용에 의해 생긴 모래나 자갈 - 인공골재 : 천연의 암석을 파쇄하여 만듦(쇄석, 쇄사) - 부산골재 : 각종의 슬래그 - 재생골재 : 경화된 콘크리트를 깨뜨려 만든 골재   **하천골재(천연골재)** **쇄석(인공골재)**
채취 장소	강자갈, 강모래, 육지자갈, 육지모래, 산자갈, 산모래, 바닷자갈, 바닷모래, 화산암 모두 천연골재로서 취급함
크 기	골재의 크기에 따라 잔골재와 굵은골재로 분류 - 잔 골 재 : 잔골재는 10mm체를 전부 통과하고 5mm체를 질량으로 85%이상 통과하는 골재 - 굵은골재 : 5mm체에 질량으로 85%이상 남는 골재
밀 도 (g/㎤)	중량골재, 보통골재, 경량골재, 초경량골재 - 보통골재 : 밀도가 2.6전후 (일반적인 강자갈과 쇄석의 밀도) - 중량골재 : 보통골재보다 무거운 것 - 경량골재 : 2.0이하 - 초경량골재 : 펄라이트와 같이 특별이 가벼운 골재 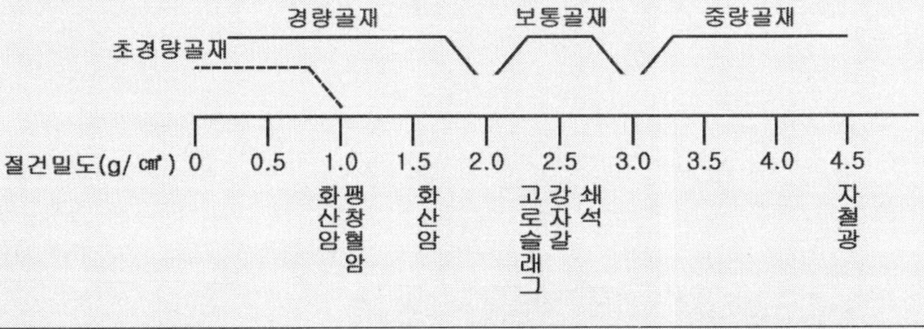 초경량골재 경량골재 보통골재 중량골재 절건밀도(g/㎤) 0 0.5 1.0 1.5 2.0 2.5 3.0 3.5 4.0 4.5 화산암 팽창혈암 (1.0) 화산암 (1.5) 고로슬래그 강자갈 쇄석 (2.5) 자철광 (4.5)
용 도	구조용 골재, 비구조용 골재, 사용목적별(콘크리트용 골재, 도로용 골재)

■ **골재의 함수상태**

골재는 콘크리트로 혼합할 때 물과 접촉하므로 건조해 있으면 물을 내부로 흡수하게 되어 굳지 않은 콘크리트의 워커빌리티나 슬럼프, 굳은 콘크리트의 강도, 내구성 등에 영향을 주게 된다. 그러므로 콘크리트의 성질을 고려하여 정해진 물성의 콘크리트를 만들기 위해서는 골재에 흡수된 물의 양을 파악하여 배합설계시에 고려해 주어야만 한다.

따라서 콘크리트를 제조할 때에는 골재가 어느 정도의 물을 가지고 있는지 정확히 파악하여야하며 이것은 양질의 콘크리트를 만들기 위해 극히 중요한 요소가 된다.

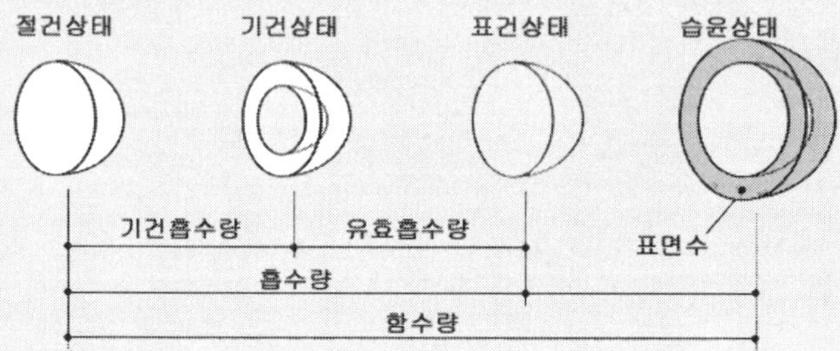

① 절대건조상태(절건상태) ; Oven dry condition
- 골재 내부의 공극에 포함된 물이 완전히 제거된 상태

② 공기 중 건조상태(기건상태) ; Room dry condition
- 공기중에 상당기간 방치된 상태의 골재로 표면은 건조되어 있지만 내부에 어느 정도의 수분을 포함한 상태

③ 표면건조 내부포수상태(표건상태) ; Saturated surface dry condition
- 골재입자의 표면은 건조되어 있으나 골재 내부의 공극은 물이 가득 차 있는 상태

④ 습윤상태 ; Wet condition
- 골재 내부의 공극이 물로 가득 차 있고 표면까지 물이 부착되어 있는 상태

■ **골재의 단위용적질량 및 실적률**

단위용적질량은 일정한 겉보기 용적의 골재의 질량을 말하며 단위용적질량은 골재를 한 덩어리의 입자군으로 보았을 때의 밀도이다. 이것은 일반적으로 겉보기용적 1㎥의 질량을 ㎏혹은 ton으로 나타낸다.

골재의 양은 용적과 질량으로서 나타내어지는데 용적은 겉보기용적과 실용적이 있다. 겉보기 용적은 골재를 특정한 용기로서 계량하였을 때의 용적을 말하는 것으로서 골재기 쌓여 있고 그대로의 외관상의 부피다. 이것은 골재가 쌓여있는 부분의 면적과 높이로 계산되며 골재 판매시의 단위로서 자주 사용된다. 그리고 골재입자 각각의 실제 용적도 매우 중요하다. 콘크리트 중의 골재가 차지하는 용적은 골재입자 각각의 실용적의 합이기 때문에 겉보기 용적과 구별할 필요가 있다.

겉보기용적은 골재 입자의 실제 용적과 골재 입자와 입자 사이의 공극의 용적을 합한 것이다. 따라서 골재를 용기에 담았을 때 골재가 실제로 차지하고 있는 용적의 비율을 실적률(% of solid volume)이라고 하며, 공극부분의 용적의 합은 공극률(% of void)이라한다. 그러므로 공극률과 실적률의 합은 100이 된다.

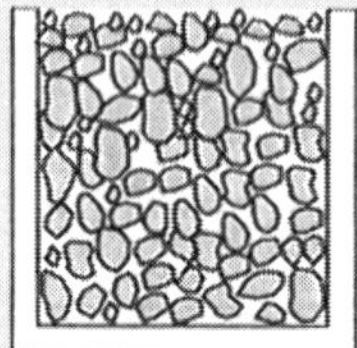

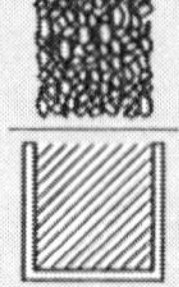

■ 골재의 입도분포

입도를 구하기 위해서는 체눈금이 큰 체로부터 순서대로 골재를 체가름하여 체에 남은 입자의 질량을 측정하여 전체에 대한 비율을 계산한다.(KS F 2502 체가름시험방법) 골재 입자의 크기별 포함 상태를 입도분포라 하며 이러한 체가름 작업을 입도분석, 혹은 체가름시험이라 한다.

골재가 크고 작은 입자의 혼합비율이 어떻게 되어 있는가를 알기위해서는 아래 그림과 같이 가로축에는 체의 눈금을 세로축에는 체 통과율을 그려보아 표준입도보다 좌측상부에 입도곡선이 있으면, 골재가 너무 가는 것으로, 우측하부에 있으면 너무 굵은 것으로 구성되어 있다고 판단한다.

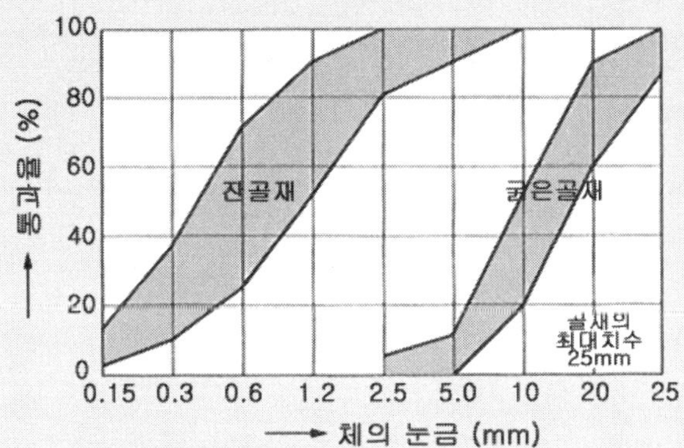

■ 콘크리트와 관계되는 골재의 성질

콘크리트의 성질	관계되는 골재의 성질
① 내구성 동결융해 저항성 습윤건조 저항성 온도변화 저항성 마모 저항성 알칼리골재 반응 저항성	 - 안정성, 공극률, 공극구조, 투수성, 포수정도, 인장강도, 탄성계수, 점토의 존재 - 선팽창계수 - 경도 - 특수실리카질 성분의 존재유무
② 강도	- 강도, 표면의 조활, 청정, 입형, 최대치수
③ 수축	- 탄성계수, 입형, 입도, 최대치수, 청정여부, 점토존재
④ 선팽창계수	- 선팽창계수
⑤ 열팽창계수	- 열팽창계수
⑥ 비열	- 비열
⑦ 단위용적질량	- 밀도, 입형, 입도, 최대치수, 함수량
⑧ 탄성계수	- 탄성계수, 포아송비
⑨ 경제성	- 입형, 입도, 최대치수, 제조공정생산량, 공급의 난이도

■ 01. 골재시료의 채취 KS F 2501

KS F 2501 (골재의 시료 채취 방법)
KS A 5101 (표준체)

실험목적 : 골재의 품질을 대표할 수 있는 시료를 채취한다.

1. 현장 골재의 시료 채취

◆ 저장고의 골재 더미로부터 채취하는 경우

저장고의 세조립의 분포는 일반적으로 더미의 가장자리의 부분에는 입도가 굵은 것이 많으며, 중앙부에는 가는 것이 집중되어 있는 경우가 많다. 이 때는 더미의 가장자리, 정상, 중간의 세 군데로부터 전체를 옮겨가며 채취한다. 이러한 시료를 분취시료라 말한다.

잔골재는 건조 모래가 채취상 곤란하기 때문에 표면의 건조층을 제거하고, 젖은 층으로부터 채취한다.

◆ 벨트 콘베이어로부터 채취하는 경우

움직이고 있는 벨트 콘베이어를 정지시키고, 흐름의 단면 전체에 있는 골재를 취한다. 시간간격을 변화하여 여러 번 나누어 흐름의 직각 부분을 채취한다.

◆ 화물차 또는 트럭 등으로부터 채취하는 경우

차량의 끝부분, 양측면 및 중심선에 따라 직선상에서 등간격의 점에 구멍을 뚫고 가운데층 또는 상 · 중 · 하층에서 골재를 채취한다.

◆ 골재 함에서 채취하는 경우

2~5t의 골재를 골재 함에서 꺼내고 배출된 골재상태의 전단면(全斷面)에서 채취한다.

◆ 노천에서 채취하는 석재 또는 호박돌일 경우

산지의 전체 구역에 걸쳐 재료의 종류와 분포 상태를 상세히 조사하여야 하며 구조용 재료로 이용할 수 있는 각종 석재에 대하여 각각 25㎏ 이상의 시료를 채취하여야 한다.

◆ 시장 판매품인 모래, 자갈, 석재 광재일 경우

품질 시험용 시료는 될 수 있는 한 완성품에서 채취하며 마모 시험용 시료는 반드시 완성품을 원상태로 채취하여야 한다.

◆ 생산 공장에서의 시료 채취하는 경우

공장 시설에 대한 조사를 해야 하며, 쌓아 놓은 무더기 또는 저장고에서 반출 차량에 실을 때, 적당한 위치에서 대표적인 시료를 채취하여야 한다. 입도의 변화를 검사하기 위하여 싣는 동안 수시로 별도의 시료를 채취하며 저장고에서 시료를 채취할 때는 배출구에서 흘러나오는 재료의 전체 단면에 걸쳐 채취하고 방출이 시작될 때는 균일한 흐름이 된 후에 채취하여야 한다.

2. 시험재료의 준비

4분법에 의한 방법	시료분취기에 의한 방법
(1) 삽 (2) 철판	(1) 시료분취기 시료수용기 2개 각형 스코프 1개 (2) 저울

3. 시료채취에 있어서의 유의점

(1) 시료의 채취량은 공사의 규모·종류, 골재의 종류·입도의 변화 등에 따라 다르며, 일반적으로 50t 당 1개의 시료를 채취한다.

(2) 잔골재·굵은골재가 혼합된 경우는 약 300kg, 체가름한 경우, 잔골재는 약 10kg, 굵은골재 Gmax 10mm는 약 10kg, 13mm는 15kg, 20mm는 약 25kg, 25mm는 50kg, 40mm는 75kg 이상 채취하는 것이 좋다.

(3) 시료를 시험실에 운송하는 경우, 용기는 청정하며 밀봉된 것을 이용한다.

(4) 용기는 내외 어느 쪽에서도 분별할 수 있도록 일부, 골재의 종류, 시료의 량, 채취장소, 채취이유, 지시자, 시험항목 등을 명기한다.

(5) 벨트 콘베이어로부터 채취한 경우는 콘베이어를 정지하고 흐름의 방향에 직각의 임의의 단면전부에 있는 골재를 채취한다.

1 골재시료의 채취

저장고에 있는 골재를 채취하는 경우

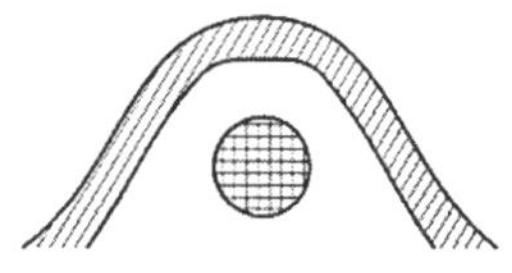

입도가 매우 큰 입자가 많은 경우

입도가 작은 입자가 모여있는 경우

건조되어진 층 (시료를 채취하지 않음)

벨트 콘베이어로부터 시료를 채취하는 경우

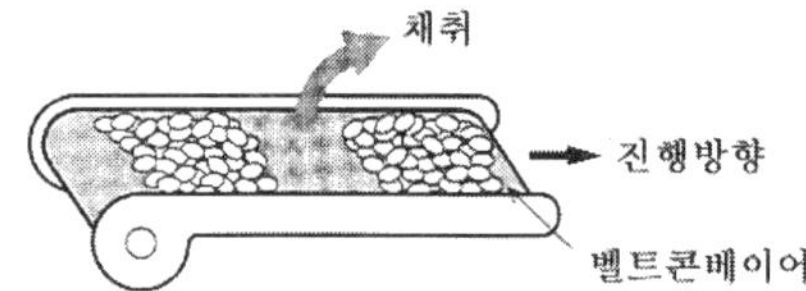

2 시험의 준비

시료분취기에 의한 방법

시료분취기

주로 잔골재 시료(20kg정도)에 사용한다 분취기의 윗부분에서
잔골재를 넣고 이 것을 통과시키면 2분 되어진다
한 부분을 제거하고 남은 반쪽 부분을 다시 분취한다
이러한 방법으로 필요량이 될 때까지 반복한다

4분법에 의한 방법

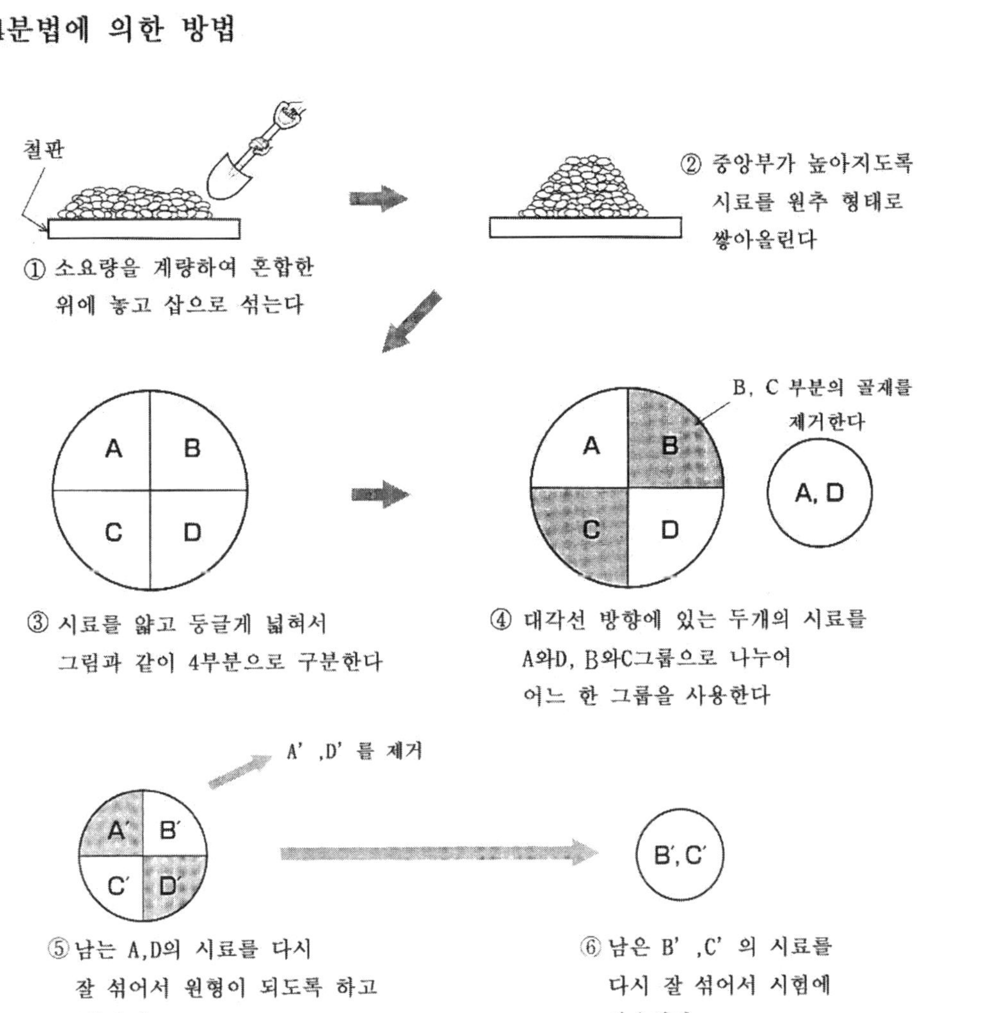
철판
① 소요량을 계량하여 혼합한
위에 놓고 삽으로 섞는다
② 중앙부가 높아지도록
시료를 원추 형태로
쌓아올린다
A
B
C
D
③ 시료를 얇고 둥글게 넓혀서
그림과 같이 4부분으로 구분한다
B, C 부분의 골재를
제거한다
A, D
④ 대각선 방향에 있는 두개의 시료를
A와D, B와C그룹으로 나누어
어느 한 그룹을 사용한다
A′,D′ 를 제거
A′
B′
C′
D′
B′, C′
⑤ 남는 A,D의 시료를 다시
잘 섞어서 원형이 되도록 하고
4분한다
⑥ 남은 B′,C′ 의 시료를
다시 잘 섞어서 시험에
사용한다

■ 02. 골재의 체가름 시험 KS F 2502

ISO 6274 (Concrete-Sieve Analysis of Aggregates)
KS A 3251-1 (데이터의 통계적인 해석 방법-제1부:데이터의 통계적 기술)
KS A 5101 (시험용 체)
KS F 2523 (골재에 관한 용어의 정의)

실험목적 : 각 체에 잔류한 골재의 질량을 측정하여 입도곡선과 조립률을 구한다.

1. 시료의 준비

대표적인 시료를 사분법 또는 시료분취기에 의해 채취하고, 건조 후 아래의 질량을 준비한다. KS규준의 경우 시료의 양은 잔골재에 대하여 원 국제규격(ISO)의 약 1/2배로 하였다.

	KS·JIS	ISO
잔골재 1.2㎜ 이하 (1.2㎜체를 95%(무게비) 이상 통과하는 것)	100g	240g
잔골재 2.5㎜ 이하 (1.2㎜체에 5%(무게비) 이상 걸리는 것)	500g	500g
잔골재 5.0㎜ 이하	-	1㎏
굵은골재의 최대치수 10㎜	1.0㎏	2㎏
굵은골재의 최대치수 15㎜	2.5㎏	3㎏
굵은골재의 최대치수 20㎜	5.0㎏	4㎏
굵은골재의 최대치수 25㎜	10㎏	5㎏
굵은골재의 최대치수 40㎜	15㎏	8㎏
굵은골재의 최대치수 50㎜	20㎏	10㎏
굵은골재의 최대치수 60㎜	25㎏	12㎏
굵은골재의 최대치수 80㎜	30㎏	16㎏
굵은골재의 최대치수 100㎜	35㎏	20㎏

2. 시험 기구

(1) 체진동기
(2) 저울(시료 무게의 0.1% 이상의 정밀도를 가진 것)
(3) 표준체(호칭치수 0.075㎜, 0.15㎜, 0.3㎜, 0.6㎜, 1.2㎜, 2.5㎜, 5㎜, 10㎜, 15㎜, 20㎜, 25㎜, 30㎜, 40㎜, 50㎜, 65㎜, 75㎜, 100㎜)
(4) 건조기 (105±5℃의 온도 유지 가능한 것)

3. 시험방법

(1) 잔골재로서 1.2㎜ 표준체에 95% 이상 통과하는 것은 100g 이상, 1.2㎜ 체에 5% 이상 남는 것은 500g 이상 채취하고, 체진동기로 1분 동안 체가름한다.
(2) 1분 동안에 각 체에 남는 시료의 양이 1%이상 그 체를 통과하지 않을 때까지 체가름 작업을 계속한다. 기계로 체가름한 경우는 다시 손으로 체가름하여 1분 동안의 각 체 통과량이 위의 값보다 작아진 것을 확인하여야 한다.
(3) 각 체에 잔류한 잔골재의 질량을 측정한다.

(4) 10㎏ 정도의 굵은골재를 채취하고, 체진동기로 체가름한다.
(5) 각 체에 잔류한 굵은골재의 질량을 측정한다.

체 뚜껑
10mm
No. 4 (5mm)
No. 8 (2.5mm)
No. 16 (1.2mm)
No. 30 (0.6mm)
No. 50 (0.3mm)
No.100 (0.15mm)
접 시

(a) 잔골재용

체 뚜껑
50mm
40mm
30mm
20mm
15mm
10mm
5mm
접 시

(b) 굵은골재용

<체가름 시험시 표준체 순서>

4. 시험결과의 계산방법과 정리

(1) 시험은 2회 이상 실시하고, 평균치를 구한다.
(2) 각 체에 잔류하는 질량은 전체 질량에 대하여 백분율로 나타낸다. 백분율의 표시는 이것에 가장 가까운 정수로 한다.
(3) 결과의 표로부터 굵은골재의 최대치수(25㎜), 조립율(F.M.)을 구한다.

5. 결과의 이용

콘크리트용 골재로서 공사 사용의 적부와 혼합골재의 적당한 비율의 결정 등에 이용한다.
(1) 배합설계에 필요한 입도를 조사한다.
(2) 입도조정공법에 의한 노반재료의 적부를 조사한다.

【관련 지식】

◆ 체의 호칭 번호와 호칭 치수에 대한 체 눈의 크기(mm)

잔골재용	공칭치수	0.15	0.3	0.6	1.2	2.5	5	10
	체눈크기	0.146	0.297	0.59	1.19	2.38	4.76	9.52
굵은골재용	공칭치수	10	15	20	25	30	40	50
	체눈크기	9.52	15.9	19.1	25.4	31.7	38.1	50.8

◆ 보통 골재의 표준입도(KASS 표 05010.5)

체의 공칭치수(mm) / 골재의 최대치수(mm)		체를 통과하는 질량 백분율(%)											
		50	40	25	20	15	10	5	2.5	1.2	0.6	0.3	0.15
굵은 골재	40	100	95~100	-	35~70	-	10~30	0~5	-	-	-	-	-
	25	-	100	95~100	-	25~60	-	0~10	0~5	-	-	-	-
	20	-	-	100	90~10	-	20~55	0~10	0~5	-	-	-	-
잔골재		-	-	-	-	-	100	95~100	80~100	50~85	25~60	10~30	2~10

1 시험기구 및 장치

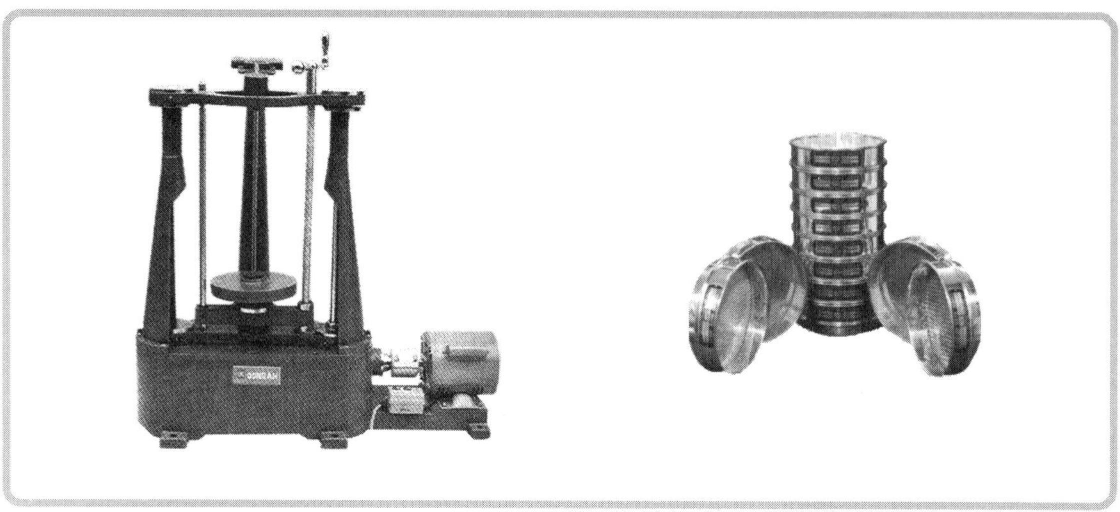

< 체진동기 >　　< 표준체 >

2 시험방법

잔골재의 경우

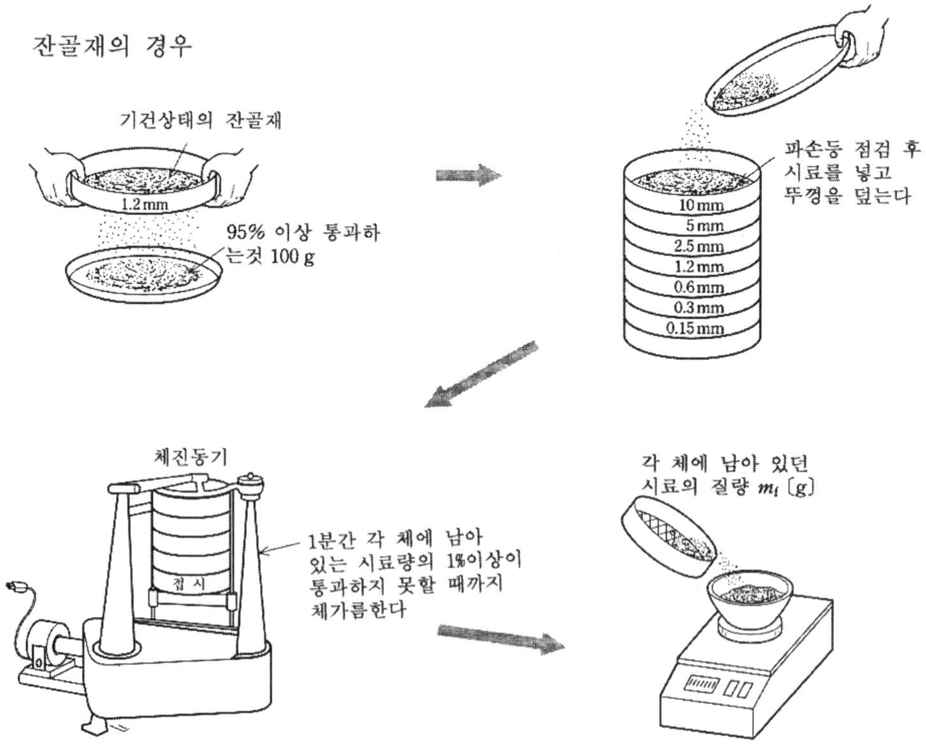

기건상태의 잔골재

1.2mm

95% 이상 통과하는것 100 g

파손등 점검 후 시료를 넣고 뚜껑을 덮는다

10mm
5mm
2.5mm
1.2mm
0.6mm
0.3mm
0.15mm

체진동기

접시

1분간 각 체에 남아 있는 시료량의 1%이상이 통과하지 못할 때까지 체가름한다

각 체에 남아 있던 시료의 질량 m_i [g]

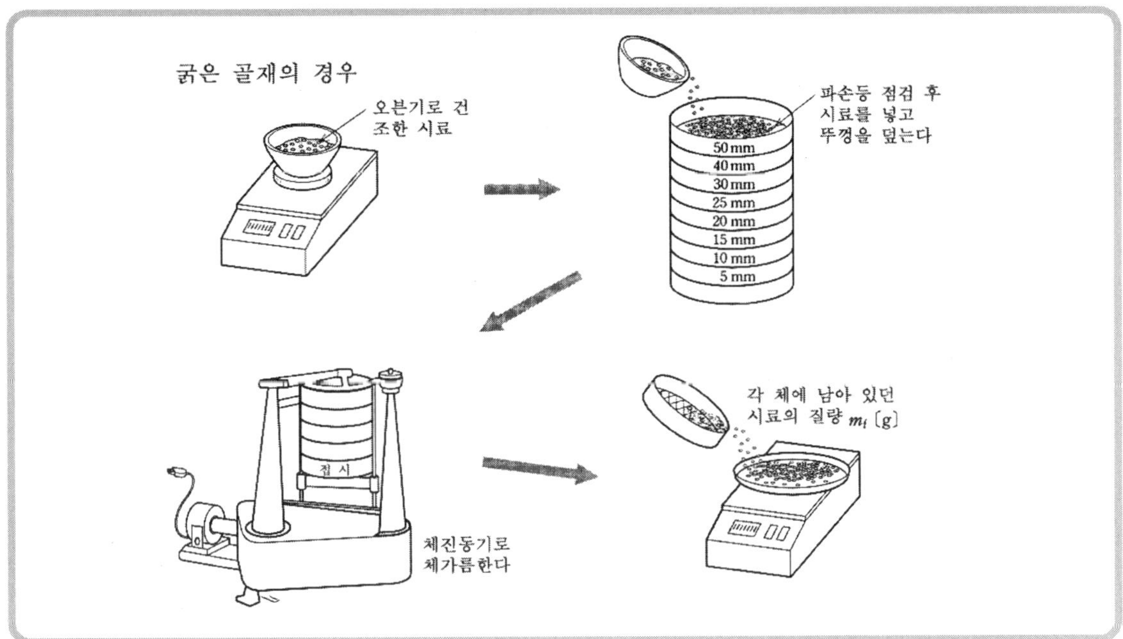

3 결과의 정리

체의 공칭치수 (mm)	잔골재			굵은골재		
	누가잔류량 (g)	누가잔류율 (%)	통과율 (%)	누가잔류량 (g)	누가잔류율 (%)	통과율 (%)
40	–	–	–	0	0	100
30	–	–	–	210	2	98
25	–	–	–	940	9	91
20	–	–	–	3500	35	65
15	–	–	–	5080	50	50
10	0	0	100	7630	76	54
5	9	2	98	9585	96	4
2.5	73	14	86	10000	100	0
1.2	128	26	74	–	100	–
0.6	301	60	40	–	100	–
0.3	413	83	17	–	100	–
0.15	482	96	4	–	100	–
접시	500	100	0	–	–	–

<잔골재>

$$조립율(F.M) = \frac{96+83+60+26+14+2}{100} = 2.81$$

<굵은골재>

$$조립율(F.M) = \frac{500+96+76+35+0}{100} = 7.07$$

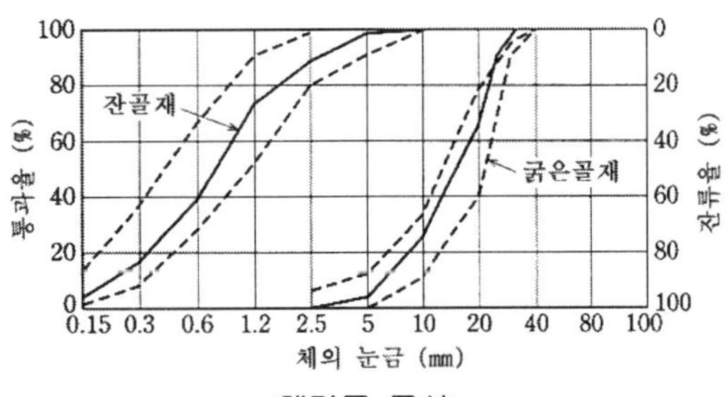

<체가름 곡선>

■ 03. 잔골재의 표면수율 시험 KS F 2509

KS F 2504 (잔골재의 밀도 및 흡수율 시험 방법)
KS F 2529 (구조용 경량 잔골재의 밀도 및 흡수율 시험 방법)

실험목적 : 잔골재의 부착수량을 측정하고, 표면수율을 구하여 배합설계에 이용한다.

1. 시험의 준비

잔골재 400g 이상

(1) 질량법·용적법의 시험에 대하여 각각 200g 이상 준비한다.

(2) 표면수율은 시료의 채취장소에 따라 다르기 때문에, 대표적인 시료를 채취한다.

2. 시험 기구

(1) 저울
(2) 플라스크
(3) 접시
(4) 고무판
(5) 채프만 플라스크

3. 시험 방법

◆ 질량법

(1) 200g 이상의 잔골재의 시료를 측정하고, m_1(g)을 구한다.

(2) 플라스크에 예정된 위치까지 물을 채우고, 질량 m_2(g)를 측정한다.

(3) 조금의 물을 제거하고, 시료 m_1(g)을 투입한다.

(4) 공기를 제거하고, 표시된 부분까지 물을 보충하고 질량 m_3(g)을 측정한다.

◆ 용적법

(1) 채프만 플라스크의 V_1의 위치까지 물을 채운다.

(2) 시료 m_1(g)을 채프만 플라스크에 투입하고, 공기를 제거한다.

(3) 수위가 상승한 눈금 V_2를 읽는다.

4. 결과의 정리

질량법	용적법
(1) $V_S = m_1 + m_2 - m_3$	(1) $V = V_2 - V_1$
(2) $V_d = \dfrac{m_1}{\rho_s}$	(2) $V_d = \dfrac{m_1}{\rho_s}$
(3) 표면수율 $P = \dfrac{V_S - V_d}{m_1 - V_S} \times 100\,(\%)$	(3) 표면수율 $P = \dfrac{V - V_d}{m_1 - V} \times 100\,(\%)$

◆ 판정의 기준

표면수율의 평균치로부터의 오차는 0.3%이하로 되어야 한다.

5. 결과의 정리

콘크리트 골재로서의 공사에의 사용적부와 혼합골재의 적당한 비율의 결정 등에 이용한다.

골재의 상태	표면수율(%)
젖은 자갈 또는 쇄석	1.5~2.0
심하게 젖어있는 모래(손에 쥐어 손바닥이 젖는 정도)	5.0~8.0
보통 젖은 모래(손에 쥐면 형태가 유지되고, 손바닥에 약간 수분이 묻음)	2.0~4.0
젖은 모래(손에 쥐어도 형태가 곧 흐트러지며, 손바닥에 젖은 느낌)	0.5~2.0

※ 같은 정도의 표면수율로 보이는 경우에도 굵은 모래일수록 표면수율이 작다.

6. 주의사항

(1) 표면수율은 시료의 채취장소에 따라 다르므로 여러 곳에 있는 골재에 대하여 시험한다.

(2) 시험은 동일시료에 대하여 2회 행하고 그 오차가 0.3% 이하이어야 한다.

(3) 시험의 정밀도는 잔골재의 표면건조 포화상태의 밀도를 정확하게 측정하는 데 따라 좌우된다.

7. 참고사항

(1) 골재의 표면수란 골재의 표면에 붙어 있는 물을 말하며, 골재가 가지고 있는 물의 전량에서 골재입자 속에 흡수되어 있는 물을 뺀 나머지 물을 말한다.

(2) 콘크리트의 배합설계는 골재의 표면건조 포화상태를 기준으로 한다. 그러나 현장의 잔골재는 습윤상태에서 표면수를 가지고 있는 것이 보통이다. 이 표면수는 물 · 시멘트비에 영향을 미치게 된다.

(3) 비슷한 표면수율로 보일 때도 굵은 모래일수록 표면수는 적다.

(4) 시료의 크기와 용기의 치수만 정확하게 수정하면 같은 시험법으로 굵은골재의 표면수율 측정이 가능하다.

1 시험방법

※ 사전에 잔골재의 표면건조상태 밀도 ρ_s(g/㎤)을 측정해 둔다.

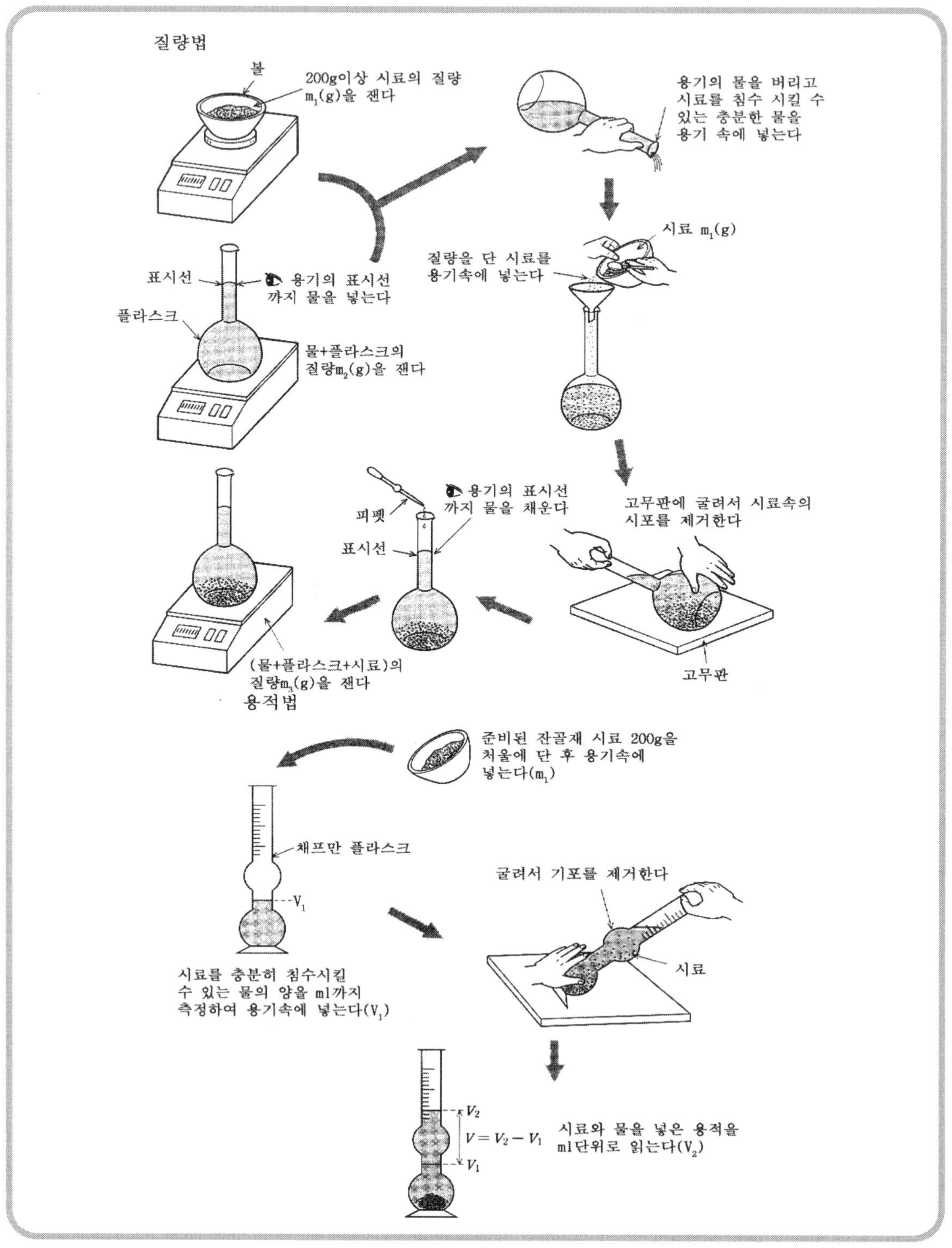

2 결과의 정리

질량법

(시료의 밀도 ρ_s=2.59 g/㎤)

측 정 번 호			1	2
시료의 질량	m_1	(g)	200.0	200.0
(표시선까지의 물) + (플라스크)의 질량	m_2	(g)	351.5	349.3
(표시선까지의 물) + (플라스크) + (시료)의 질량	m_3	(g)	470.6	467.8
시료의 용적과 같은 물의 질량	$V_s = m_1 + m_2 - m_3$	(g)	80.9	81.5
습윤시료의 용적과 같은 물의 질량	$V_d = \frac{m_1}{\rho_s}$	(g)	77.2	77.2
표면수율	$P = \frac{V_S - V_d}{m_1 - V_S} \times 100$	(%)	3.01	3.50
평균치		(%)	3.26	
평균치로부터의 편차		(%)	0.25<0.3	

용적법

(시료의 밀도 ρ_s=2.59 g/㎤)

측 정 번 호			1	2
시료의 질량	m_1	(g)	200.0	200.0
시료에서 치환된 물의 량	V_1	(mℓ)	154.8	155.0
(시료) + (물)의 용적	V_2	(mℓ)	235.7	236.5
	$V = V_2 - V_1$	(g)	80.9	81.5
	$V_d = \frac{m_1}{\rho_s}$	(g)	76.9	76.9
표면수율	$P = \frac{V - V_d}{m_1 - V} \times 100$	(%)	3.36	3.88
평균치		(%)	3.6	
평균치와의 차		(%)	0.24<0.3	

■ 04. 잔골재의 밀도 및 흡수율 시험 KS F 2504

KS A 0021 (수치의 맺음법)
KS F 2523 (골재에 관한 용어의 정의)

실험목적 : 잔골재의 밀도로부터 잔골재 강도, 내구성의 정도를 판단한다.

1. 시료의 준비

4분법 등에 의해 대표적인 잔골재 약 2kg(2회분)을 채취하고 24시간 흡수시켜둔다. 수온은 20±5℃에서 최소한 20시간이상 유지하도록 한다.

(1) 드라이어로 시료를 건조한다.
(2) 잔골재를 플로우콘에 다지는 일이 없이 서서히 넣은 다음, 윗면을 평평하게 한 후, 힘을 가하지 않고 다짐봉으로 25회 가볍게 다진다. 다짐한 후, 남아 있는 공간을 다시 가득 채워서는 안된다.
(3) 플로우콘을 들어 올려 잔골재가 최초로 흐트러진 건조상태를 표면건조상태로 간주하고 시료로 사용한다.

2. 시험 기구

(1) 저울 (측정용량 1kg 이상으로 감량 0.1g)
(2) 플라스크 (용량 500mℓ)
(3) 표건상태 측정용 플로우 콘 및 다짐봉
(4) 건조기
(5) 항온수조 (20±2℃)
(6) 드라이어
(7) 깔때기, 피펫, 데시케이터 둥근 접시

3. 시험 방법

(1) 표건시료의 질량 500(g)을 측정한다.
(2) 표건시료와 물을 플라스크에 넣고, 공기를 빼낸 후, 검정선까지 정확히 물을 보급한다.
(3) 표건시료, 물, 플라스크의 전 질량 C(g)를 측정한다.
(4) 시료를 105±5℃로 항량이 될 때까지 건조하여 절건질량 A(g)를 측정한다.
(5) 물로 채운 플라스크의 질량 B(g)를 측정한다.

4. 결과의 정리

(1) 잔골재의 밀도

$$\text{표건밀도} = \frac{500}{B + 500 - C} \quad (\text{g/cm}^3)$$

$$\text{절건밀도} = \frac{A}{B + 500 - C} \quad (\text{g/cm}^3)$$

(2) 흡수율

$$\text{흡수율} = \frac{500 - A}{A} \times 100 \quad (\%)$$

5. 결과의 이용

잔골재의 흡수율과 밀도는 배합설계의 데이터에 이용한다.

(1) 잔골재의 밀도는 일반적으로 2.55~2.70 정도, 흡수율은 0.5~3.5% 정도.

(2) 밀도는 평균치로부터의 편차를 나타내고, 밀도시험의 경우는 1~5%, 흡수율시험의 경우는 0.05% 이하로 하여야 한다.

6. 주의사항

(1) 표건상태의 시료를 플로우콘에 넣고 다질 때 시료의 표면을 다짐봉만의 질량으로 25회 가볍게 다진다.

(2) 시료를 플라스크에 넣기 전에 미리 물을 조금 넣어두면 플라스크가 깨질 염려가 없다.

(3) 플로우콘시험은 반드시 골재에 약간의 표면수가 있을 경우에 해야 한다.

7. 참고사항

(1) 골재의 밀도라고 하는 것은 실제 밀도가 아니라 내부의 미세한 금과 표면이 가늘게 패인 것을 포함한 싱태의 밀도를 말힌다. 그래시 골재의 함수상테에 의해 밀도의 값이 바뀐다.

(2) 잔골재의 밀도는 표면건조 포화상태에 있어서의 골재의 밀도이며, 밀도가 큰 것은 일반적으로 강도가 크고 흡수율은 적으며 동결에 대한 내구성이 크다.

(3) 골재의 채취장소 및 풍화의 정도에 따라 밀도, 흡수율에 변화가 생긴다.

(4) 잔골재의 밀도는 보통 2.50~2.65g/㎤정도이고 흡수율은 암석의 종류에 따라 다르나 보통 1%정도이다.

(5) 흡수율이 3%이상 되는 골재는 콘크리트의 강도나 내구성에 나쁜 영향을 끼친다.

<잔골재의 밀도와 흡수율 일례>

밀도(g/㎤)	흡수율(%)
2.50 이하	3.5 이하
2.50~2.65	1.5~3.5
2.65 이상	1.5 이하

【관련 지식】

골재는 그 함수상태에 따라 다음의 네가지의 상태가 된다. 배합설계에는 골재의 상태로서 표면건조상태로 한다. 이를 위해 현장배합에는 때로는 습윤상태의 골재를 사용한 뒤에 흡수율을 측정한다. 혼합 단위수량에서 표면수량을 빼주는 것이 필요하다.

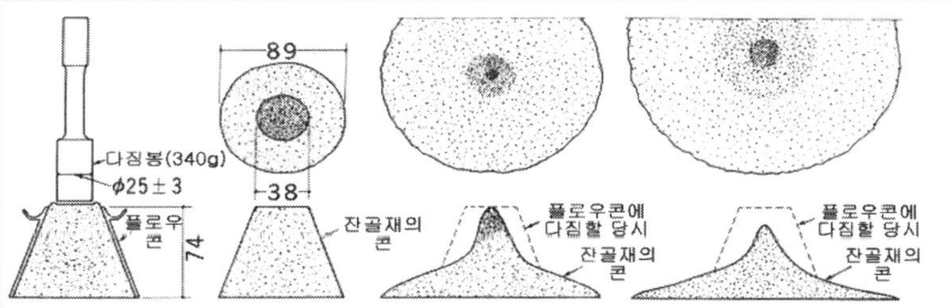

<원뿔형 몰드와 다짐봉>

(습윤) (표건) (기건~절건)

<잔골재의 표건상태의 분간법>

1 시료의 준비

드라이어
휘저으면서 균등하게
건조시킨다
다짐봉으로 가볍게
25회 다진다
플로우콘을 위로
들어올린다
40±3mm
75±3mm
플로우콘
90±3mm
원뿔이 처음으로
흘러내릴때의 상태를
표건상태라고 한다
표건상태

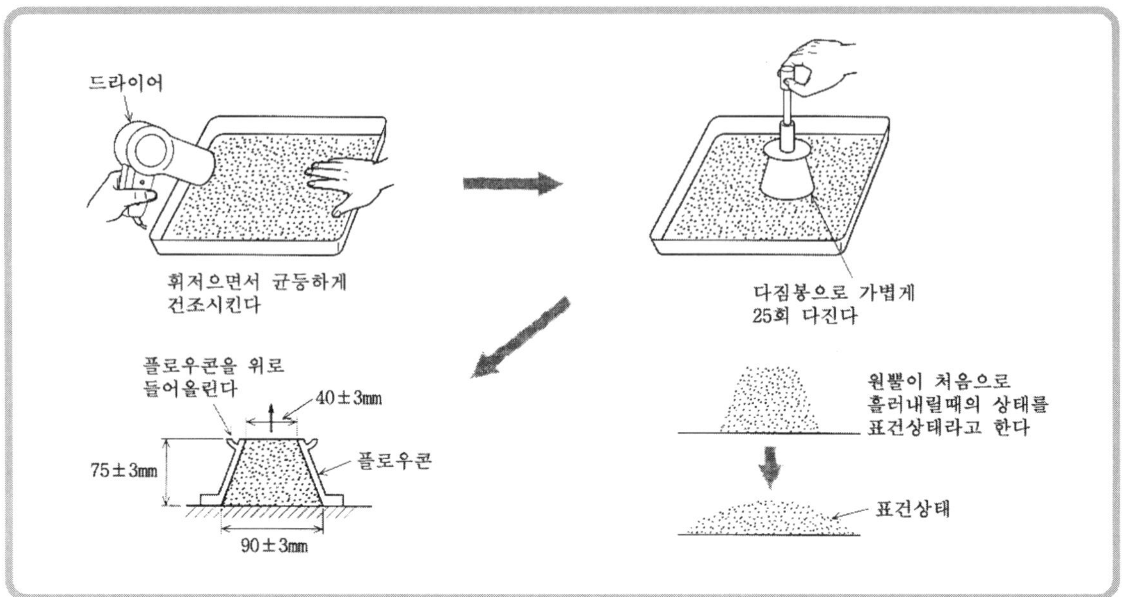

2 시험방법

밀도시험

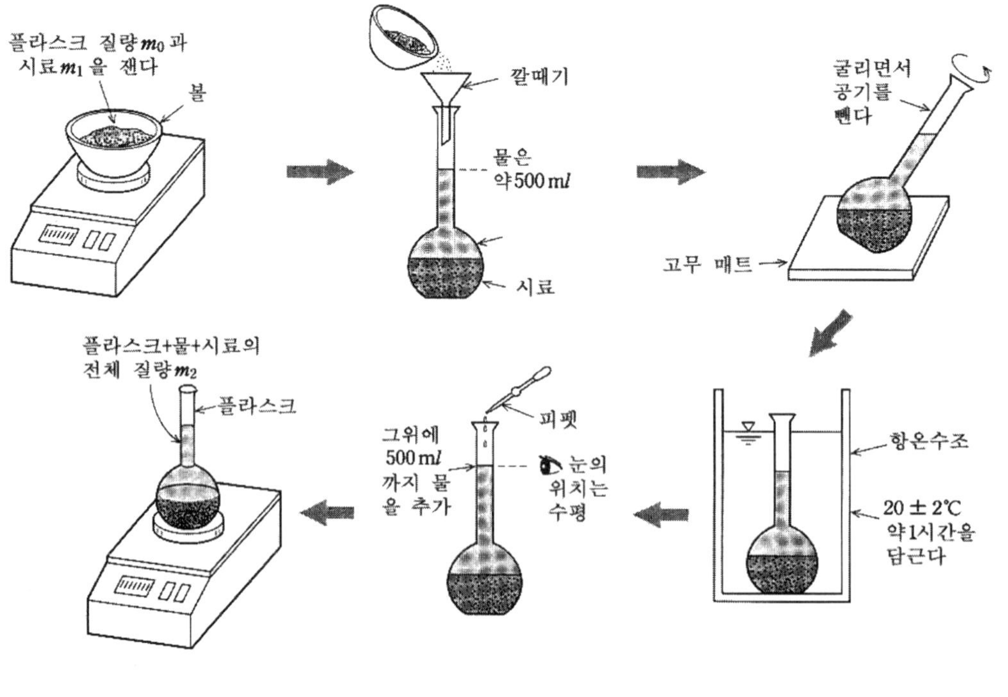

플라스크 질량 m_0 과
시료 m_1 을 잰다
볼
깔때기
물은
약500 ml
시료
굴리면서
공기를
뺀다
고무 매트
항온수조
20±2℃
약1시간을
담근다
피펫
그위에
500 ml
까지 물
을 추가
눈의
위치는
수평
플라스크+물+시료의
전체 질량 m_2
플라스크

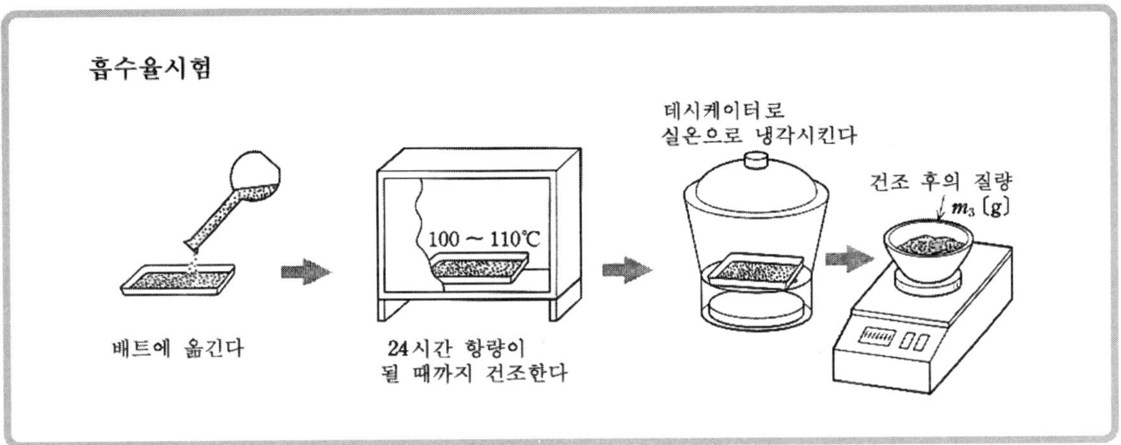

3 결과의 정리

측 정 번 호			1	2
① 플라스크의 번호			No. 1	No. 2
② 플라스크의 질량	m_o	(g)	163.3	164.5
③ 시료의 질량(표건상태)	m_1	(g)	450	450
④ (플라스크)+(물)+(시료)의 질량	m_2	(g)	939.0	941.3
⑤ 물의 질량	$m = (m_2 - m_0 - m_1)$	(g)	325.7	326.8
⑥ 잔골재의 밀도	$\rho s = \dfrac{450}{500 - m}$	(g/㎤)	2.582	2.598
⑦ 평균치로부터의 편차			0.008<0.01	
⑧ 평균치			2.59	
⑨ 건조된 시료의 질량	m_3	(g)	439.0	438.8
⑩ 흡수율	$P_S = \dfrac{450 - m_3}{m_3} \times 100$	(%)	2.506	2.552
⑪ 평균치로부터의 편차		(%)	0.023<0.03	
⑫ 평균치		(%)	2.53	

■ 05. 잔골재의 유기불순물 시험 KS F 2510

KS F 2514 (모르터 압축강도에 의한 잔골재 시험 방법)
KS M ISO 6353-2 R18 (수산화나트륨(시약))
KS M ISO 6353-2 R34 (메틸알코올(시약))

실험목적 : 잔골재 중에 포함된 유기불순물의 함유량의 상태로부터 잔골재 사용의 적합 여부를 판단한다.

1. 시료의 준비

4분법 또는 시료분취기에 의해 대표적인 잔골재 500g을 채취하고 기건상태로 만든다.

2. 표준색액의 조합

◆ 시험도구

(1) 피펫 (1㎖)
(2) 메스실린더 (10㎖, 20㎖, 500㎖, 100㎖)
(3) 저울
(4) 광구 유리병
(5) 시약 (무수 에틸렌 알콜, 탄닌산, 수산화나트륨)

◆ 조합

(1) 물 9㎖에 1㎖의 에틸렌 알콜을 첨가하여, 메스실린더에 10㎖의 용액을 만든다.
(2) 탄닌산 200㎎을 10㎖의 용액에 첨가한다. (2%탄닌산 용액)
(3) 500㎖의 메스실린더에 291㎖의 물과 9g의 수산화나트륨을 혼합한다. (3% 수산화나트륨 용액) 이 용액을 100㎖의 메스실린더에 97.5㎖ 분취한다.
(4) 광구병에 2% 탄닌산 용액 2.5㎖와 97.5㎖의 3% 수산화나트륨 용액을 넣어 잘 흔들어 혼합하고, 24시간 정치하여 표준색액을 완성한다.

3. 시험방법

(1) 기건상태의 잔골재를 광구병에 넣고 광구병의 용액의 눈금을 130㎖로 한다.
(2) 다음은, 그 광구병의 용액에 수산화나트륨 용액을 첨가하여 200㎖ 눈금으로 조정한다.
(3) 광구병에 마개를 덮고 잘 흔들어 혼합한 후, 24시간 정치한다.

4. 결과의 정리

잔골재 상부의 시료액의 색과 표준색액의 색을 비교하여 눈으로 판단한다.

(1) 표준색보다 시료액의 색이 진한 경우, 유기불순물이 함유되어 있을 우려가 있으며, 모르터의 강도시험 등에 의해 잔골재의 사용가부를 판단한다.
(2) 표준색보다 시료액의 색이 연한 경우, 잔골재로서 사용상 문제가 없다.

5. 결과의 이용

시험결과에 근거하여, 콘크리트나 모르터에 사용 가능한가, 잔골재에 있는가를 판정한다.

6. 주의사항

(1) 시료의 용액을 24시간 가만히 놓아둘 때는 손을 대거나 흔들어서는 안 된다.
(2) 표준색의 용액은 시간에 따라 색이 변하기 때문에 시험 때마다 만들어 사용한다.
(3) 2%의 탄닌산 용액은 10㎖ 정도 만드는 것이 색도의 차가 적게 된다.
(4) 3%의 수산화나트륨 용액은 표준색 용액, 시험용 용액을 합한 양보다 조금 많이 만들면 편리하다.

7. 참고사항

(1) 모래 중에 포함되는 유기물은 부식된 식물질의 형태로 들어 있는 것이 보통이고 대부분 씻어낸 모래에는 유기불순물의 함량이 거의 없다.
(2) 골재를 오렴시키는 유기불순물은 이탄질, 부식토에 포함되어 그 양이 1%에 달하지 못한 때에는 콘크리트의 경화를 방해하고 콘크리트의 강도, 내구성, 안정성을 해치는 것을 말한다.
(3) 만일 시험용액의 색도가 표준색 용액보다 진하더라도 소량의 석탄 또는 이와 유사한 분말이 함유되어 있는 경우에는 그 골재를 사용할 수도 있다.
(4) 유기물의 유무는 육안으로는 판별이 어려우며 일반적으로 시험용액의 색깔이 표준용액의 색보다 진할 경우는 그 모래는 사용하지 않는다.

【관련 지식】

시멘트의 수화반응에 영향을 미치고, 콘크리트의 경화를 방해하여 강도, 내구성, 안정성을 해치는 유기물로서는 부식토, 이탄 등이 있다. 또, 시멘트의 수화에는 거의 영향을 미치지 않는 것으로 시험용액이 착색되는 목편과 아탄(亞炭) 등이 있다.

1 표준색액의 조합

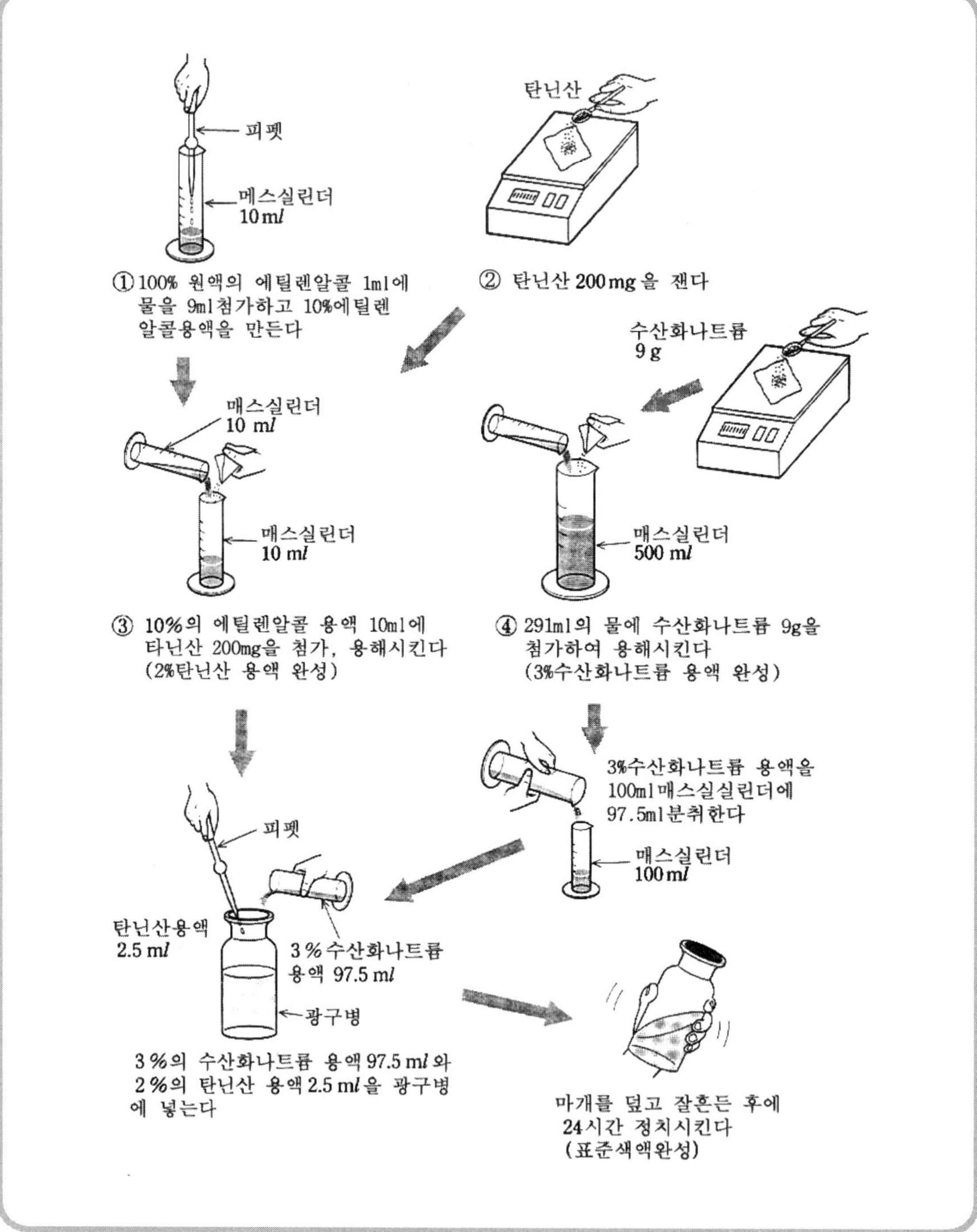
피펫
메스실린더
10 ml
①100% 원액의 에틸렌알콜 1ml에 물을 9ml첨가하고 10%에틸렌 알콜용액을 만든다
탄닌산
② 탄닌산 200mg을 잰다
수산화나트륨
9 g
매스실린더
10 ml
매스실린더
10 ml
매스실린더
500 ml
③ 10%의 에틸렌알콜 용액 10ml에 탄닌산 200mg을 첨가, 용해시킨다 (2%탄닌산 용액 완성)
④ 291ml의 물에 수산화나트륨 9g을 첨가하여 용해시킨다 (3%수산화나트륨 용액 완성)
3%수산화나트륨 용액을 100ml매스실실린더에 97.5ml분취한다
피펫
매스실린더
100 ml
탄닌산용액
2.5 ml
3 % 수산화나트륨 용액 97.5 ml
광구병
3 %의 수산화나트륨 용액 97.5 ml와 2 %의 탄닌산 용액 2.5 ml을 광구병에 넣는다
마개를 덮고 잘흔든 후에 24시간 정치시킨다 (표준색액완성)

2 시험방법

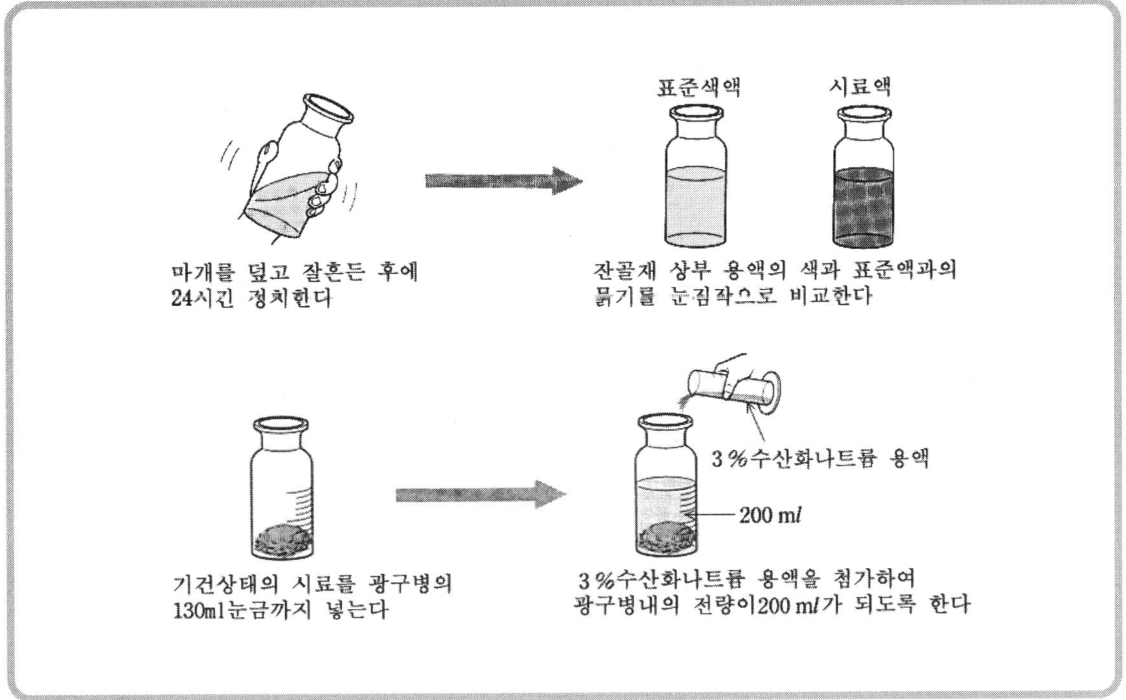

3 결과의 정리

반 응 색	적 부		1:3 모르터의 f_7, f_{28} 강도저하율 (%)
무색~담황색	좋은 콘크리트에 사용가능	◎	0
녹황색	사용가능	○	10~20
적황색	콘크리트의 강도가 작을 때 사용가능	△	15~30
담적갈색	사용불가	×	25~50
암적갈색	사용불가	×	50~100

■ 06. 골재 중의 염화물 함유량 시험 KS F 2515

KS F 2501 (골재의 시료 채취 방법)

실험목적 : 잔골재 중에 유해량의 염분이 함유되어 있는가를 시험하고, 골재 사용의 적합 여부를 판단한다.

1. 시약의 준비

(1) 0.1N 질산은 용액

: 질산은($AgNO_3$) 특급 시약을 110~150℃로 유지된 오븐 안에서 약 1시간 건조하고, 데시케이터에서 식힌 후 16.9873g을 정확히 달아 매스 플라스크(1000㎖)에 넣고, 소량의 증류수로 용해한 다음, 정확히 100㎖가 되도록 증류수로 희석하여 유색병에 보존한다.

(2) 5% 크롬산칼륨 용액

: 크롬산칼륨 시약(K_2CrO_4) 5g을 매스 플라스크(100㎖)에 넣어 소량의 증류수로 용해한 다음, 100㎖로 희석하여 시약 보존용 병에 보존한다.

2. 시험 기구

(1) 저울 (감도 0.1g으로 용량 2kg 이상 및 감도 0.1mg이상으로 용량 200g이상)

(2) 비커 100㎖ (3) 삼각플라스크 100㎖ (4) 홀 피펫 50㎖

(5) dropping 피펫 2㎖ (6) 메스실린더 500㎖ (7) 건조기 (110℃유지 가능한 것)

(8) 뷰렛 (갈색) 25㎖ (9) 유리막대 (10) 데시케이터

(11) 병 (갈색) 1500㎖ (12) 은박지 20×20㎝ (13) 매스 플라스크 (갈색) 100㎖, 1000㎖

3. 시험 방법

(1) 채취한 골재를 잘 혼합하여 이 중 500g을 비커(1000㎖)에 취하고 105±5℃의 온도로 질량 변화가 더 이상 없을 때까지 건조하여, 데시케이터에서 식힌 후 절대 건조 질량(W)를 구한다.

(2) 건조시킨 시료에, 증류수 C㎖(500㎖)를 가하여 3시간 후에 약 5분 간격으로 3회 이상 휘저어준 다음, 은박지로 덮고 부유 물질이 침전하도록 놓아둔다.

(3) 상등액 C'㎖(평균 50㎖)를 홀피펫으로 취하여 삼각 플라스크(100㎖)에 담고, 여기에 크롬산칼륨 용액 1㎖를 피펫으로 첨가한 후 시험액을 휘저으면서 뷰렛에 채워둔 0.1N 질산은 용액을 한 방울씩 천천히 가한다.

(4) 이 때 용액의 색이 황색에서 적갈색으로 변하여 없어지지 않는 점을 종말점으로 하고, 소요된 질산은 용액의 양을 구한다(A).

(5) 시험은 2회 이상 실시한다.

(6) 바탕 시험으로, 시험에 사용된 증류수 50㎖에 크롬산칼륨 용액을 약1㎖가하고, 위의 방법에 따라 0.1N질산은 용액으로 적정하여, 여기에 소요된 질산은 용액의 양을 구한다(B).

4. 염화물 함유량 계산

염화물 함유량은 다음 식에 따라 계산한다.

$$\text{염화물}(\%) = 0.00584 \times \frac{(A-B)10}{W} \times 100$$

여기에서, 염화물 : 염화나트륨(NaCl)으로 환산한 수치

0.00584 : 0.1N 질산은($AgNO_3$)용액 1㎖의 염화나트륨(NaCl)해당량

(다만 0.01N 질산은 용액 1㎖의 염화나트륨 해당량은 0.000584)

A : 시험에 사용된 0.1N 질산은($AgNO_3$)용액 소비량(㎖)

B : 바탕 시험에 사용된 0.1N 질산은($AgNO_3$)용액 소비량(㎖)

C : 시료에 가한 물의 양(㎖)

C' : 적정을 위해서 취한 물의 양(㎖)

W : 추출에 사용된 잔골재의 절대 건조 질량(g)

결과는 2회 이상 시험한 값의 평균값으로 한다.

5. 보　고

보고는 다음 사항에 대하여 한다.

(1) 시료의 종류 및 산지
(2) 시료 채취일
(3) 시험에 사용된 0.1N 질산은($AgNO_3$)용액 소비량(㎖)
(4) 바탕 시험에 사용된 0.1N 질산은($AgNO_3$)용액 소비량(㎖)
(5) 시료에 가한 물의 양(㎖)
(6) 적정을 위해서 취한 물의 양(㎖)
(7) 추출에 사용된 잔골재의 절대 건조 무게(g)
(8) 염화물 함유량

6. 결과의 이용

염화물 함유량에 의해 콘크리트용 잔골재로서의 적부판정에 이용하는 것이 가능하다.
시료에 함유된 염화물의 허용한도는 콘크리트 표준시방서에 아래와 같이 규정되어 있다.

a) 콘크리트 구조물의 종류
b) 그 중요도
c) 환경조건
d) 기타에 의한 책임기술자가 정하는 것

【관련 지식】

- 정제수 : 증류수 또는 이온교환수지로 정제한 물을 말한다.
- 농도계수 f 는 약품용기에 표시된 것을 이용한다.

■ 07. 잔골재의 안정성 시험 KS F 2507

KS A 3251-1 (데이터의 통계적인 해석 방법-제1부 : 데이터의 통계적 기술)
KS A 5101 (시험용 체)
KS F 2502 (골재의 체가름 시험 방법)
KS M 8421 (황산나트륨(10수화물)(시약))
KS M ISO 6353-2 R6 (염화바륨(2수화물)(시약))
KS M ISO 6353-2R35 (황산나트륨(무수)(시약))

실험목적 : 기상작용에 대한 골재의 내구성을 조사하고, 배합설계에 이용한다.

1. 시 료

시료는 체가름을 하여 각 군에 남는 체의 질량백분율이 5% 이상인 골재를 각각 질량 100g에 대하여 시험한다.

필요 시료	
입경의 범위 (mm)	시료의 최소 질량 (g)
5~10	300
10~15	500
15~20	750
20~25	1000
25~40	1500
40~60	3000
60~80	3000

2. 시험 방법

(1) 시료 m_1(100g)을 황산나트륨 용액에 넣고 건조시키는 것을 5회 반복한다.

(2) 시험후 물로 씻고 건조하여 질량 m_2(g)을 측정한다.

3. 결과의 정리

(1) 표ⓐ 잔골재의 질량백분율로 입경이 10% 미만은 계산하지 않는다.

(2) 표ⓓ 손실질량 백분율로 5% 미만의 것은 전후의 값의 평균으로 한다.

1 시험방법

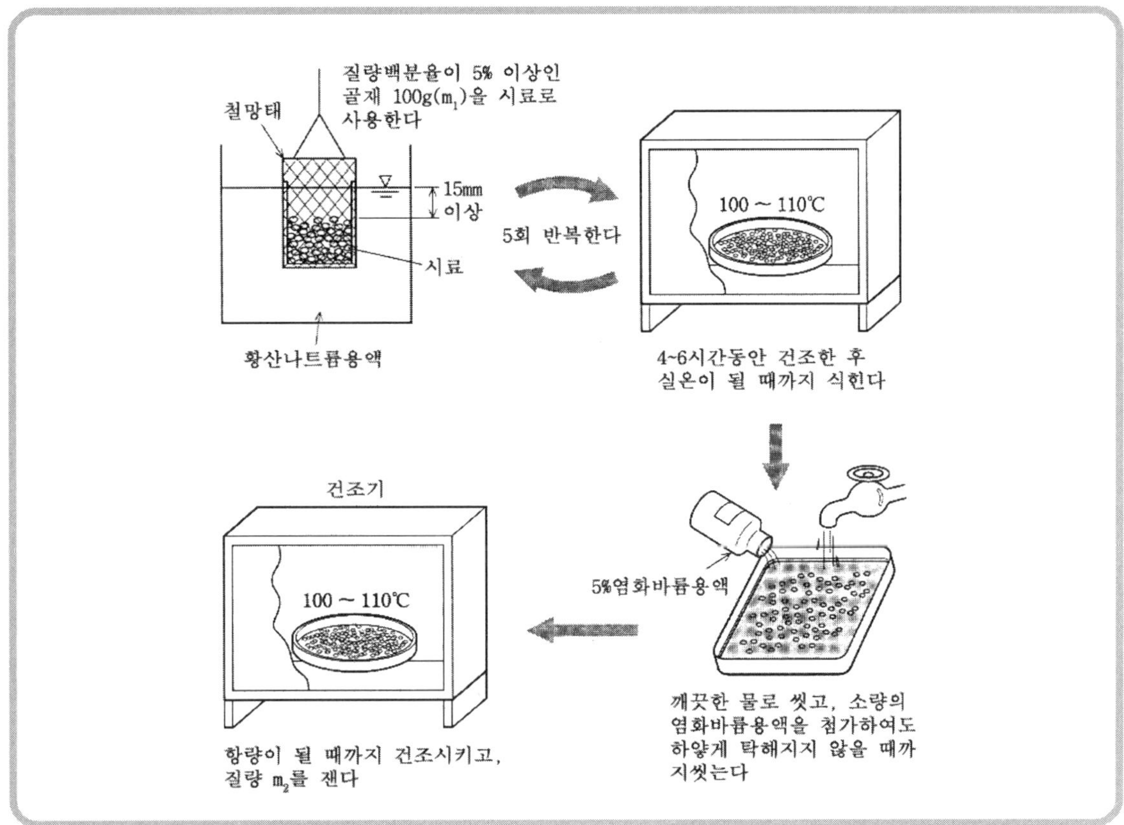

2 결과의 정리와 이용

잔골재의 안정성 시험

남는 체 (mm)	통과하는 체 (mm)	각 군의 질량 (g)	ⓐ 각 군의 질량백분율 (%)	ⓑ 시험 전 각 군의 질량 m_1(g)	ⓒ 시험 후 각 군의 질량 m_2(g)	ⓓ 각 군의 손실질량 백분율 $(1-\frac{ⓒ}{ⓑ})$ ×100(%)	ⓔ 골재의 손실질량백분율 $\frac{ⓐ \times ⓓ}{100}$ (%)
–	0.15	16	3	–	–	–	계산하지 않는다
0.15	0.3	20	4	–	–	–	〃
0.3	0.6	287	58	100	93.7	6.3	3.7
0.6	1.18	156	32	100	93.4	6.6	2.1
1.18	2.36	10	2			6.6	0.1
2.36	4.75	5	1			6.6	0.1
4.75	9.5	2	0				
합계		496	100.0	200			6.0%

※ 콘크리트 시방서에서는 골재의 손실질량백분율의 한도는 잔골재 10%, 굵은골재 12%로 정하고 있다.

■ 08. 골재에 포함된 미세입자 시험 방법 KS F 2511

KS A 5101 (시험용 체)

KS F 2523 (골재에 관한 용어의 정의)

실험목적 : 골재에 함유된 점토, 실트, 롬 등의 미세한 입자의 전량을 구하고, 골재 사용의 적합 여부를 판단한다.

1. 시료의 채취

(1) 잔골재 1000g

(2) 굵은골재 : 체의 최대치수 2.5㎜ - 0.1㎏, 5㎜ - 0.5㎏, 10㎜ - 1.0㎏, 20㎜ - 2.5㎏, 40㎜ 및 그 이상 - 5.0㎏

2. 시험 기구

(1) 건조기 (105±5℃ 온도유지 가능한 것)

(2) 시료분취기

(3) 저울

(4) 수세용기

(5) 표준체 (KS A 5101의 0.08㎜ 및 1.2㎜체에 가까운 크기의 체를 한 벌로 사용)

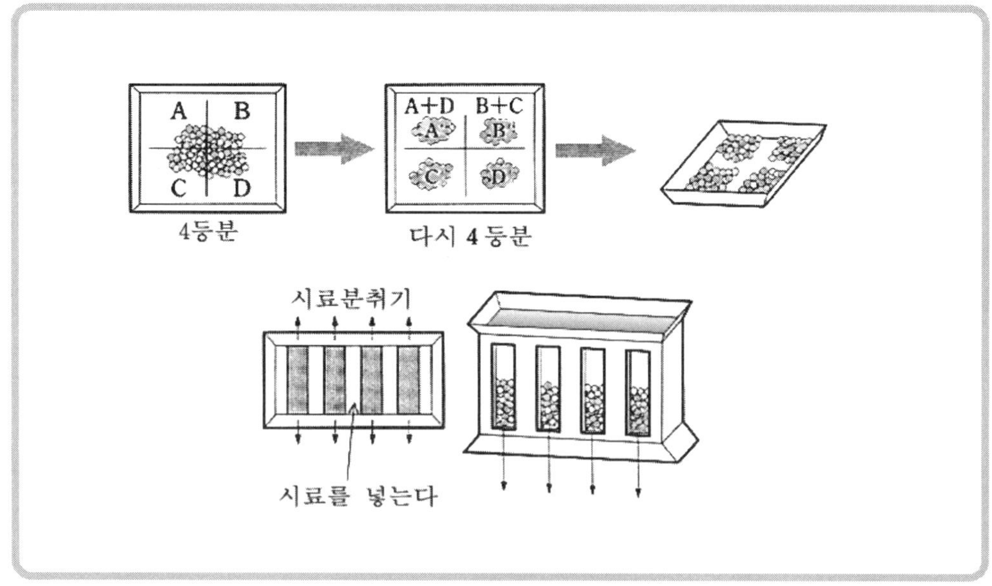

< 시료의 채취방법 >

3. 시험 방법

(1) 2회분의 시료를 준비한다.

(2) 시료의 질량 m_1(g)을 측정한다.

(3) 수세용기에 시료를 넣고 휘젓고, 1.2㎜와 0.08㎜의 표준체 세트 위에 시료와 물을 붓는다.

(4) 다시 (3)과 동일하게 물의 혼탁이 없어질 때까지 되풀이한다.

(5) 씻은 시료를 건조시킨 후, 질량 m_2(g)을 측정한다.

4. 결과의 정리

(1) 씻기 전의 건조질량 m_1 (g)

(2) 씻은 후의 건조질량 m_2 (g)

(3) 0.08㎜체를 통과한 양의 백분율 $A = \frac{m_1 - m_2}{m_1} \times 100$ (%)

5. 결과의 이용

콘크리트의 강도, 내구성을 높이기 위하여 배합 전에 이용한다.
씻기시험에 손실된 질량의 한도(%)는 다음과 같다.

i) 잔골재의 경우

종 류	무근 콘크리트	철근 콘크리트	포장용 콘크리트	댐용 콘크리트
콘크리트의 표면이 마모작용을 받는 경우	3.0(5.0)	3.0(5.0)	3.0(5.0)	3.0(5.0)
그 외의 내용	5.0(7.0)	5.0(7.0)		5.0(7.0)

※ ( )는 부순모래의 경우로서 씻기시험으로 손실된 것이 쇄석분이고, 점토, 실트 등을 포함하지 않은 경우의 최대값을 표시한다.

ii) 굵은골재의 경우
최대값은 1.0%로서, 쇄석의 경우, 씻기시험으로 손실되는 것이 쇄석분인 경우는 1.5%가 좋다.

6. 주의사항

(1) 휘저어 체 위에 부을 때 시료 중의 굵은 입자는 될 수 있는 대로 씻은 물과 함께 유출되지 않도록 한다.

(2) 시험은 두 번 행하여 평균값을 취한다.

1 시료의 채취

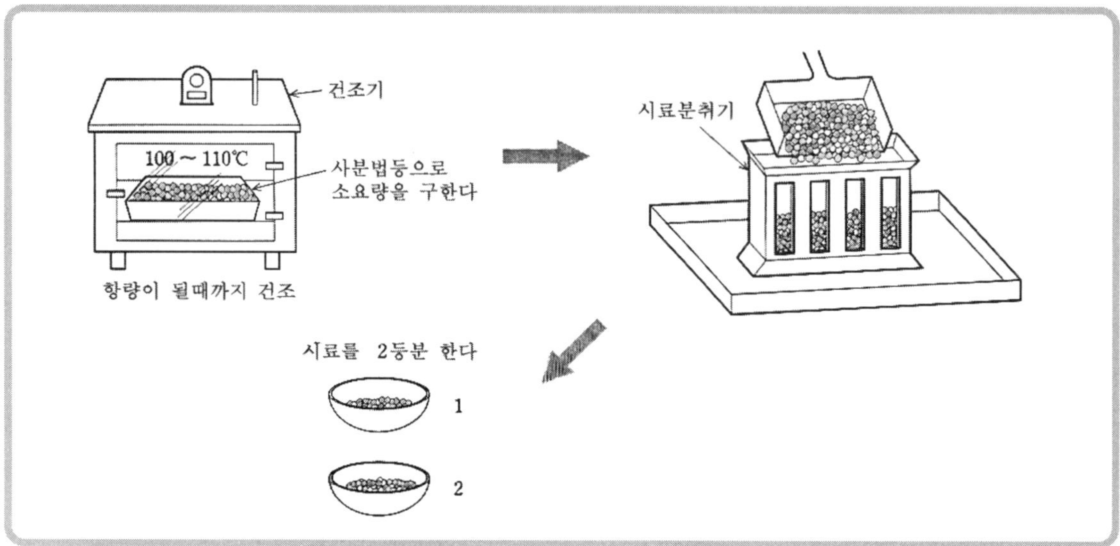

건조기
100 ~ 110℃
사분법등으로
소요량을 구한다
항량이 될때까지 건조
시료분취기
시료를 2등분 한다
1
2

2 시험방법

저울
질량의 0.1%까지
측정 m_1
세게 저어준다
수세용기
수세용기
체
1.2mm
0.08mm
0.08mm
1.2mm
0.08mm
수세용기
100 ~ 110℃
건조기
질량의 0.1%까지
측정 m_2

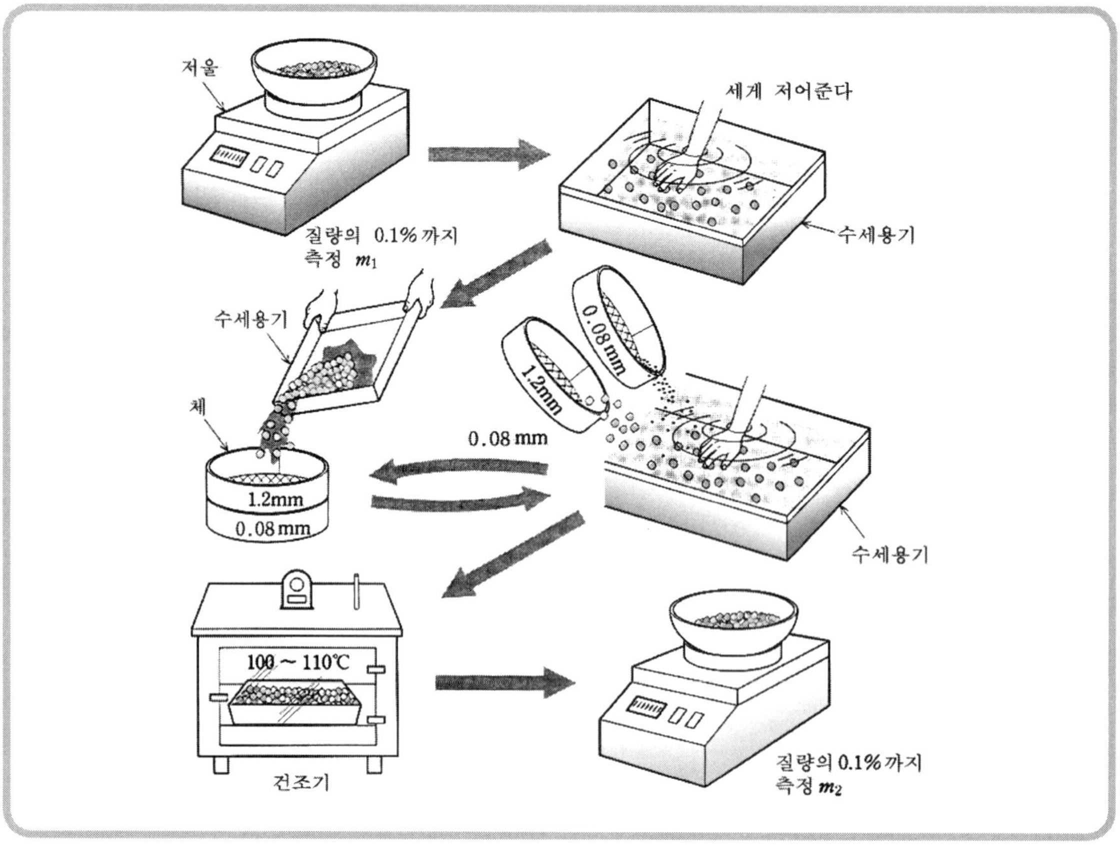

3 결과의 정리

시 료	잔골재		
측 정 번 호	1	2	3
① 씻기 전의 건조질량 m_1(g)	113.4	134.5	
② 씻은 후의 건조질량 m_2(g)	109.9	129.7	
③ 0.074㎜ 체를 통과하는 백분율 $A = \frac{m_1 - m_2}{m_1} \times 100\,(\%)$	3.0	3.6	
시험의 결과	3.3 (%)		

※ 시험은 2회 실시하고, 그 평균값을 시험값으로 한다.

■ 09. 굵은골재의 단위용적질량 및 실적률 시험 KS F 2505

KS F 2503 (굵은골재의 밀도 및 흡수율 시험 방법)
KS F 2504 (잔골재의 밀도 및 흡수율 시험 방법)
KS F 2529 (구조용 경량 잔골재의 밀도 및 흡수율 시험 방법)
KS F 2533 (구조용 경량 굵은골재의 밀도 및 흡수율 시험 방법)
KS F 2550 (골재의 함수율 및 표면수율 시험 방법)

실험목적 : 단위용적질량 및 실적률을 구하여 배합설계에 이용하고 시공성을 예측한다.

1. 시험 기구 및 장치

(1) 저울 (시료질량의 0.2%보다 감도가 좋은 것)

(2) 다짐봉 (지름 16㎜, 길이 500~600㎜의 원형 강으로 하고, 그 앞 끝을 반구 모양으로 한 것)

(3) 골재단위질량측정 용기 (금속제 원통형이며, 크기는 골재의 최대치수에 따라 다르다.)

(4) 소형 삽

(5) 시료 팬

<용기의 용량과 치수>

용량 (ℓ)	안쪽지름 (㎜)	안쪽높이 (㎜)	금속용기의 최소두께 (㎜)		골재의 최대치수 (㎜)
			바닥	벽	
3	155±2	160±2	5.0	2.5	12.5
10	205±2	305±2	5.0	2.5	25
15	255±2	295±2	5.0	3.0	40
30	355±2	305±2	5.0	3.0	100

2. 실험방법

(1) 용기에 물을 채우고 무게를 0.1% 정밀도로 측정한다.

(2) 수온을 측정하여 단위용적질량을 계산한다.

(3) 물의 무게를 단위용적질량으로 나누어 용기의 부피(V)를 계산하거나, 물의 단위용적질량을 무게로 나누어 용기의 계수(F = 1 / V)를 계산한다.

(4) 굵은골재를 용기에 넣고, 시료의 무게(G) 및 용기의 무게(T)를 0.01%까지 계량한다.

① 봉다짐 시험방법(Gmax 40mm 이하)

시료를 1/3씩 투입한다. → 손고름후 다짐봉으로 25회 다짐

※ 단, 첫층을 다질 때 다짐봉이 용기 밑바닥을 타격하지 않도록 하고 2번째, 3번째 층을 다질 때는 다짐봉이 그 전층에 관통할 수 있는 힘만을 가한다.

② 충격에 의한 시험방법(Gmax 40mm 이상, 100mm 이하)

시료를 1/3씩 투입한다.

→ 한쪽을 50mm 들어 기울인 후 떨어뜨려 충격을 가함

→ 각층 한쪽 25회씩 50회 다짐

→ 용기윗면으로 튀어나온 골재는 손이나 날로 고름.

3. 결과의 정리

(1) 단위용적질량(㎏/㎥) : $M_{OD} = \frac{(G - T)}{V} = (G - T) \times F$

(2) 표건상태(SSD)의 단위용적질량(㎏/㎥) : $M_{SSD} = M_{OD} \times (1 + \frac{A}{100})$

여기서, A : 골재의 흡수율 (%)

(3) 공극률(%) : $X = \frac{(D_S \times W) - M_{SSD}}{(D_S \times W)} \times 100$

여기서, D_S : 골재의 밀도 (g/㎤)

M_{SSD} : 골재의 단위용적질량 (kg/m^3)

W : 물의 밀도 (998kg/m^3)

(4) 실적률(%) = 100 − 공극률 = $\frac{단위용적질량}{절건밀도} \times 100$ (%)

4. 결과의 이용

(1) 콘크리트 재료의 적부를 판정한다.
(2) 재료분리와 부어넣기 용이함 등의 표준으로 한다.

5. 주의사항

(1) 시료는 기건상태로 건조시킨 후 충분히 혼합한다.
(2) 용기에 시료를 채울 때 굵은 알과 잔 알이 분리되지 않도록 한다.
(3) 동일 시료에 대해서 같은 방법으로 행한 시험오차는 0.01㎏/ℓ이내이어야 한다. 시험은 2회 이상 실시한다.

< 물의 단위용적질량 >

온도 (℃)	단위용적질량 (kg/m^3)	온도 (℃)	단위용적질량 (kg/m^3)
4	1000.00	18	998.62
5	999.99	19	998.43
6	999.96	20	998.23
7	999.93	21	998.02
8	999.87	22	997.80
9	999.80	23	997.56
10	999.73	24	997.32
11	999.63	25	997.07
12	999.52	26	996.81
13	999.40	27	996.54
14	999.27	28	996.26
15	999.12	29	995.97
16	998.97	30	995.67
17	998.80	−	−

<일반적인 골재의 단위용적 질량 및 실적률>

골재의 종류	절건밀도 (g/㎤)	단위용적질량 (㎏/ℓ)	실적률 (%)
자 갈 (최대치수 20~25㎜)	2.5~2.6	1.6~1.7	63~65
쇄 석 (최대치수 20㎜)	2.5~2.7	1.45~1.55	55~60
모 래			
굵은 것 F.M. 3.3	2.5~2.6	1.65~1.75	66~68
중간 것 F.M. 2.8	2.5~2.6	1.6~1.7	64~65
가는 것 F.M. 2.2	2.5~2.6	1.55~1.65	61~62

1 봉다짐 시험방법

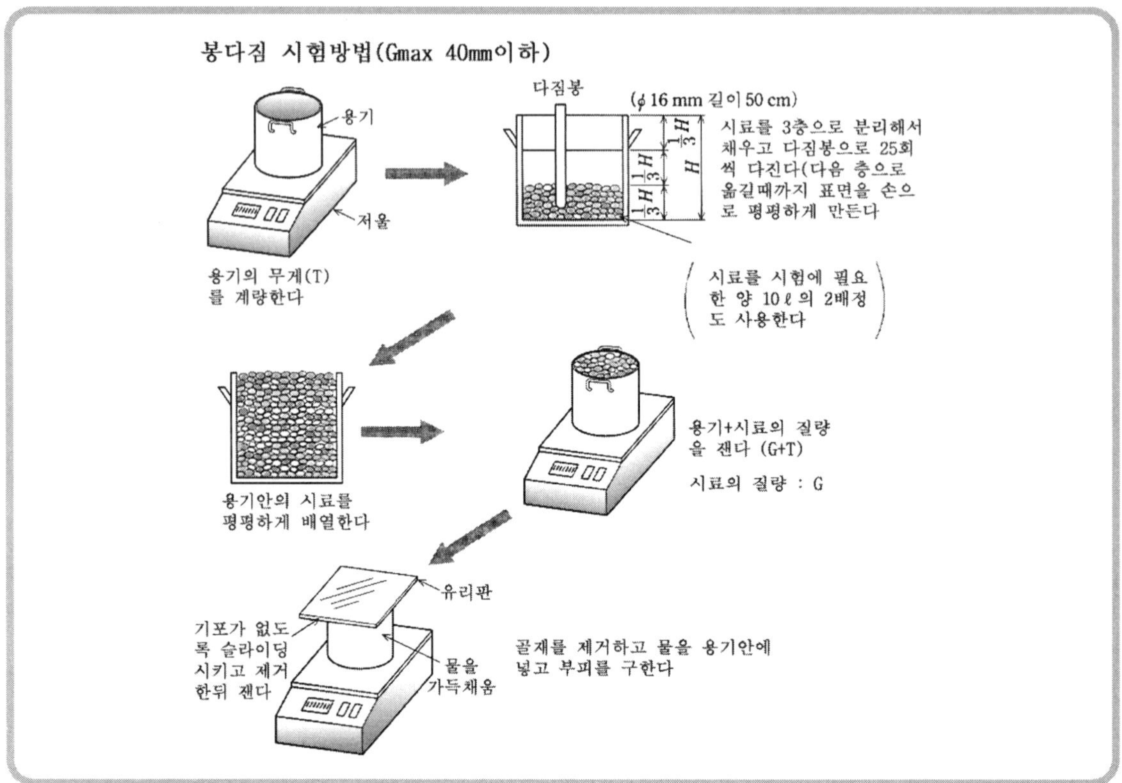

2 충격에 의한 시험방법

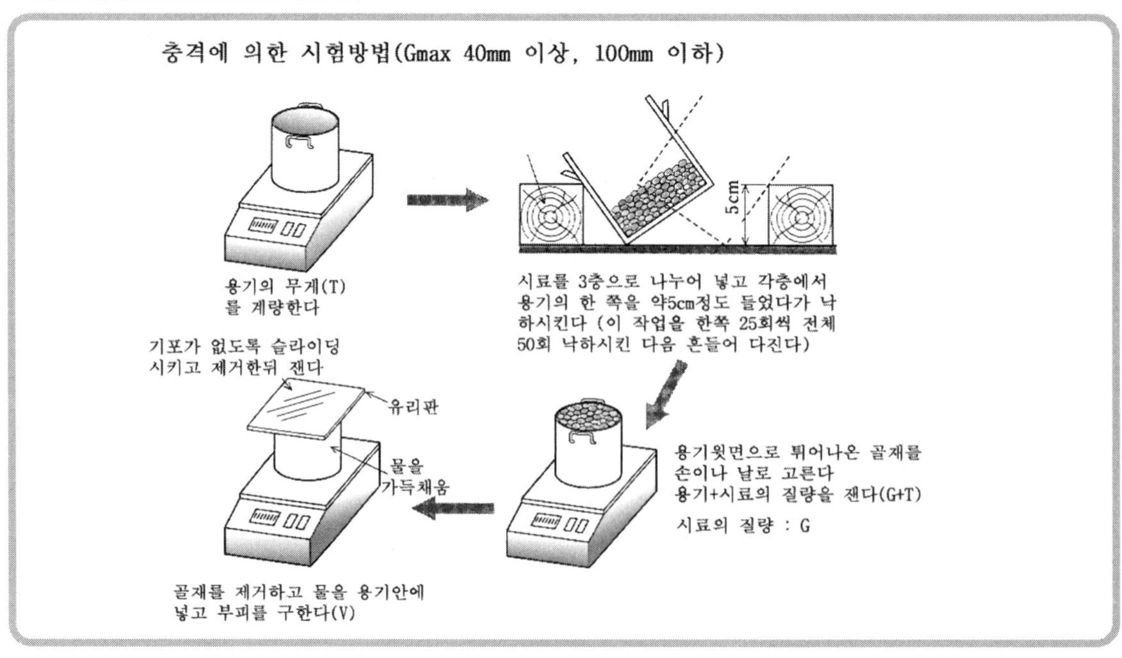

3 함수율 측정

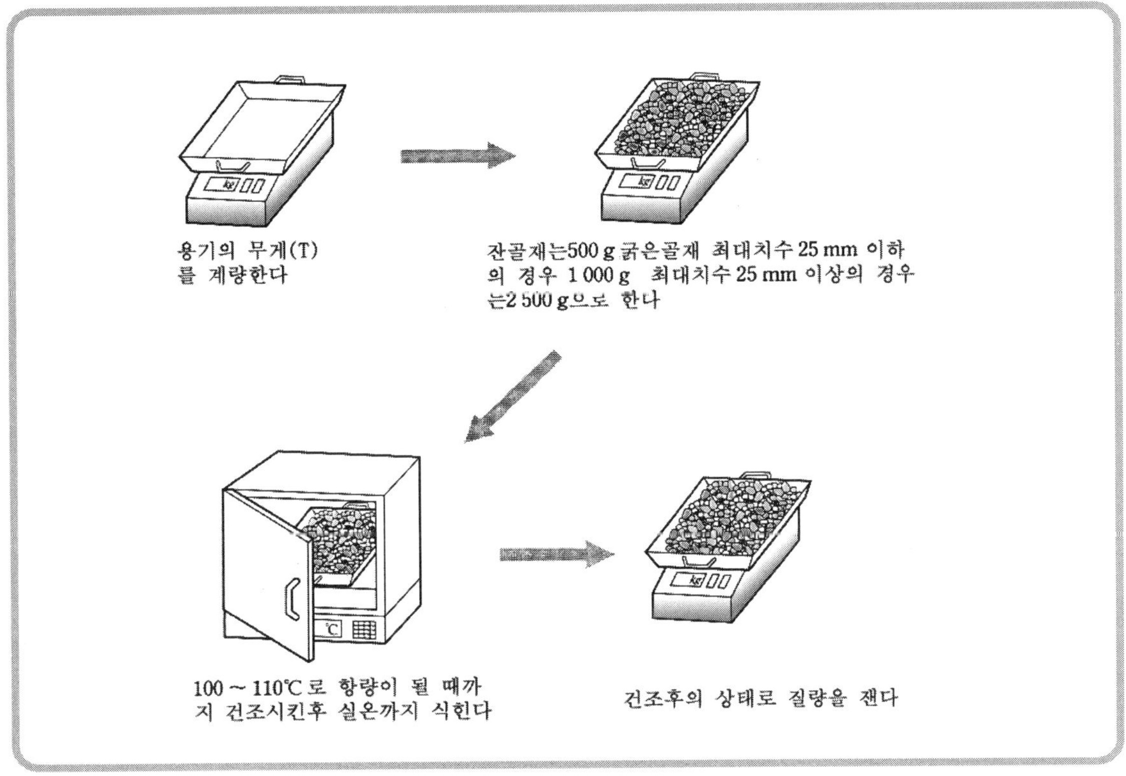
kg
용기의 무게(T)
를 계량한다
잔골재는500 g 굵은골재 최대치수 25 mm 이하
의 경우 1 000 g 최대치수 25 mm 이상의 경우
는2 500 g으로 한다
℃
100 ~ 110℃로 항량이 될 때까
지 건조시킨후 실온까지 식힌다
건조후의 상태로 질량을 잰다

■ 10. 굵은골재의 밀도 및 흡수율 시험 KS F 2503

KS A 0021 (수치의 맺음법)
KS A 5101 (시험용 체)
KS F 2523 (골재에 관한 용어의 정의)

실험목적 : 굵은골재의 밀도와 골재내부의 공극 정도를 나타내는 흡수율을 구한다.

1. 시 료

5㎜의 체에 남는 굵은골재를 사분법 또는 시료분취기에 의해 필요한 양을 채취하고 시료를 물로 깨끗이 씻은 다음, 항량이 될 때까지 105±5℃의 온도로 건조시키고 1~3시간동안 실온으로 냉각시킨 뒤 24시간동안 20±5℃의 물에 담근다.

<밀도 시험에 사용되는 시료의 질량>

공칭 최대치수 (㎜)	시료의 최소질량 (㎏)
13 또는 그 이하	2
20	3
25	4
40	5
50	8
65	12
80	18
90	25
100	40
112	50
125	75
150	125

2. 시험 기구

(1) 저울 (용량 5㎏ 이상, 감량 0.5g로서 수중질량을 측정할 수 있는 것)
(2) 철망태 (직경 20㎝, 높이 약 20㎝, 눈금 5㎜ 이하)
(3) 수조
(4) 건조기
(5) 데시케이터
(6) 시료팬
(7) 마른헝겊

3. 시험 방법

(1) 공기 중의 철망태의 질량 m_0(g)을 측정한다.

(2) 공기 중의 철망태과 시료의 질량 m_1'(g)를 측정한다.

(3) 수중의 철망태의 질량 m_0'(g)를 측정한다.

(4) 수중의 철망태과 시료의 질량 m_2'(g)을 측정한다.

(5) 시료를 건조시키고 팬에 옮긴 후, 팬과 시료의 질량 m_3'(g)과 팬의 질량 m_0''(g)을 측정한다.

4. 결과의 정리

(1) 굵은골재의 밀도 $\rho_g = \dfrac{m_1}{m_1 - m_2}$ (g/㎤)

(2) 굵은골재의 흡수율 $P_g = \dfrac{m_1 - m_3}{m_3} \times 100$ (%)

5. 결과의 이용

배합설계의 경우, 단위굵은골재량과 단위수량의 계산에 사용한다.

(1) 굵은골재의 밀도는 일반적으로 2.55~2.70 정도, 흡수율은 0.5~3.5% 정도이다.

(2) 실험의 정밀도는 평균치로부터의 오차로서, 밀도시험의 경우는 0.01 이하, 흡수율시험의 경우는 0.03% 이하로 하여야 한다.

6. 주의사항

(1) 시료의 표면건조포화상태 작업 중 골재 내부의 수분이 증발하지 않도록 주의해야 한다.

(2) 시료는 5㎜체를 통과하는 것은 모두 버리고 물에 깨끗이 씻어야 한다. 그렇지 않으면 시험 중 철망태에서 빠져 오차가 생기기 쉽다.

(3) 흡수율은 흡수시간과 온도에 따라 달라지므로, 흡수율을 계산할 때는 흡수시간과 시료의 온도를 알아두어야 한다.

7. 참고사항

(1) 일반적으로 굵은골재의 밀도라는 것은 표면건조 포화상태에 있어서 골재알의 밀도를 말하는데, 밀도가 큰 것은 강도가 크고 흡수율은 적어 동결에 대한 내구성은 크다.

(2) 골재의 채취장소, 풍화의 정도에 따라 밀도, 흡수율에 변화가 생긴다.

< 보통골재의 품질 >

종 류	절건밀도 (g/㎤)	흡수율 (%)	점토량 (%)	씻기시험에 의하여 손실되는 양 (%)	유기불순물	염화물(NaCl) (%)
굵은골재	2.5 이상	3.0 이하	0.25 이하	1.0 이하	-	-
잔 골 재	2.5 이상	3.5 이하	1.0 이하	3.0 이하	표준색보다 진하지 않은 것	0.04 이하

【관련 지식】

암석의 종류에 따라 밀도는 약간 차이가 나며, 흡수율의 큰 골재는 일반적으로 밀도도 작고 내구성도 작게 되는 경향이 있다.

1 시험기구 및 장치

<굵은골재의 밀도 및 흡수율 측정장치>

2 시료의 준비

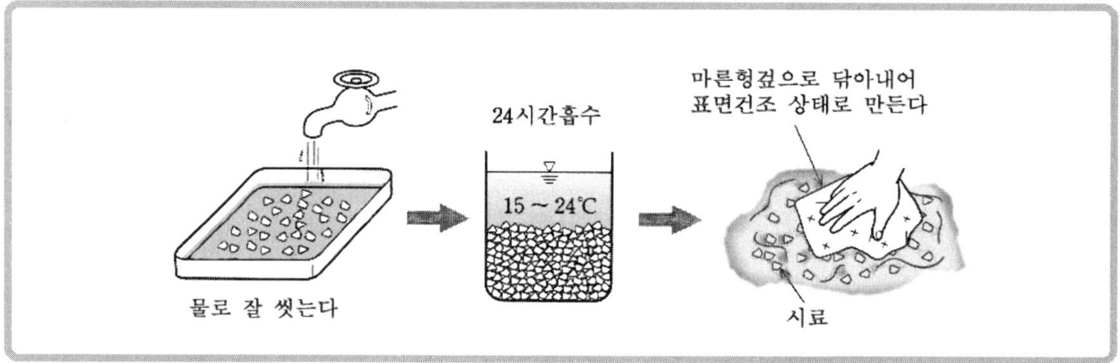

3 시험방법

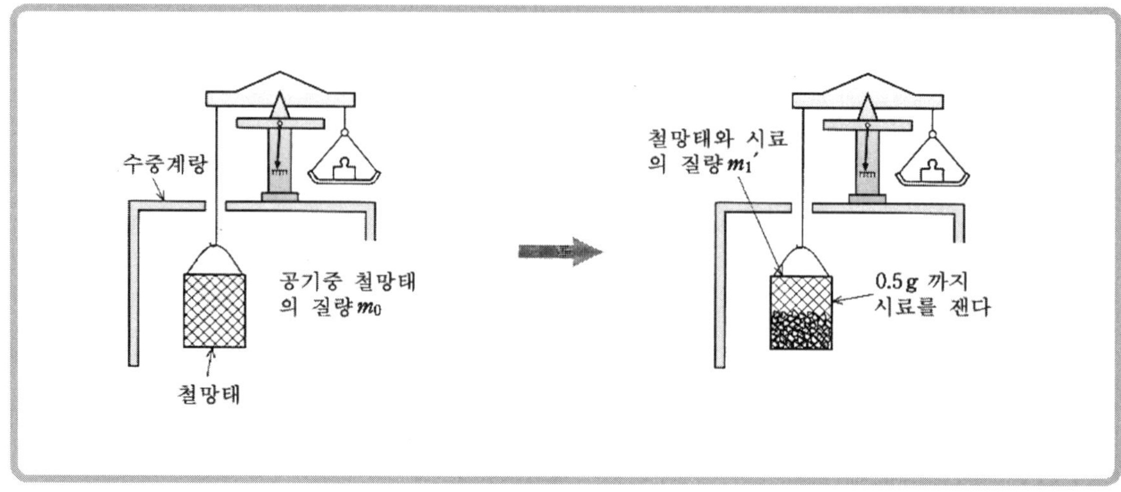

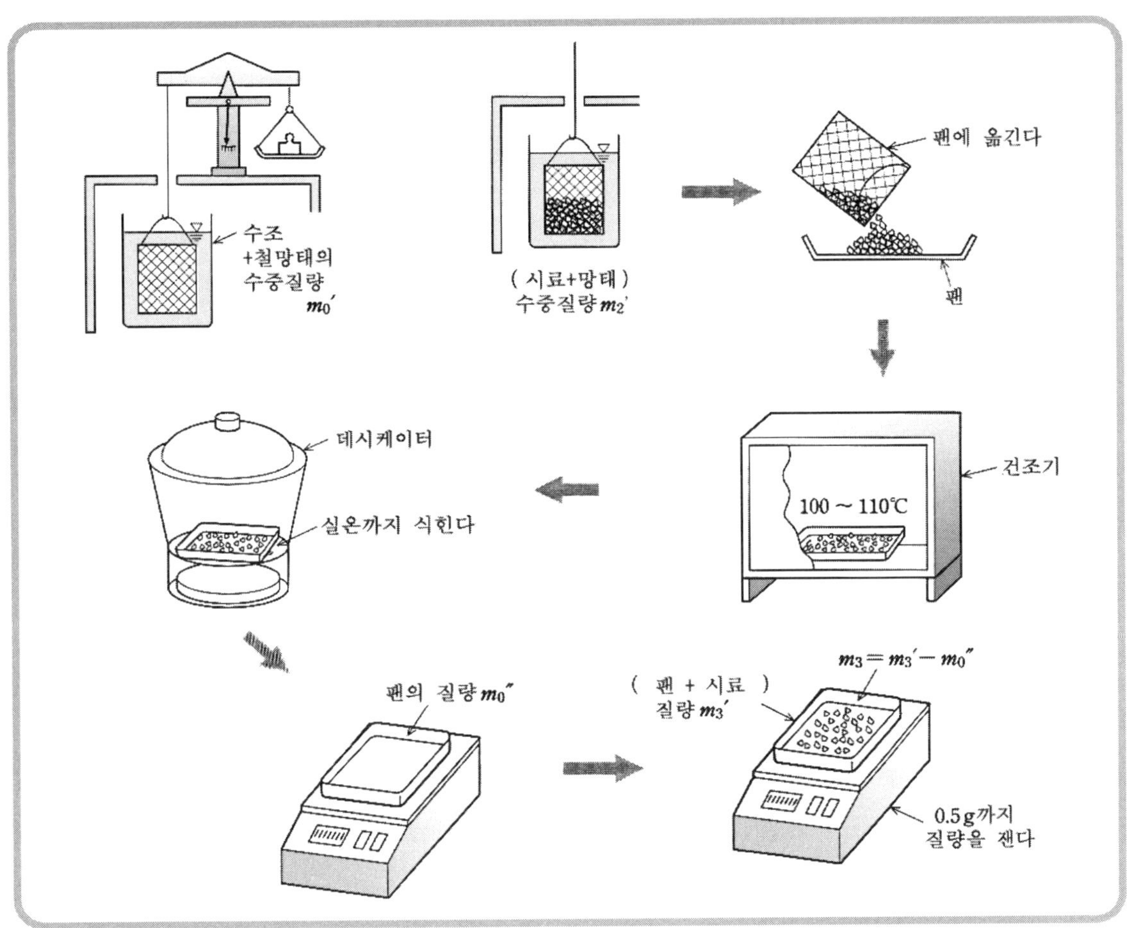

4 결과의 정리

측 정 번 호			1	2
① 공기 중 철망태의 질량	m_0	(g)	450.6	450.6
② 공기 중 철망태와 시료의 질량	m_1'	(g)	5450.6	5455.3
③ 공기 중 시료의 질량	$m_1 = m_1' - m_0$	(g)	5000.0	5004.7
④ 수중의 철망태와 시료의 질량	m_2'	(g)	3557.6	3556.4
⑤ 수중의 철망태의 질량	m_0'	(g)	440.5	440.5
⑥ 수중의 시료의 질량	$m_2 = m_2' - m_0'$	(g)	3117.1	3115.9
⑦ 밀도	$\rho_g = \dfrac{m_1}{m_1 - m_2}$	(g/㎤)	2655	2650
⑧ 평균치로부터의 편차			0.0025<0.01	
⑨ 밀도의 평균치	ρ_g	(g/㎤)	2.65	
⑩ 건조 후 시료의 질량	m_3	(g)	4926.1	4925.5
⑪ 흡수율	$P = \dfrac{m_1 - m_3}{m_3} \times 100$	(%)	1.504	1.512
⑫ 평균치로부터의 편차		(%)	0.0055<0.03	
⑬ 흡수율의 평균치		(%)	1.51	

■ 11. 굵은골재의 마모감량 시험 KS F 2508

KS A 5101 (시험용 체)
KS B 2001 (볼베어링용 강구)

실험목적 : 굵은골재의 마모감량으로부터 구조물의 내구성을 판단한다.

1. 시료의 준비

(1) 굵은골재를 2.5, 5, 10, 15, 20, 25, 40, 50, 65, 80㎜체로 체가름 한다.
(2) 아래의 표에 나타난 소요량을 취하여 소정의 체눈금의 시료를 물에 씻어 건조한다.

2. 시험 기구

(1) 로스엔젤레스 시험기
(2) 저울 : 시료 전질량의 0.1% 이상의 정밀도를 가진 것
(3) 표준체
(4) 강구(steel ball) : 지름 약 46.8㎜, 질량 390~445g의 주철로 만들어진 것

<로스엔젤레스 시험기>

3. 시험 방법

(1) 시료의 입도구분을 선정하고, 필요한 강구의 수를 구하여 시료를 소요량 채취하여 각 체의 질량 m_1(g)을 측정한다.
(2) 시료와 강구를 드럼에 넣고 시료와 강구를 소요 횟수만큼 회전시킨다. (입도 A, B, C, D는 500번, E, F, G는 1000번, 매분 30~33회 회전수로 회전시킨다.)
(3) 시료와 강구를 꺼내어 강구를 제거한 시료를 1.7㎜ 체로 체가름하여 잔류한 시료를 물에 씻어 건조 후 질량 m_2(g)을 측정한다.

4. 결과의 정리

마모감량(%)을 구한다.

$$\text{마모감량} = \frac{\text{마모손실질량(g)}}{\text{시험전 시료질량(g)}} \times 100(\%) = \frac{m_1 - m_2}{m_1} \times 100\ (\%)$$

m_1 : 시험전의 시료질량(g)

m_2 : 시험 후, 1.7㎜ 체에 잔류한 시료의 질량(g)

5. 결과의 이용

마모저항값의 대소에 의해 콘크리트용 굵은골재가 도로포장이나 댐에 적정여부를 판단한다.

6. 주의사항

(1) 시험기는 균일한 속도로 회전시켜야 한다.
(2) 시험의 결과는 소수점 첫째자리에서 반올림한다.
(3) 시료는 실제 공사에 사용되는 입도를 가장 잘 대표하는 것이어야 한다.

7. 참고사항

(1) 로스앤젤레스 시험기에 의한 굵은골재의 마모감량(%)의 한도는 40%이하이어야 한다. 포장 콘크리트의 경우는 35%이하이다.
(2) 마모감량이 35%이상인 굵은골재라도 선정된 배합비로 만든 콘크리트에서 만족한 강도를 얻었다면 사용할 수 있다.
(3) 암석을 거의 정육면체에 가까운 모양으로 손으로 부순 것을 이 방법에 따라 시험한 경우의 마모감량은 같은 암석으로 만든 부순돌에 대한 시험값의 약 85%정도이다.
(4) 로스앤젤레스 마모시험의 정밀도는 어느 시험에도 규정되어 있지 않지만 외국자료에 따르면 3%이내이면 타당한 값으로 되어 있다.

【관련 지식】

- 마모감량 한도 : 포장용 - 35%, 댐용 - 25%, 적설도로포장용 - 25%
- 상기 실험방법은 경량골재에는 적용하지 않는다.

1 시료의 준비

< 입도구분, 시료질량, 강구의 수 및 질량 >

입도구분	체의 호칭치수로 구분한 입도의 범위 (㎜)	시료질량 (g)	강구의 수	강구의 전질량 (g)
A	10~15 15~20 20~25 25~40	1250±10 1250±10 1250±25 1250±25	12	5000±25
B	15~20 20~25	2500±10 2500±10	11	4580±25
C	5~10 10~15	2500±10 2500±10	8	3330±20
D	2.5~5	5000±10	6	2500±15
E	40~50 50~60 60~80	5000±50 2500±50 2500±50	12	5000±25
F	25~40 40~50	5000±25 5000±25	12	5000±25
G	20~25 25~40	5000±50 5000±50	12	5000±25

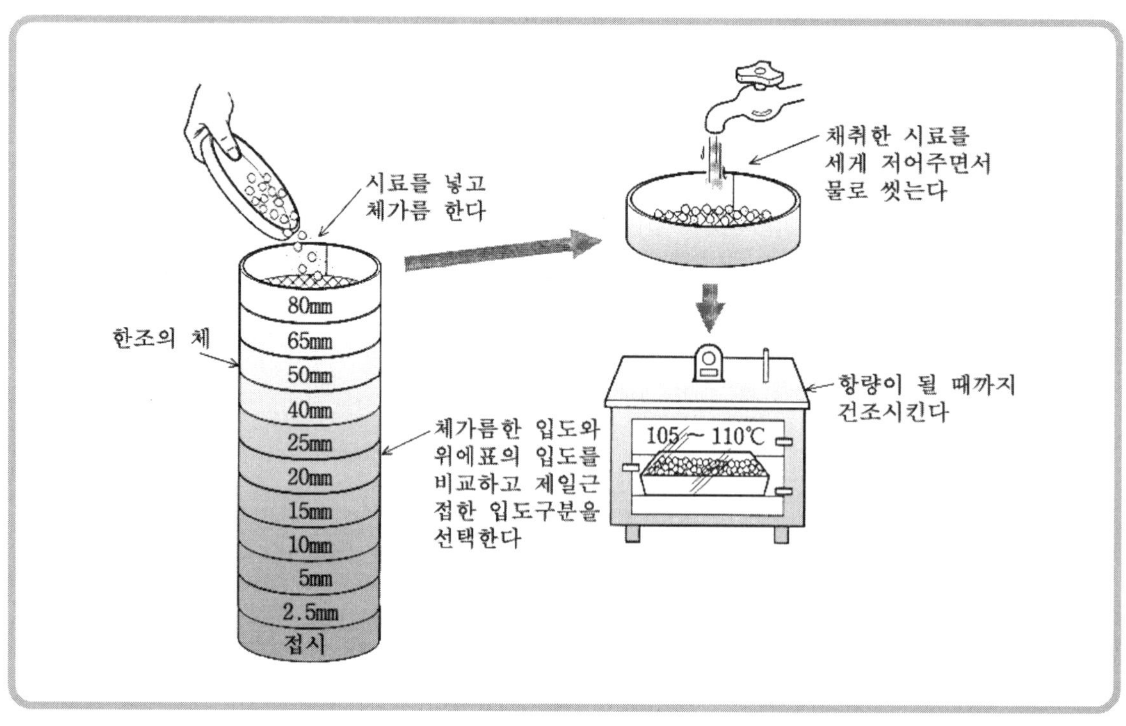

2 시험방법

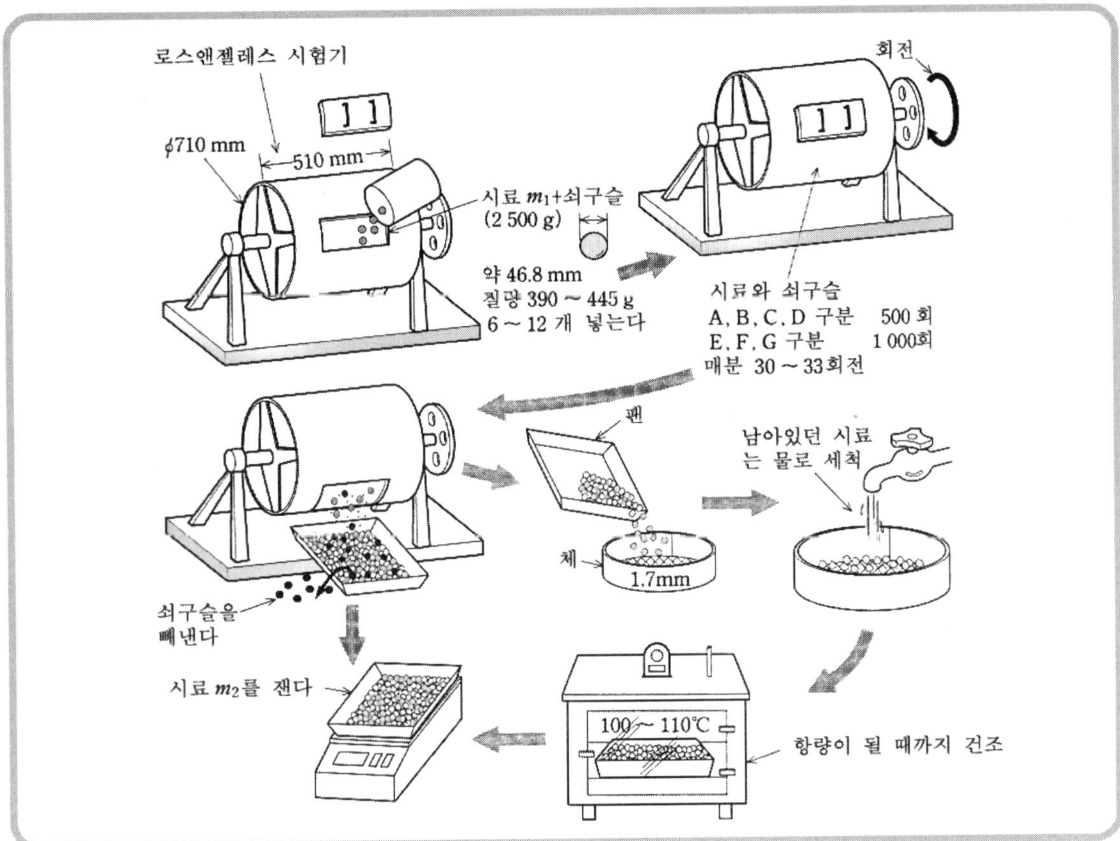

3 결과의 정리

잔류한 체 (㎜)	통과한 체 (㎜)	각 군의 질량 (g)	각 군의 질량백분율 (%)	입도구분	구의 수	회전수	①시험전의 시료질량 m_1 (g)
	2.5						
2.5	5						
5	10						
10	15						
15	20						
20	25	1250	50	A	12	500	2500
25	40	1250	50	A	12	500	
40	50						
50	60						
60	80						
합 계		2500	100.0	A	12	500	2500

② 시험후 1.7㎜ 체에 남은 시료의 질량 m_2(g)	1975
③ 마모손실질량 $m_1 - m_2$(g)	2500−1975 = 525
④ 마모감량 $= \frac{m_1 - m_2}{m_1} \times 100$ (%)	21.0

■ 12. 굵은골재의 파쇄시험 KS F 2541

KS A 5101 (시험용 체)
KS F 2502 (골재의 체가름 시험 방법)

실험목적 : 골재에 일정한 하중을 가하면서 파쇄하여 골재 자체의 강도를 구하고, 골재 사용의 적합 여부를 판단한다.

1. 시료의 준비

13㎜ 체를 통과하고, 10㎜ 체에 잔류하는 건조골재를 7~8㎏(경량골재는 4~5㎏) 준비한다. 강제계량용기에 넣고 시료를 건조시켜 질량 m(g)을 계량한다.

2. 시험 기구

(1) 강제 계량용기 (내경 115㎜, 안높이 180㎜의 원통형 용기)
(2) 강제 시험용기 (내경 154㎜, 안높이 140㎜의 원통형 용기)
(3) 강제 플렌져 (직경 152㎜, 떼어내는 것이 가능한 손잡이가 붙은 것)
(4) 다짐봉
(5) 표준체(13㎜, 10㎜, 2.5㎜체)
(7) 항온건조기
(8) 압축시험기
(9) 손삽(핸드 스코프)
(10) 저울

3. 시험방법

(1) 표준시료를 3층으로 채우고 압축시험기로 압축하고, P=400N에 종료한다.
(2) 2.5㎜체에 잔류한 골재의 질량 m'(g)을 계량한다.
(3) 파쇄값이 30%를 넘는 경우는 파쇄값이 10% 정도가 되도록 하중을 구하기 위하여 같은 시험을 3회 실시한다.

4. 결과의 정리

(1) 시료의 종류와 크기 (㎜)
(2) 하중 P (kN)
(3) 전시료의 질량 m (g)
(4) 2.5㎜체에 잔류하는 시료의 질량 m' (g)
(5) 체를 통과하는 시료 m'' (g)
: $m'' = m - m'$
(6) 파쇄값 CV (%)
: $CV = \dfrac{m''}{m} \times 100$
(7) 10% 파쇄하중 (kN) = 14 × P / (CV(%) + 4)

5. 결과의 이용

골재자체의 강도를 알고, 포장용골재로서의 적합의 판단 등에 이용한다.

◆ **연약한 골재의 파쇄시험 방법 :**

파쇄값이 30%를 넘는 연약한 시료의 경우는 시험 중에 파쇄된 미세입자가 골재입자의 사이에 끼여서 정확한 실험결과를 얻기가 어렵기 때문에, 파쇄값이 10%가 되게 하는 하중으로 표시하는 경우가 있다. 시험의 순서는 동일하며, 파쇄값이 7.5~12.5%가 되었을 때의 하중P(kN)와 파쇄값으로부터 10% 파쇄하중을 계산한다.

1 시료의 준비

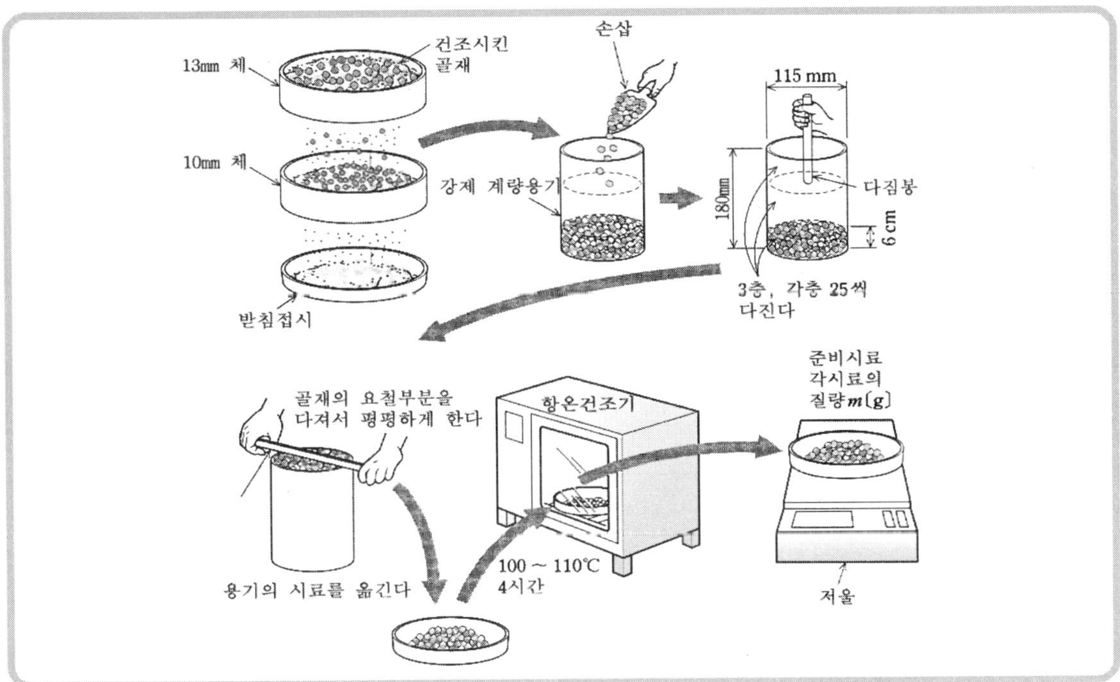

2 시험방법

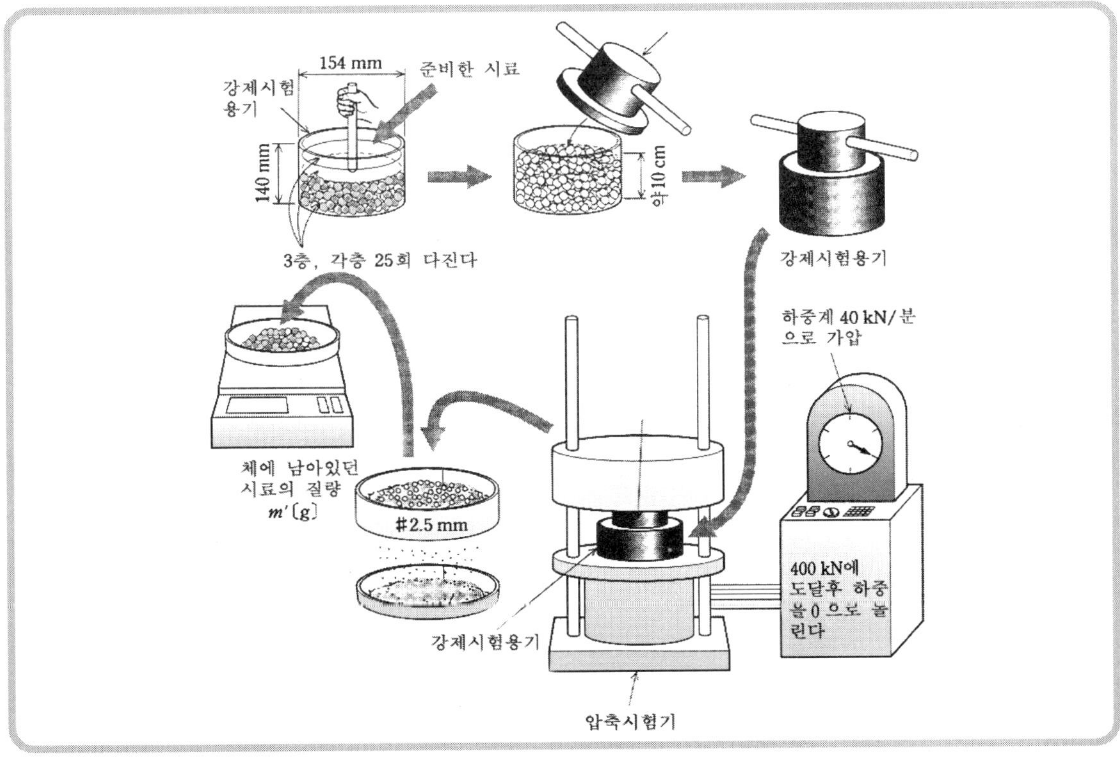

■ 13. 연석량 시험 KS F 2516

KS A 5101 (시험용 체)
KS B 0806 (금속재료의 로크웰 경도 시험 방법)
KS F 2502 (골재의 체가름 시험 방법)

실험목적 : 굵은골재 중에 함유된 연석량을 구하여 콘크리트용 골재로서의 적합 여부를 판정한다.

1. 시험용 시료

체의 호칭치수 (㎜)	시료의 질량
10~15	200g 이상
15~20	700g 이상
20~25	1.5㎏ 이상
25~40	3.0㎏ 이상
40~60	6.0㎏ 이상

【관련 지식】

콘크리트표준시방서에서는 포장, 댐콘크리트 등에 대하여 연석량 한도를 5%로 정하고 있다.

2. 시험 기구

(1) 저울 : 칭량 2㎏, 감량 1g, 칭량 20㎏, 감량 10g, 칭량 50㎏, 감량 20g
(2) 표준체 : KS A 5101에 규정된 10, 15, 20, 25, 40 및 60㎜체
(3) 황동막대 : 지름 1.6㎜, 로크웰 경도 H_RB 65~75의 것

3. 시험방법

(1) 굵은골재를 기건상태의 것으로 10㎜체에 남는 것만 취한다.
(2) 골재를 체가름하여 입자 크기별로 분류한 다음 입자별 백분율을 구하여 10%이상의 입자에 대해서 긁기 경도 시험을 한다.
(3) 각 입자의 크기별 군에서 시료를 1개씩 황동막대로 약 9.8N의 힘을 가하여 긁는다.
(4) 이때 황동의 색이 나타나지 않고, 긁힌 흠이 생긴 입자 또는 일부가 긁힌 흠이 생긴 입자를 연석이라 한다.

4. 주의사항

(1) 10㎜ 이하의 골재에 대해서는 계산하지 않는다.
(2) 어떤 사암질 시료는 입자의 일부가 떨어져 나가더라도 긁힌 부분에 황동이 묻어있을 때가 있다. 이와 같은 입자도 연석입자로 본다.

5. 참고사항

(1) 연석이라는 것은 재질이 연한 것 및 긁히기 쉬운 것을 말한다.
(2) 연석이 많이 포함된 굵은골재를 사용한 콘크리트는 굵은골재의 파괴에 의해 파괴되며 보통 콘크리트용 골재로서는 부적당하다.

1 시험방법

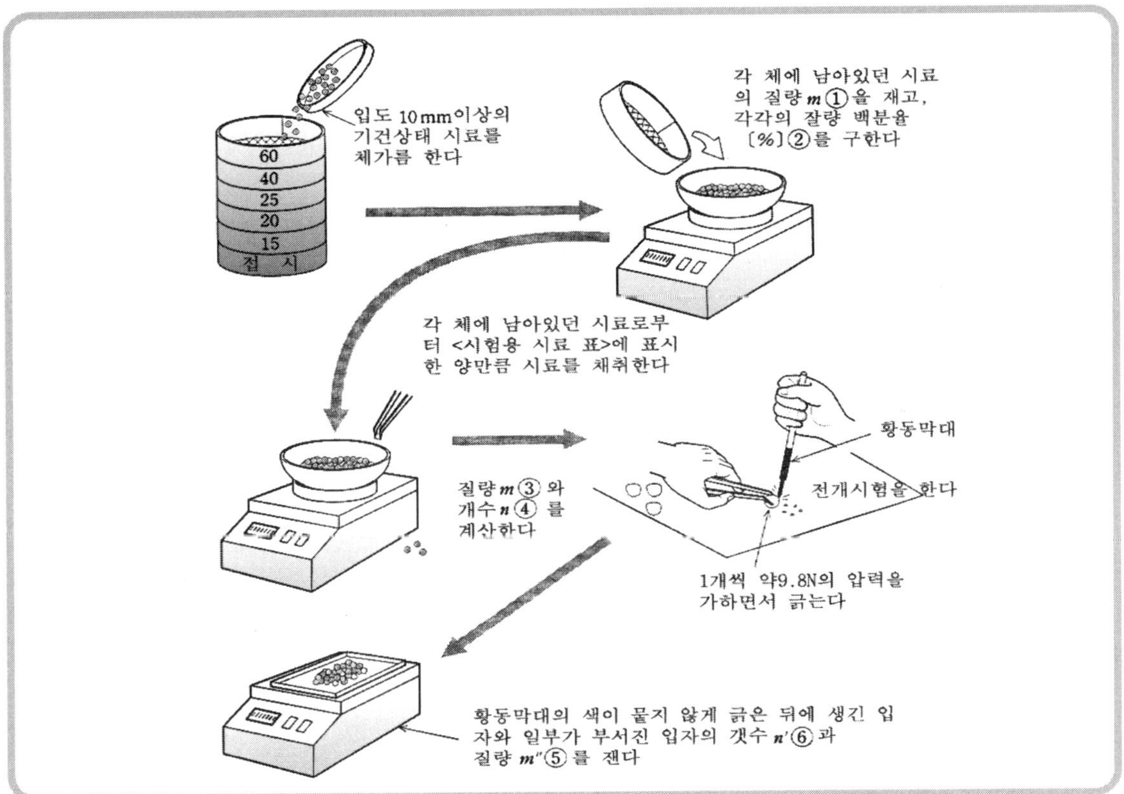

2 결과의 정리와 이용

연석백분율										
각 군의 시료의 치수		① 체가름 시험에 의한 각 군의 질량	② 체가름 시험에 의한 각 군의 질량 백분율	③ 시험전의 각 군의 질량	④ 시험전의 각 군의 개수	⑤ 각 군의 연석질량	⑥ 각 군의 연석개수	⑦ 각 군의 연석질량 백분율 ⑤/③ ×100	⑧ 각 군의 연석개수 백분율 ⑥/④ ×100	⑨ 굵은골재의 연석질량 백분율 ②×⑦/100
잔류하는 체 (mm)	통과하는 체 (mm)	m (g)	(%)	m′(g)	n (개)	n″(g)	n′(개)	(%)	(%)	(%)
10	15	1575	11	200	50	7	1	4.0	2.0	0.4
15	20	2000	13	700	64	79	6	11.3	9.4	1.5
20	25	2497	17	1503	77	187	12	12.4	15.6	2.1
25	40	7924	53	3000	52	289	7	9.7	13.5	5.1
40	60	829	6*					9.7		0.6
합 계		14825	100							9.7
결과의 판정		9.7%는 5% 이상으로 강도가 요구되는 곳에 사용해서는 안된다.								

* ②가 10% 미만일 경우는 조사하지 않아도 좋다.

판정에는 바닥판의 상황이나 표면의 상태에 경도가 요구되거나 할 경우에 의해 적용여부를 판단한다.

■ 14. 경량 굵은골재의 부립율 시험 KS F 2531

KS F 2505 (골재의 단위용적질량 및 공극률 시험 방법)
KS F 2523 (골재에 관한 용어의 정의)

실험목적 : 경량골재의 부립율이 부립의 량의 한도를 질량백분율로 10% 이하로 하는 것을 확인하고, 골재의 적합 여부를 판단한다.

1. 시험용 시료

건조골재를 5㎜ 체로 체가름한 후, 잔류한 골재 약 2ℓ를 4분법에 의해 채취한다.

2. 시험 기구

(1) 저울 (측정용량 2㎏ 이상, 감량 2g의 것)
(2) 용기 (단위용적질량시험에 사용한 용기)

3. 시험방법

(1) 시료를 105±5℃의 온도에서 항량이 될 때까지 건조시킨 후, 실온까지 식혀서 질량을 단다.
(2) 시료를 용기에 넣고 물을 채워서 골재가 충분히 섞이도록 하면서, 골재에 부착되어 있는 모든 기포가 없어지도록 한다.
(3) 주입 10분 후 물에 떠 있는 굵은골재를 즉시 건진다. 건진 골재를 105±5℃의 건조기에서 항량이 될 때까지 건조시킨 후 실온까지 식혀서 질량을 단다.

4. 결과의 이용과 주의

(1) 경량 굵은골재의 밀도가 작을 경우, 콘크리트 강도 등이 낮아지는 경우가 있다.
(2) 콘크리트의 부어넣기 및 다지기 전, 밀도가 작은 굵은골재가 표면에 떠오르면 표면의 콘크리트의 강도 등에 불리하다.

1 시험방법

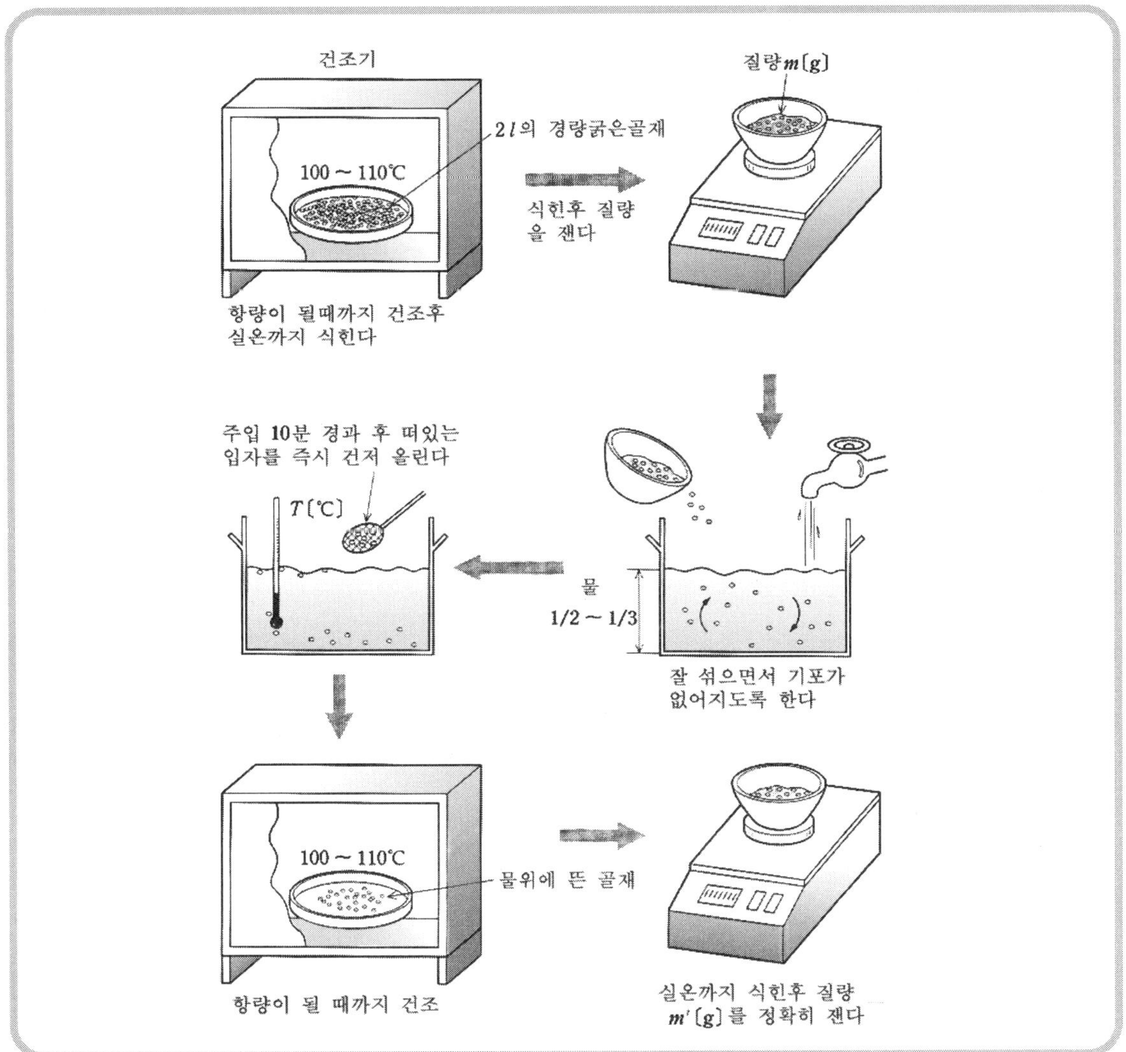

2 결과의 정리와 이용

시 험			제1회	제2회
① 시료의 건조 질량	m	(g)	1624	1594
수 온	T	(℃)	23.4	23.5
② 물위에 뜬 건조 질량	m'	(g)	54	60
부립률	$\frac{m'}{m} \times 100$	(%)	3.0	4.0
부립률 평균		(%)	3.5	

【관련 지식】

◆ **천이대의 구조**

모르터 및 콘크리트의 경화체 조직은 기본적으로는 모르터, 콘크리트 중 시멘트페이스트 부분의 세공조직에 의존하지만, 골재와 시멘트페이스트와의 계면에 공극 영역이 존재한다는 것이 알려져 있다. 이 영역을 천이대(transition zone)이라고 부른다. 아래의 그림은 천이대의 세공구조의 모식도를 나타낸다.

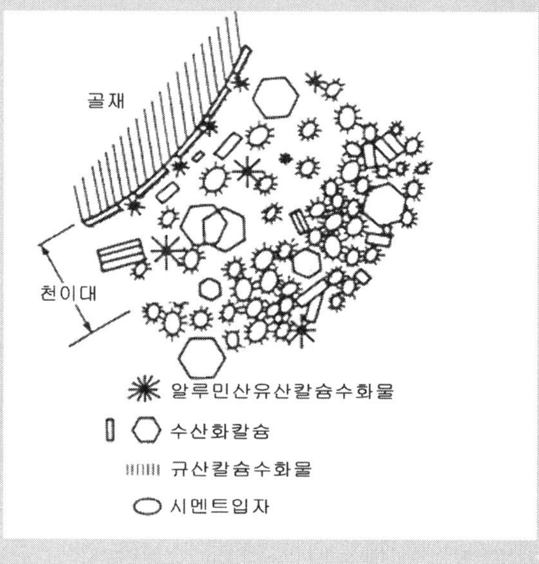

4 콘크리트시험

개 요
1. 일반 콘크리트의 재료
2. 일반 콘크리트의 배합
3. 콘크리트의 슬럼프 시험
4. 진동식 컨시스턴시 시험
5. 공기량 시험장치의 교정
6. 공기량 시험(공기실 압력방법)
7. 굳지않은 콘크리트의 단위용적질량시험
8. 콘크리트의 블리딩시험
9. 콘크리트의 강도 시험용 공시체 제작
10. 콘크리트의 압축강도시험
11. 콘크리트의 할열인장강도 시험
12. 콘크리트의 휨강도 시험
13. 급속 동결 융해에 대한 콘크리트의 저항 시험
14. 콘크리트의 중성화 시험

《개 요》

굳지 않은 콘크리트의 시험은 슬럼프 시험, 콘크리트의 씻기분석 시험, AE 콘크리트의 공기량 시험, 블리딩(Bleeding)시험 등이 있으나 굳지 않은 콘크리트는 관리하기가 어렵고 변동이 크며, 또한 경화한 콘크리트의 품질에 미치는 영향이 대단히 크므로 콘크리트의 배합의 양부, 콘크리트 품질 및 시공 등에 관련하는 기본적 성직을 조사하는 목적으로 행하는 아주 중요한 시험이다.

Ⅰ. 굳지 않은 콘크리트의 성질

■ 워커빌리티와 컨시스턴시

① 워커빌리티(workability) → 작업의 용이성[시공성]
② 컨시스턴시(consistency)
→ 콘크리트 자체의 고유의 성질
→ 굳지않은 콘크리트의 유동 및 변형에 관한 물리적 성질의 총칭

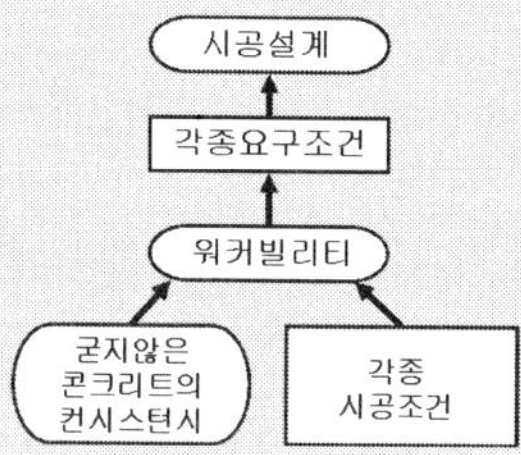

■ 굳지않은 콘크리트의 성능평가용어

① 스테빌리티(stability)
→ 블리딩과 재료분리에 대한 저항성[安定性]
② 컴펙터빌리티(compactability)
→ 다짐 용이성[다짐성]
③ 모빌리티(mobility)
→ 점성, 응집력, 내부저항 등에 관한 유동·변형의 용의성[可動性]
④ 피니시빌리티(finishability)
→ 마감작업 용이성[마감성]
⑤ 펌퍼빌리티(pumpability)
→ 펌프압송 용이성[펌프압송성]
⑥ 트랜스포터빌리티(transportability)
→ 압송성, 안정성을 포함한 운반의 용이성[運搬性]
⑦ 프라스티시티(plasticity)
→ 가동성, 안정성을 지배하는 요인으로 변형의 속도와 저항력에 의해서 결정되는 점성의 강하기[塑性]
⑧ 플루디티(fluidity)
→ 물질의 흐르는 능력[流動性]

⑨ 충전성(placeability)
→ 충전하기 쉬운 정도
리몰더빌리티(remoldability)라고도 함
⑩ 퍼짐성(spreadability)
→ 퍼지기 쉬운 정도
셀프레벨링성(self-leveling)이라고도 함
※ 레올로지(rheology)
→ 물질의 변형과 유동에 관한 학문(레올로지 정수)

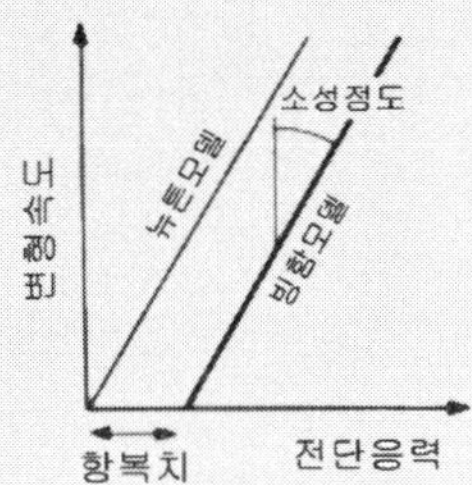

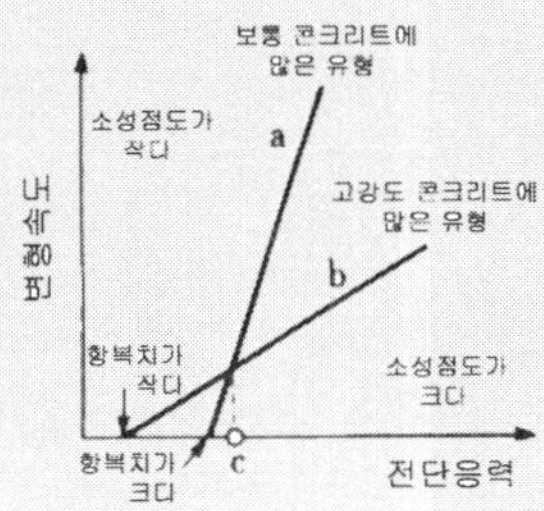

■ **워커빌리티에 영향을 주는 인자**

① 시멘트의 성질 ② 단위시멘트량 ③ 단위수량 ④ 골재의 입도 및 형상
⑤ 공기량 ⑥ 혼화재료 ⑦ 비빔시간 ⑧ 온도

■ **워커빌리티의 측정방법**

① 슬럼프시험(slump test) → 밑지름 20㎝, 윗지름 10㎝, 높이 30㎝의 몰드에 콘크리트를 3회에 나누어 넣고 각각 25회 다진 다음 몰드를 들어올렸을 때 가라앉은 높이를 슬럼프 값이라 한다.
② 비비시험(vebe test) → 된반죽 콘크리트의 반죽질기 측정
③ 다짐계수시험(compacting factor)

■ **재료분리, 블리딩, 레이턴스**

① 재료분리
→ 균등하게 비벼진 콘크리트라 할지라도 실제로 시공되어지는 콘크리트 중의 구성성분의 비가 불균일해 지는 현상
② 블리딩(bleeding)
→ 아직 굳지않은 시멘트 페이스트, 모르터 및 콘크리트에 있어서 물이 윗면에 스며오르는 현상
※ 블리딩량(cm^3/cm^2)
③ 레이턴스(laitance)
→ 콘크리트를 부어넣은 후 블리딩 수(水)의 증발에 따라 그 표면에 발생하는 백색의 미세한 물질

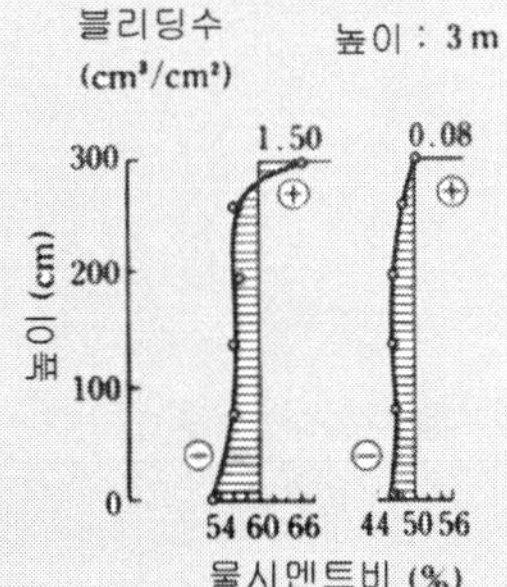

■ **응결, 경화과정의 콘크리트**

거푸집에 콘크리트를 부어넣은 후부터 어느 정도 경화될 때까지 콘크리트는 유동성이 큰 상태로부터 점점 가소성을 잃고 굳어져 감. 이러한 물성변화는 시멘트의 수화반응에 의해 생기는 경시적인 현상으로 『응결·경화과정』이라 함

II. 굳은 콘크리트의 성질

■ 강도·역학적 성질

① 압축강도

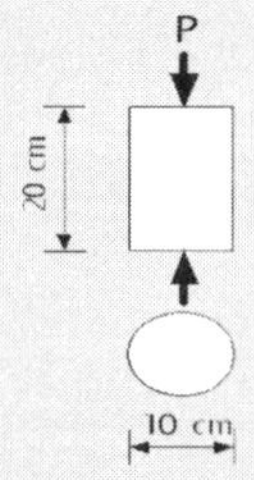

<압축강도시험>

압축강도 $f_c = \dfrac{P}{A}$

여기에서, f_c : 압축강도 MPa(=N/㎟)

P : 최대하중 (N)

A : 공시체의 단면적 (㎟)

② 인장강도

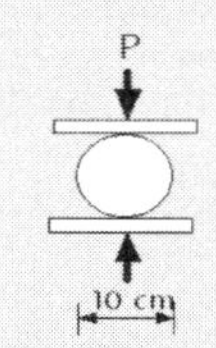

<인장강도시험>

인장강도 $f_{sp} = \dfrac{2P}{\pi dl}$

여기에서, f_{sp} : 인장강도 MPa(=N/㎟)

P : 최대하중 (N)

l : 공시체의 길이 (㎜)

d : 공시체의 지름 (㎜)

③ 휨강도

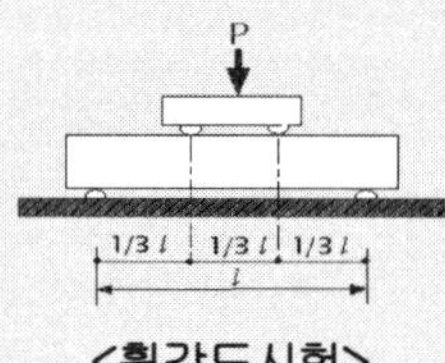

<휨강도시험>

휨강도 $f_b = \dfrac{Pl}{bh^2}$

여기에서, f_b : 휨강도 MPa(=N/㎟)

P : 최대하중 (N)

l : 표점거리(지간) (㎜)

h : 파괴단면의 높이 (㎜)

④ 정탄성계수

→ 응력과 변형곡선에서 구한 탄성계수

a.탄성 → 압축응력과 변형이 비례하는 성질, 제하하면 변형이 원점으로 돌아오는 성질

b.소성 → 항복치 이상의 응력하에서 변형이 진행하여 제하하여도 변형이 원상태로 돌아오지 않는 성질

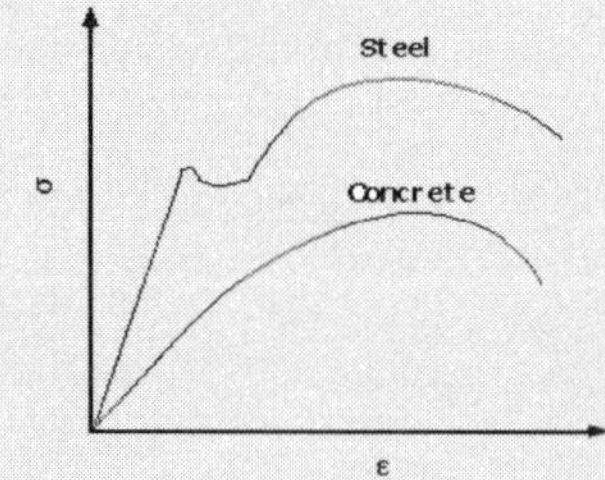

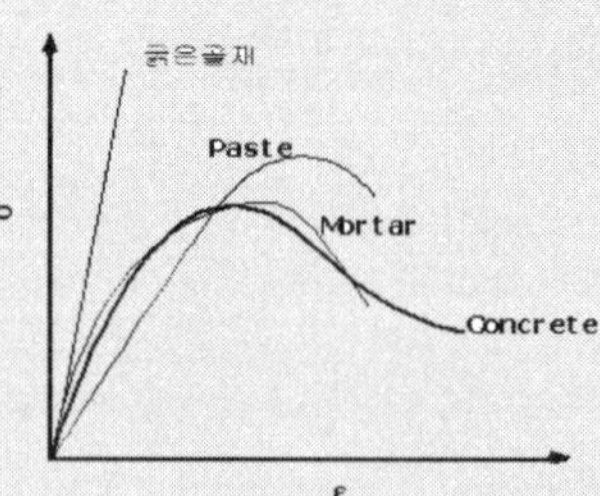

⑤ 동탄성계수

→ 콘크리트 공시체의 고유진동수 또는 콘크리트 중에 전파되는 음파속도를 측정하여 구한 탄성계수

⑥ 포아송비

→ 가로변형과 세로변형비의 절대치

⑦ 건조수축

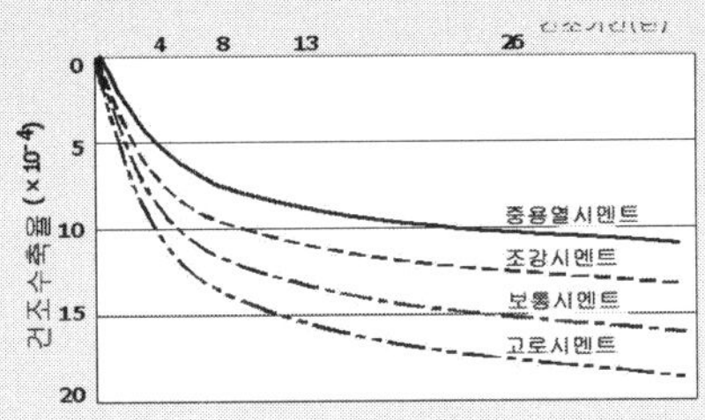

→ 시멘트 경화체를 건조시키면 주로 모세관수의 증발과 함께 수축한다. 따라서 물비가 큰 만큼 큰 수축을 보이지만 모르터나 콘크리트로 하면 골재가 건조 수축의 완화 역할을 한다.

⑧ 크리프

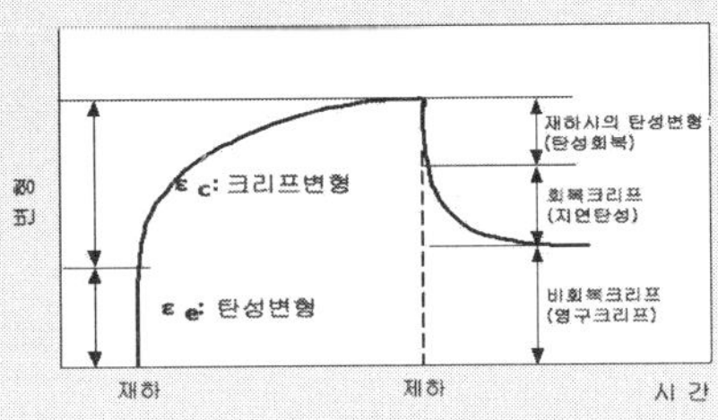

→ 콘크리트에 일정한 하중이 지속적으로 작용되면 응력의 변화가 없어도 콘크리트의 변형은 시간의 경과와 함께 증가하는 성질을 콘크리트의 크리프라고 한다.

■ 중성화

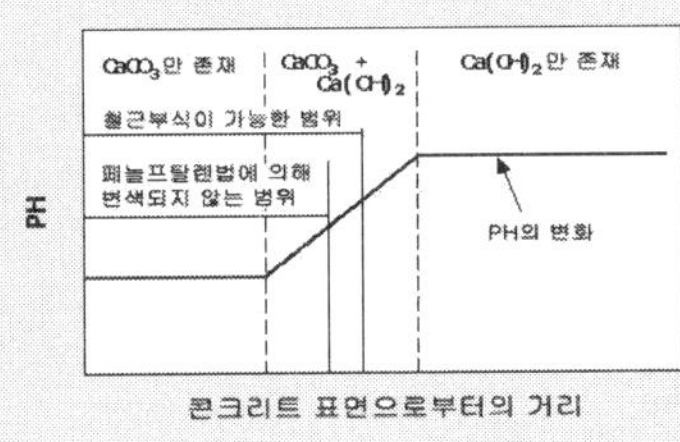

→ 대기 중의 탄산가스의 작용을 받아 콘크리트 중의 수산화칼슘이 서서히 탄산칼슘으로 변화하면서 알칼리성을 상실하는 현상

■ 내식성

→ 콘크리트 내에 함유되어 있는 염화물의 총량 규제
(현재 국내에서는 염화물이온의 콘크리트 1㎥당 허용량은 Cl^-으로서 0.3㎏이하(NaCl로서는 0.04%이하)로 규정하고 있다.)

■ 내열성

→ 일반적으로 400℃에서 탈수 → 본래 역할 상실

■ 각종 콘크리트

① 한중콘크리트 → 일평균 기온이 4℃이하의 동결 우려가 있는 기간에 시공하는 콘크리트
② 서중콘크리트 → 일평균 기온이 25℃를 초과할 때 시공하는 콘크리트
③ 경량콘크리트 → 구조물의 경량화를 목적으로 경량골재를 사용하여 만든 기건 단위용적질량이 1.4~2.0 t/㎥인 콘크리트
④ 유동화콘크리트 → 콘크리트에 유동화제를 첨가하여 유동성을 일시적으로 증대시킨 콘크리트
⑤ 매스콘크리트 → 일반적으로 단면 두께가 80~100㎝이상, 하부가 구속된 벽 등에서는 50㎝이상이고, 콘크리트 내외부 온도차가 25℃이상인 콘크리트
⑥ 고강도콘크리트 → 설계기준강도가 40MPa이상의 콘크리트
⑦ 수밀콘크리트 → 물시멘트비 55%이하로 지수조나 도수로 등의 수리 구조물이나 내해수성이 요구되는 해중 구조물에 사용되는 콘크리트
⑧ 고유동콘크리트 → 높은 유동성과 적당한 재료분리저항성, 충전성이 모두 우수하여 타설시 다짐작업을 하지 않아도 균질하게 타설 할 수 있는 콘크리트

Ⅲ. 콘크리트의 중성화

■ 중성화의 메카니즘

시멘트의 수화반응이 종료하면 경화시멘트 페이스트의 약 60%가 C-S-H이고, 25% 정도가 수산화칼슘으로 채워진다. 이 수산화칼슘은 경화시멘트 페이스트 중의 결정 또는 공극중의 포화수용액의 형태로 존재한다. 수산화칼슘의 포화수용액은 pH 12.6의 강알칼리성으로 경화시멘트 페이스트의 pH를 결정한다. 콘크리트가 대기 중에 노출되어 있으면 대기 중의 탄산가스(CO_2)가 콘크리트 내부로 확산되어 이하의 탄산화반응이 일어난다.

$$Ca(OH)_2 + H_2CO_3 \rightarrow CaCO_3 + 2H_2O$$

이 식과 같은 수산화칼슘의 탄산화는 지금까지 콘크리트의 재료분야에서 활발히 연구되어져 온 「중성화」를 말한다. 무엇보다도 일반적인 중성화는 콘크리트가 대기중에 있는 경우이다. 탄산가스가 확산되어 중성화가 콘크리트 표면에서 내부로 진행되어져 간다. 그러나 모든 수산화칼슘이 탄산화된 영역과 탄산칼슘이 생기지 않은 영역간에 명확한 경계가 있는 것은 아니다. 이 2가지 영역 사이에는 수산화칼슘과 탄산칼슘이 혼재되어 있는 영역이 있다. 이 중간영역은 건조한 실내측에 있어서 넓고 우수에 접하기 쉬운 옥외는 좁다.

중성화가 중요시되어지는 것은 콘크리트 자체의 문제 때문이 아니라 콘크리트 중의 철근이 발청하기 때문이다. 철은 대기중에서 급속히 부식한다. 그러나, 중성화되지 않은 콘크리트 속에서는 어느 정도 이상의 염화물 이온이 존재하지 않는 한 녹슬지 않는다. 콘크리트 중의 철은 pH11 이상에서는 표면에 부동태피막을 형성하여 부식되지 않으나, 중성화에 의해 pH가 11보다 낮아지면 발청한다. 부식에 의해 철은 부식생성물을 만들고 약 2.5배로 체적이 팽창된다. 이 팽창압에 의해 피복콘크리트에 균열이 생기거나 콘크리트가 박리된다. 철근콘크리트 구조물의 내구성상 중성화가 중요한 것은 이러한 이유 때문이다.

■ 예방대책

중성화의 예방대책으로서는 신축시의 대책과 중성화가 진행된 시점의 대책으로 나누어 생각할 수 있다.

1) 신축시의 대책

① 콘크리트의 재료·배합의 선정

→ 양질의 골재를 사용하고 물시멘트비를 작게 한다.

② 시공과 양생

→ 콘크리트를 충분히 다져 부어넣어 공보가 발생하지 않도록 한다. 또, 충분한 습윤양생을 한다.

③ 철근 피복두께의 확보

→ 피복두께의 최소한도를 정하며 배근설계시에 오차를 고려함과 동시에 철근의 조립도 고려한다. 시공시에는 철근의 가공·조립 정밀도 및 거푸집의 정밀도를 높여 피복두께의 오차를 줄인다.

④ 중성화 억제효과가 큰 마감재 사용
→ 투수성이 작은 마감재료를 사용한다. 이 때에 마감재 자체를 내구성이 뛰어난 것으로 할 필요가 있다.

⑤ 보전계획
→ 목표내용년수에 달할 때까지의 보전계획을 세우고 실시한다.

2) 열화가 진행된 시점에서의 대책

① 중성화가 진행되었으나, 철근의 부식에는 다다르지 않았을 경우에는 중성화를 억제하는 대책을 세운다. 중성화 억제방법으로는 기밀성이 높은 마감재료를 새로 시공하는 것이 실용적이다.

② 중성화가 철근위치까지 진행되어 철근이 부식하기 시작한 경우에는 철근의 부식을 억제하는 대책을 세운다. 철근부식의 억제방법으로는 기밀하고 투수성이 작은 마감재를 새로 시공하는 것이 실용적이다. 최근, 재알칼리화공법이 연구되어져 일부 실용화되고 있으나 코스트 면에서 문제가 남아 있다.

IV. 시멘트 콘크리트 제품

■ **PC 판 (pre-cast 철근콘크리트판)**
- 벽식 철근콘크리트조에 이용됨
- 종류 : ① 대형PC판: 룸사이즈
  ② 중형PC판: 1×2.5 m 정도
  ③ 외벽용커튼월

■ **RPC 부재 (라멘용 pre-cast 철근콘크리트 부재)**
- 철근콘크리트의 라멘구조를 프리페브화한 기둥 및 보를 가리킴
- 종류 : ① 단일 부재형
  ② 복합 부재형

■ **PS콘크리트 부재 (pre-stressed concrete)**
- 인장응력을 받는 콘크리트 부분에 미리 압축력을 가해, 큰 간사이 부재에 필요한 휨강도의 증대와 건조수축 등에 의한 균열방지를 목적으로 만들어진 제품
- PS보, 콘크리트 슬래브, PS파일, 프리케스트 곡면판 타설 거푸집 등으로 이용
- 종류 : ① 프리텐션 공법 (pre-tention)
  ② 포스트텐션 공법 (post-tention)

■ ALC (autoclaved lightweight concrete)

- 경량기포콘크리트는 콘크리트 중에 다량의 기포를 발생시킨, 기건밀도 2.0 이하(국내에서 생산되는 ALC는 일반적으로 절건밀도가 0.45~0.55)의 다공질 경량콘크리트를 말함
- 원료 : 규석 또는 규산질 재료가 50-60%
  생석회(10-20%)
  시멘트(20-30%)
  무수석고(2-5%)
  알루미늄(0.05-0.1%) → 발포제
  물
- 장점 : 보통콘크리트에 비해,
  ① 절대밀도가 약 1/4 의 경량
  ② 열전도율은 약 1/10
  ③ 흡음성, 차음성이 큼
- 단점 : 기공(氣孔)구조
  → 흡수율이 높다
  → 동결융해에 대한 배려가 필요
- 제품종류 : ALC의 제품으로는 크게 강선으로 보강되지 않는 제품과 강선으로 보강된 제품으로 크게 대별되는데그 각각의 종류는 아래와 같다.
  ① ALC블록
  ② ALC패널, 슬라브, 인방 등

■ FRC 제품 (fiber reinforced concrete)

- 섬유보강 콘크리트
- 단섬유상의 재료를 콘크리트에 분산시켜 넣어 콘크리트의 제반물성을 강화시킨 것
- 단섬유 소재: 강섬유, 유리섬유, 석면, 식물섬유, 합성섬유 등이 이용되어짐

■ SFRC 제품 (steel fiber reinforced concrete)

- 정의 : 보통 콘크리트 + 강섬유
  길이가 짧고 단면이 적은 강섬유를 모체인 콘크리트에 임의로 분산하여 얻게 된 신콘크리트
- 콘크리트 속에 강섬유가 3차원적으로 랜덤으로 분산되어 조성
- 보통콘크리트에 비해 골재의 최대치수가 작고, 단위시멘트량과 단위수량이 크고, 세골재율이 크다.
- 체적으로 0.5~2.0 % 혼입
- 강섬유의 종류
- 장점 : ① 인성이 크다
  ② 인장강도가 및 휨강도가 크다
  ③ 균열에 대한 저항력이 크다
  ④ 충격에 대한 저항력이 크다
  ⑤ 단부, 모서리등의 파손이 적다
  ⑥ 동결융해 및 내열성이 크다
  ⑦ 시공이 빠르고 쉽다

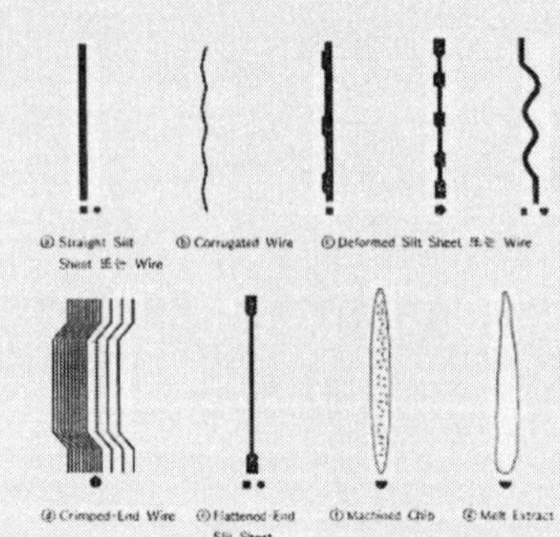

- 배합 : 강섬유 혼입율 → 0.5~2.5%
  조골재의 최대 치수 → 20~25mm
  잔골재율 → 50~70 %
  슬럼프치 → 1~2cm 작게

■ GRC 제품 (glass fiber reinforced concrete)
- 시멘트 모르터의 보강이 가능하도록 내알칼리 글래스 섬유가 만들어지게 되어 개발되어진 콘크리트 제품
- 특징 : ① 불연성 (不燃性)
  ② 형상이 자유로움, 意匠性
  ③ 고강도 → 경량화 가능
  ④ 중후한 인상을 줌
  ⑤ 내부식성
  ⑥ 커튼월에 적합
- 내외벽의 치장패널, 치장을 위한 타설거푸집으로도 사용됨

■ 속빈 콘크리트 블록
- 보강 콘크리트 블록구조로서 소규모 건축의 내력벽 등을 구축하는데 사용됨

■ 거푸집 콘크리트 블록
- 종횡으로 철근의 배근이 가능하도록 속이 비어 있는 블록

Tadao Ando - 빛의 교회

■ 01. 일반 콘크리트의 재료 　콘크리트시방서

실험목적 : 콘크리트시방서에서 규정한 콘크리트의 재료에 대해서 알아본다.

1. 시멘트

(1) 보통포틀랜드시멘트, 중용열포틀랜드시멘트, 조강포틀랜드시멘트, 저열포틀랜드시멘트, 내황산염포틀랜드시멘트는 KS L 5201, 고로슬래그시멘트는 KS L 5210, 플라이애쉬시멘트는 KS L 5211, 포틀랜드포졸란시멘트는 KS L 5401에 적합한 것이어야 한다.
(2) (1)이외의 시멘트에 대해서는 그 품질을 확인하고, 그 사용방법을 충분히 검토하여야 한다.

2. 물

(1) 물은 기름, 산, 유기불순물, 혼탁물 등 콘크리트나 강재의 품질에 나쁜 영향을 미치는 물질의 유해량을 함유해서는 안 된다.
(2) 혼합수는 KS F 4009 부속서2의 기준에 적합한 것을 표준으로 한다.
(3) 혼합수는 콘크리트의 응결경화, 강도의 발현, 체적변화, 워커빌리티 등의 품질에 나쁜 영향을 미치거나 강재를 녹슬게 하는 물질을 허용함유량 초과하지 않아야 한다.
(4) 해수는 강재를 부식시킬 우려가 있으므로 철근 콘크리트, 프리스트레스트콘크리트, 철골철근콘크리트 및 가외철근이 배치된 무근콘크리트에서는 혼합수로서 사용하지 않아야 한다.

3. 잔골재

(1) 일반사항
① 잔골재는 KS F 2526의 규정에 적합한 것이어야 한다.
② 잔골재는 깨끗하고, 강하고, 내구적이고, 알맞은 입도를 가지며, 먼지, 흙, 유기불순물, 염화물 등의 유해량을 허용한도 이상을 함유하지 않아야 한다.
(2) 물리적 품질
① 잔골재로서 사용할 모래의 절건밀도는 2.5g/㎤이상의 값을 표준으로 한다.
② 잔골재로서 사용할 모래의 흡수율은 3.0%이하의 값을 표준으로 한다.
(3) 입도
① 잔골재는 대소의 알이 알맞게 혼합되어 있는 것으로서, 그 입도는 아래표의 범위를 표준으로 한다. 체가름 시험은 KS F 2502에 따른다.
② 품질이 좋은 콘크리트를 만들기 위해서는 일반적으로 잔골재의 표준입도 범위 내에 있고, 또한 조립률이 2.3~3.1인 잔골재를 사용하는 것이 바람직하다. 조립률이 이 범위를 벗어난 잔골재를 쓰는 경우에는, 2종류 이상의 잔골재를 혼합하여 입도를 조정해서 쓰는 것이 좋다. 또 표준입도에서 표시된 연속된 2개의 체 사이를 통과하는 양의 백분율은 45%를 넘지 않아야 한다.

<잔골재의 입도의 표준>

체의 호칭 치수 (㎜)	체를 통과한 것의 질량 백분율 (%)
10	100
5	90~100
2.5	80~100
1.2	50~90
0.6	25~65
0.3	10~35
0.15	2~10

③ 잔골재의 조립률이 콘크리트 배합을 정할 때 가정한 잔골재의 조립률에 비하여 ±0.20 이상의 변화를 나타내었을 때는 배합을 변경하여야 한다. AE콘크리트를 사용할 경우에는 입도변화의 허용치를 앞의 값보다 작게 규정하는 것이 좋다.

④ 공기량이 3%이상이고, 단위시멘트량이 250㎏/㎥이상인 AE콘크리트나 단위시멘트량이 300㎏/㎥이상인 콘크리트 또는 0.3㎜체와 0.15㎜체를 통과한 골재의 부족량을 양질의 광물질미분말로 보충한 콘크리트에서는 0.3㎜체와 0.15㎜체 통과 질량백분의 최소량을 각각 5%및 0%로 감소시켜도 좋다.

⑤ 잔골재에 부순 잔골재나 고로슬래그 잔골재를 혼합하여 사용할 경우, 0.15㎜체 통과분의 대부분이 부순 잔골재나 슬래그 잔골재인 경우에는 15%로 증가시켜도 좋다.

(4) 유해물 함유량의 한도

① 잔골재의 유해물 함유량의 허용한도는 아래표의 값으로 한다. 표에서 지시하지 않은 종류의 유해물에 관해서는 책임기술자의 지시를 받아야 한다.

<잔골재의 유해물 함유량의 한도(질량백분율)>

종 류	최대치
점토 덩어리	1.0
0.08㎜체 통과량	
콘크리트의 표면이 마모작용을 받는 경우	3.0
기타의 경우	5.0
석탄, 갈탄 등으로 밀도 2.0g/㎤의 액체에 뜨는 것	
콘크리트의 외관이 중요한 경우	0.5
기타의 경우	1.0
염화물이온량	0.02

② 점토덩어리 시험은 KS F 2512, 0.08㎜체 통과량 시험은 KS F 2511, 석탄 · 갈탄 등 밀도 2.0g/㎤의 액체에 뜨는 것에 대한 시험은 KS F 2513에 따른다. 또 염화물 함유량의 시험은 KS F 2515에 따른다.

③ 잔골재에 함유되는 유기불순물은 KS F 2510에 의하여 시험하여야 한다. 이 때 모래

위에 있는 용액의 색깔은 표준색보다 엷어야 한다.

④ 모래 위에 있는 용액의 색깔이 표준색보다 진한 경우라도 그 모래로 만든 모르터 시험체의 압축강도가 그 모래를 3%의 수산화나트륨 용액으로 씻고, 다시 물로 씻어서 사용한 모르터 시험체의 압축강도의 90%이상이 된다면 책임기술자의 승인을 얻어 그 모래를 사용해도 좋다. 이때 모르터 시험체의 재령은 보통포틀랜드시멘트, 중용열포틀랜드시멘트 및 혼합시멘트의 경우 7일과 28일, 조강포틀랜드시멘트에 대해서는 3일과 7일로 한다. 모르터의 압축강도에 의한 잔골재의 시험은 KS F 2514에 따른다.

(5) 내구성

① 잔골재의 내동해성은 KS F 2507에 따라 시험한다.

② 황산나트륨에 의한 안정성 시험을 실시할 경우, 조작을 5번 반복했을 때 잔골재의 손실질량 백분율의 한도는 일반적으로 10%로 한다.

③ 손실질량이 ②에서 지시한 한도를 넘는 잔골재는 이것을 사용한 같은 정도의 콘크리트가 예상되는 기상작용에 대하여 만족스러운 내동해성을 나타낸 실례가 있다면 책임기술자의 승인을 받아 이것을 사용해도 좋다.

④ 손실질량이 ②에서 지시한 한도를 넘는 잔골재는 이것을 사용한 실례가 없는 경우라도 이것을 사용해서 만든 콘크리트의 동결융해 시험결과로부터 책임기술자가 만족할 만한 것이라고 인정한 경우에는 이것을 사용해도 좋다.

⑤ 내동해성을 고려할 필요가 없는 구조물에 쓰이는 잔골재는 위의 ①, ②, ③ 및 ④에 관하여 고려하지 않아도 좋다. 여기서 말하는 내동해성을 고려할 필요가 없는 구조물이란, 건축물 내부 또는 타일, 테라코타 등으로 표면을 보호한 구조물, 기타 동결융해작용을 거의 받지 않는 구조물을 말한다.

⑥ 화학적 혹은 물리적으로 불안정한 잔골재는 사용해서는 안 된다. 다만, 사용실적, 사용조건, 화학적 혹은 물리적 안정성에 관한 시험결과 등에서 유해한 영향을 주지 않는다고 이정되는 경우에는 이것을 사용해도 좋다.

(6) 바다모래

① 바다모래는 콘크리트의 품질에 나쁜 영향을 미치지 않는 것이어야 한다. 바다모래에 함유되는 염화물의 양이 「유해물 함유량의 한도」에서 정한 허용치를 넘을 경우에는 물세척이나 기타 다른 방법으로 염화물 함유량을 허용한도 이하로 사용하여야 한다. 바다모래를 다른 잔골재와 혼합해서 사용하는 경우라도 혼합된 잔골재의 염화물함유량은 허용한도 이하가 되어야 한다.

② 무근콘크리트 구조물에 사용할 콘크리트에 있어서는 염화물 함유량의 허용한도를 따로 정하지 않아도 된다.

③ 바다모래에 포함되는 염화물 함유량의 시험은 KS F 2515에 따른다.

(7) 부순 잔골재

① 부순 잔골재는 KS F 2527에 적합한 것이어야 한다.

② 부순 잔골재의 입형은 주로 원석의 종류나 제조시의 파쇄 방법에 따라 달라지므로, 이의 적합성 여부가 콘크리트의 소요 단위수량이나 워커빌리티에 미치는 영향은 상당

히 크다. 따라서 부순 잔골재를 쓸 경우에는 석질이 좋은가를 확인함과 동시에 되도록 모가 작고 긴 것이나 편평한 알갱이가 적은 것을 선정하여야 한다.

③ 부순 잔골재를 분류할 때에는 습식인 경우에는 물로 충분히 씻어서 하고, 건식인 경우에는 미분말을 제거하기가 쉽도록 충분히 건조시킨 원석을 사용하여야 한다.

④ 부순 산골재의 물리적 성질 및 입도는 「부순 잔골재의 물리적 성질」, 「부순 잔골재의 입도의 표준」에 적합한 것이어야 한다.

<부순 잔골재의 물리적 성질>

시험 항목	품질 기준
절대 건조 밀도 (g/㎤)	2.50 이상
흡수율 (%)	3.0 이하
안전성 (%)	10 이하
0.08㎜체 통과량 (%)	7.0 이하

<부순 잔골재의 입도의 표준>

	체를 통과한 것의 질량 백분율 (%)						
체의 호칭치수 (㎜) / 종류	10	5	2.5	1.2	0.6	0.3	0.15
부순 잔골재	100	90~100	80~100	50~90	25~65	10~35	2~15

(8) 고로슬래그 잔골재

① 고로슬래그 잔골재는 KS F 2544에 적합한 것이어야 한다. KS F 2544에는 입도에 따라 고로슬래그 잔골재의 종류를 4종류로 구분하고, 각 종류에 대하여 입도의 표준을 다음과 같이 규정하고 있다.

<고로슬래그 잔골재의 입도의 표준>

	체를 통과한 것의 질량 백분율 (%)						
체의 호칭치수 (㎜) / 종류	10	5	2.5	1.2	0.6	0.3	0.15
5㎜ 슬래그잔골재	100	90~100	80~100	50~90	25~65	10~35	2~15
2.5㎜ 슬래그잔골재	100	95~100	85~100	60~95	30~70	10~45	2~20
1.2㎜ 슬래그잔골재	-	100	95~100	80~100	35~80	15~50	2~20
5~0.3㎜ 슬래그잔골재	100	95~100	65~100	10~70	0~40	0~15	0~10

4. 굵은골재

(1) 일반사항

① 굵은골재는 KS F 2526의 규정에 적합한 것이어야 한다.

② 굵은골재는 깨끗하고, 강하고, 내구적이고, 알맞은 입도를 가지며, 얇은 석편, 가느다란 석편, 유기불순물, 염화물 등의 유해물질을 함유하지 않아야 한다. 특히 내화성을 요하는 경우에는 내화적인 굵은골재는 사용하여야 한다.

③ 굵은골재의 단단한 정도에 대해서는 KS F 2508, KS F 2516또는 KS F 2503에 의한 시험 또는 굵은골재를 사용한 콘크리트의 강도시험 중 책임기술자가 필요하다고 인정한 시험을 실시하여 그 결과에 의하여 판단한다.

(2) 물리석 품질

① 굵은골재로서 사용할 자갈의 절건밀도는 2.5g/㎤이상의 값을 표준으로 한다.

② 굵은골재로서 사용할 자갈의 흡수율은 3.0%이하의 값을 표준으로 한다.

(3) 입도

① 굵은골재는 대소의 알이 알맞게 혼합되어 있는 것으로, 그 입도는 「굵은골재의 입도의 표준」 표의 범위를 표준으로 한다. 골재의 체가름시험은 KS F 2502에 따른다.

<굵은골재의 입도의 표준>

골재번호	체의 호칭치수(㎜) / 체의 크기(㎜)	체를 통과하는 것의 질량 백분율 (%)												
		100	90	80	65	50	40	25	20	13	10	5	2.5	1.2
1	90~40	100	90~100		20~60		0~15		0~5					
2	65~40			100	90~100	35~70	0~15		0~5					
3	50~25				100	90~100	35~70	0~15		0~5				
357	50~5				100	95~100		35~70		10~30		0~5		
4	40~20					100	90~100	20~55	0~15		0~5			
467	40~5					100	95~100		35~70		10~30	0~5		
57	25~5						100	95~100		25~60		0~10	0~5	
67	20~5							100	90~100		20~55	0~10	0~5	
7	15~5								100	90~100	40~70	0~15	0~5	
8	10~2.5									100	85~100	10~30	0~10	0~5

(4) 유해물 함유량의 한도

① 굵은골재의 유해물 함유량의 한도는 「굵은골재의 유해물 함유량의 한도」 표의 값으로 한다. 표에 지시하지 않은 종류의 유해물에 관해서는 책임기술자의 지시를 받아야 한다.

② 점토덩어리 시험은 KS F 2512, 연한 석편의 시험은 KS F 2516, 0.08㎜체 통과량의 시험은 KS F 2511, 석탄 및 갈탄 등 밀도 2.0g/㎤의 액체에서 뜨는 것에 대한 시험은 KS F 2513에 따른다.

③ 점토덩어리와 연한 석편의 합은 5%를 초과하지 않아야 한다. 그러나 무근콘크리트에 사용할 경우에는 적용하지 않는다.

<굵은골재의 유해물 함유량의 한도(질량백분율)>

종 류	최대치
점토 덩어리	0.25
연한 석편	5.0
0.08㎜체 통과량	1.0
석탄, 갈탄 등으로 밀도 2.0g/㎤의 액체에 뜨는 것	
콘크리트의 외관이 중요한 경우	0.5
기타의 경우	1.0

(5) 내구성

① 굵은골재의 내동해성은 KS F 2507에 따라 시험한다.

② 황산나트륨에 의한 안정성 시험을 할 경우, 조작을 5번 반복했을 때 굵은 골재의 손실질량백분율의 한도는 일반적으로 12%로 한다.

③ 손실질량이 ②에서 지시한 한도를 넘는 굵은골재는 이것을 사용한 같은 정도의 콘크리트가 예상되는 기상작용에 대하여 만족스러운 내동해성을 나타낸 실례가 있다면 책임기술자의 승인을 받아 이것을 사용해도 좋다.

④ 손실질량이 ②에서 지시한 한도를 넘는 굵은골재는 이것을 사용한 실례가 없는 경우라도 이것을 사용해서 만든 콘크리트의 동결융해 시험결과로부터 책임기술자가 만족할 만한 것이라고 인정한 경우에는 사용해도 좋다.

⑤ 내동해성을 고려할 필요가 없는 구조물에 쓰이는 굵은골재는 이 조항의 ①, ②, ③ 및 ④에 관하여 고려하지 않아도 좋다.

⑥ 화학적 혹은 물리적으로 불안정한 굵은골재는 이것을 사용해서는 안된다. 다만, 그 사용실적, 사용조건, 화학적 혹은 물리적 안정성에 관한 시험결과 등에서 유해한 영향을 주지 않는다고 인정되는 경우에는 이것을 사용해도 좋다.

(6) 부순 굵은골재

① 부순 굵은골재는 KS F 2527에 적합한 것이어야 한다. 부순 굵은골재의 제조에 대한 일반적인 사항에 대해서는 부순 잔골재의 경우와 같다.

② 부순 굵은골재의 물리적 성질 및 입도는 각각 「부순 굵은골재의 물리적 성질」, 「부순 굵은골재의 입도표준」 표에 적합한 것이어야 한다.

<부순 굵은골재의 물리적 성질>

시험 항목	품질 기준
절대 건조 밀도 (g/㎤)	2.50 이상
흡수율 (%)	3.0 이하
안전성 (%)	12 이하
마모율 (%)	40 이하
0.08㎜체 통과량 (%)	7.0 이하

<부순 굵은골재의 입도의 표준>

체의호칭 치수(㎜) / 골재번호	체를 통과하는 것의 질량 백분율 (%)												
	100	90	75	65	50	40	25	20	15	10	5	2.5	1.2
부순 굵은골재 1	100	90~100		25~60		0~15		0~5					
부순 굵은골재 2			100	90~100	35~70	0~15		0~5					
부순 굵은골재 3				100	90~100	35~70	0~15		0~5				
부순 굵은골재 357				100	95~100		35~70		10~30		0~5		
부순 굵은골재 4					100	90~100	20~55	0~15		0~5			
부순 굵은골재 467					100	95~100		35~70		10~30	0~5		
부순 굵은골재 57						100	95~100		25~60		0~10	0~5	
부순 굵은골재 67							100	90~100		20~55	0~10	0~5	
부순 굵은골재 7								100	90~100	40~70	0~15	0~5	
부순 굵은골재 78								100	90~100	40~75	10~30	5~25	0~5
부순 굵은골재 8									100	85~100		10~30	0~5

(7) 고로슬래그 굵은골재

① 고로슬래그 굵은골재는 KS F 2544에 적합한 것이어야 한다. KS F 2544에서는 「고로슬래그 굵은골재의 분류」 표와 같이 고로슬래그 굵은골재를 A 및 B로 분류하고 있지만, 이 시방서에서는 B에 속하는 고로슬래그 굵은골재를 사용하는 것을 원칙으로 하며, A에 속하는 것은 내구성이 중요하지 않고, 또 설계기준 강도가 21MPa미만인 콘크리트에 한해서 사용하는 것으로 한다.

② 알루미나시멘트와 고로슬래그 굵은골재를 병용하면 급결성을 나타내므로 특수한 경우 이외에는 사용을 피하는 것이 좋다. 또 전기로 슬래그나 전로 슬래그 등의 제강 슬래그로 만든 굵은골재는 고로슬래그 굵은골재와 달라서 불안정하므로 콘크리트용 골재로 사용하지 않아야 한다.

③ 고로슬래그 굵은골재의 절건밀도 및 흡수율, 단위용적질량시험은 KS F 2544에 따른다.

<고로슬래그 굵은골재의 분류>

항목 / 분류	절건밀도 (g/㎤)	흡수율 (%)	단위용적질량 (㎏/㎥)
A	2.2 이상	6 이하	1250 이상
B	2.4 이상	4 이하	1350 이상

5. 혼화재료

(1) 일반사항

① 혼화재료는 품질이 확인된 것을 사용하여야 한다. 혼화재료 중에는 사용실적이 적거나 KS규정 등에도 품질규격이 정해져 있지 않은 것도 많다. 따라서 이에 해당하는 혼화재료인 경우에는 기왕의 사용 예에서 효과를 조사하든가 시험을 하여 그 품질을 충분히 확인한 후 사용하여야 한다.

② 혼화재료는 그 사용량에 따라 혼화재와 혼화제로 분류되며, 용도에 따라 적당히 사용할 경우 양질의 콘크리트를 얻을 수 있으므로 그의 사용을 적극 검토한다.

(2) 혼화재

① 혼화재로 사용할 플라이애쉬는 KS L 5405에 적합한 것이어야 한다.

② 혼화재로 사용할 콘크리트용 팽창재는 KS F 2562에 적합한 것이어야 한다.

③ 혼화재로 사용할 고로슬래그 미분말은 KS F 2563에 적합한 것이어야 한다.

④ ①, ② 및 ③이외의 혼화재에 대해서는 그 품질을 확인하고, 그 사용방법을 충분히 검토하여야 한다. 즉, 이들 혼화재는 품질, 성능, 사용실적, 균등성 등을 사전에 조사해야 하며, 워커빌리티, 강도, 내구성, 수밀성, 체적변화, 강재를 보호하는 성능, 경제성 등에 미치는 영향 등에 대해서도 검토하여야 한다.

(3) 혼화제

① 혼화제로 사용할 AE제, 감수제, AE감수제 및 고성능 AE감수제는 KS F 2560에 적합한 것이어야 한다.

② 혼화제로 사용할 유동화제는 한국콘크리트학회 규준 KCI-AD101에 적합한 것이어야 한다.

③ 혼화제로 사용할 수중불분리성 혼화제는 한국콘크리트학회 규준 KCI-AD102에 적합한 것이어야 한다.

④ 혼화제로 사용할 철근콘크리트용 방청제는 KS F 2561에 적합한 것이어야 한다.

⑤ ①, ②, ③ 및 ④이외의 혼화제에 대해서는 그 품질을 확인하고, 그 사용방법을 충분히 검토하여야 한다. 즉, 이들 혼화제는 품질, 성능, 사용실적, 균등성 등을 사전에 조사하여야 하며, 워커빌리티, 강도, 내구성, 수밀성, 체적변화, 강재를 보호하는 성능, 경제성 등에 미치는 영향 등에 대해서도 검토하여야 한다.

■ 02. 일반 콘크리트의 배합 콘크리트시방서

실험목적 : 시방서에서 규정한 콘크리트의 배합에 대해서 알아본다.

1. 일반사항

(1) 콘크리트의 배합은 소요의 강도, 내구성, 수밀성, 균열저항성, 철근 또는 강재를 보호하는 성능을 갖도록 정하여야 한다. 또한 작업에 적합한 워커빌리티를 갖는 범위 내에서 단위수량은 될 수 있는 대로 작게 하여야 한다.

(2) 작업에 적합한 워커빌리티를 갖도록 하지 위해서는 1회 타설 할 수 있는 콘크리트 단면 형상, 치수 및 강재의 배치, 특히 콘크리트의 다지기 방법 등에 따라 거푸집 구석구석까지 콘크리트가 충분히 채워지도록 하고, 다지는 작업이 용이하면서 재료분리가 거의 생기지 않도록 콘크리트의 배합을 정하여야 한다.

2. 배합강도

(1) 구조물에 사용된 콘크리트의 압축강도가 설계기준강도보다 작아지지 않도록 현장 콘크리트의 품질변동을 고려하여 콘크리트의 배합강도(f_{cr})를 설계기준강도(f_{ck})보다 충분히 크게 정하여야 한다.

(2) 콘크리트 배합강도는 다음의 두 식에 의한 값 중 큰 값으로 정한다.

$$f_{cr} = f_{ck} + 1.34s \qquad \text{(MPa)}$$

(2.1)

$$f_{cr} = (f_{ck} - 3.5) + 2.33_{S} \qquad \text{(MPa)}$$

여기서, s : 압축강도의 표준편차 (MPa)

(3) 콘크리트 압축강도의 표준편차는 실제 사용한 콘크리트의 30회 이상의 시험실적으로부터 결정하는 것을 원칙으로 한다. 그러나 압축강도의 시험횟수가 29회 이하이고 15회 이상인 경우는 그것으로 계산한 표준편차에 「시험횟수가 29회 이하일 때 표준편차의 보정계수」 표를 보고 보정계수를 곱한 값을 표준편차로 사용할 수 있다.

<시험횟수가 29회 이하일 때 표준편차의 보정계수>

시험횟수	표준편차의 보정계수
15	1.16
20	1.08
25	1.03
30 이상	1.00

(4) 콘크리트 압축강도의 표준편차를 알지 못할 때, 또는 압축강도의 시험횟수가 14회 이하인 경우 콘크리트의 배합강도는 「압축강도의 시험횟수가 14회 이하인 경우의 배합강도」의 표와 같이 정한다.

<압축강도의 시험횟수가 14회 이하인 경우의 배합강도>

설계기준강도 f_{ck} (Mpa)	배합강도 f_{ck} (Mpa)
21 미만	f_{ck} + 7
21 이상 35 이하	f_{ck} + 8.5
35 초과	f_{ck} + 10

3. 물-시멘트비

(1) 물-시멘트비는 소요의 강도, 내구성, 수밀성 및 균열저항성 등을 고려하여 정한다.

(2) 콘크리트의 압축강도를 기준으로 물-시멘트비를 정하는 경우 그 값은 다음과 같이 정한다.

① 압축강도와 물-시멘트비와의 관계는 시험에 의하여 정하는 것을 원칙으로 한다. 이 때 공시체는 재령 28일을 표준으로 한다.

② 배합에 사용할 물-시멘트비는 기준 재령의 시멘트-물비와 압축강도와의 관계식에서 배합강도에 해당하는 시멘트-물비 값의 역수로 한다.

③ 콘크리트의 내동해성을 기준으로 하여 물시멘트비를 정할 경우 그 값은 다음 표의 값을 초과하지 않도록 하여야 한다.

<내동해성을 기준으로 하여 물-시멘트비를 정하는 경우의 AE콘크리트의 최대 물-시멘트비(%)>

기상조건 / 단면 / 구조물의 노출상태	기상작용이 심한 경우 또는 동결융해가 종종 반복되는 경우		기상작용이 심하지 않은 경우, 빙점 이하의 기온으로 되는 일이 드문 경우	
	얇은 경우	보통의 경우	얇은 경우	보통의 경우
① 계속해서 또는 종종 물로 포화되는 부분	45	50	50	55
② 보통의 노출상태에 있으며 ①에 해당하지 않는 경우	50	55	55	60

④ 콘크리트의 황산염에 대한 내구성을 기준으로 하여 물-시멘트비를 정할 경우 그 값은 아래 표의 값을 초과하지 않도록 하여야 한다.

⑤ 제빙화학제가 사용되는 콘크리트의 물-시멘트비는 45%이하로 하여야 한다.

⑥ 콘크리트의 수밀성을 기준으로 물-시멘트비를 정할 경우, 그 값은 50%이하로 하여야 한다.

⑦ 콘크리트의 중성화 저항성을 고려하여야 하는 경우 물-시멘트비는 55%이하로 하여야 한다.

<황산염을 포함한 용액에 노출된 콘크리트의 최대 물-시멘트비(%)>

황산염 노출정도	토양내의 수용성 황산염(SO_4) 질량(%)	물 속의 황산염(ppm)	시멘트 종류	물-시멘트비(%)
무시할 수 있음	0.00~0.10	0~150	-	-
보통	0.10~0.20	150~1,500	보통포틀랜드시멘트+포졸란 플라이애쉬시멘트 중용열포틀랜드시멘트 고로슬래그시멘트	50
심함	0.20~2.00	1,500~10,000	내황산염 포틀랜드시멘트	45
매우 심함	2.00 초과	10,000 초과	내황산염 포틀랜드시멘트+포졸란	45

4. 단위수량

(1) 단위수량은 작업이 가능한 범위 내에서 될 수 있는 대로 적게 되도록 시험을 통해 정한다.

(2) 단위수량은 굵은골재의 최대치수, 골재의 입도와 입형, 혼화재료의 종류, 콘크리트의 공기량 등에 따라 다르므로 실제의 시공에 사용되는 재료를 사용하여 시험을 실시한 다음 정한다.

5. 단위시멘트량

(1) 단위시멘트량은 원칙적으로 단위수량과 물-시멘트비로부터 정한다.

(2) 단위시멘트량은 소요의 강도, 내구성, 수밀성, 균열저항성, 강재를 보호하는 성능 등을 갖는 콘크리트가 얻어지도록 시험에 의하여 정한다.

(3) 단위시멘트량의 하한값 혹은 상한값이 규정되어 있는 경우에는 이들의 조건을 충족하여야 한다.

6. 굵은골재의 최대치수

(1) 굵은골재의 최대치수는 부재 최소치수의 1/5, 철근피복 및 철근의 최소 순간격 3/4을 초과해서는 안 된다.

(2) 굵은골재의 최대치수는 아래 표의 값을 표준으로 한다.

<굵은골재의 최대치수>

구조물의 종류	굵은골재의 최대치수 (㎜)
일반적인 경우	20 또는 25
단면이 큰 경우	40
무근콘크리트	40 부재 최소치수의 1/4을 초과해서는 안됨

7. 슬럼프

(1) 콘크리트의 슬럼프는 운반, 타설, 다지기 등의 작업에 알맞은 범위 내에서 될 수 있는 대로 작은 값으로 정한다.

(2) 콘크리트를 타설할 때의 슬럼프 값은 「슬럼프의 표준값(㎜)」 표를 표준으로 한다.

(3) 콘크리트의 슬럼프 시험은 KS F 2402에 따른다.

(4) 된반죽의 콘크리트에 대해서는 슬럼프 시험 대신에 KS F 2427, KS F 2428과 KS F 2452의 규정에 따라 시험할 수 있다.

<슬럼프의 표준값(㎜)>

종 류		슬럼프 값
철근콘크리트	일반적인 경우	80~150
	단면이 큰 경우	60~120
무근콘크리트	일반적인 경우	50~150
	단면이 큰 경우	50~100

8. 잔골재율

(1) 잔골재율은 소요의 워커빌리티를 얻을 수 있는 범위 내에서 단위수량이 최소가 되도록 시험에 의해 정한다.

(2) 잔골재율은 사용하는 잔골재의 입도, 콘크리트의 공기량, 단위시멘트량, 혼화재료의 종류 등에 따라 다르므로 시험에 의해 정한다.

(3) 공사 중에 잔골재의 입도가 변하여 조립률이 ±0.20이상 차이가 있을 경우에는 워커빌리티가 변화하므로 배합을 수정할 필요가 있다. 이 때 잔골재율에 대해서도 그 적합 여부를 시험에 의해 확인해 놓을 필요가 있다.

(4) 콘크리트 펌프시공의 경우에는 콘크리트 펌프의 성능, 배관, 압송거리 등에 다라 적절한 잔골재율을 결정한다.

(5) 유동화콘크리트의 경우, 유동화 후 콘크리트의 워커빌리티를 고려하여 잔골재율을 결정할 필요가 있다.

(6) 고성능AE감수제를 사용한 콘크리트의 경우로서 물-시멘트비 및 슬럼프가 같으면 일반적인 AE감수제를 사용한 콘크리트와 비교하여 잔골재율을 1~2%정도 크게 하는 것이 좋다.

9. AE콘크리트의 공기량

(1) AE제, AE감수제 또는 고성능AE감수제를 사용한 콘크리트의 공기량은 굵은골재 최대치수와 내동해성을 고려하여 「AE콘크리트 공기량의 표준값」의 표와 같이 정하며, 운반 후 공기량은 이 값에서 ±1.5%이내이어야 한다.

(2) AE콘크리트의 공기량은 같은 단위 AE제 량을 사용하는 경우라도 여러 조건에 따라 상당히 변화하므로 AE콘크리트 시공에서는 반드시 KS F 2409또는 KS F 2421에 따라 공기량 시험을 하여야 한다.

10. 혼화재료의 단위량

(1) AE제, AE감수제 및 고성능AE감수제 등의 단위량은 소요의 슬럼프 및 공기량을 얻을 수 있도록 시험에 의해 정한다.

(2) (1)이외의 혼화재료의 단위량은 시험결과나 기존의 경험 등을 바탕으로 효과를 얻을 수 있도록 정한다.

(3) 제빙화학제에 노출된 콘크리트에 있어서 플라이애쉬, 고로슬래그 미분말 또는 실리카 퓸을 시멘트 재료의 일부로 치환하여 사용하는 경우 이들 혼화재의 사용량은 「제빙화학제에 노출된 콘크리트에서의 최대 혼화재 비율」의 표 값을 초과하지 않도록 한다.

<제빙화학제에 노출된 콘크리트에서의 최대 혼화재 비율>

혼화재의 종류	시멘트와 혼화재 전체에 대한 혼화재의 질량백분율(%)
플라이애쉬	25
고로슬래그 미분말	50
실리카 퓸	10
플라이애쉬, 고로슬래그미분말 및 실리카 퓸의 합계	50
플라이애쉬와 실리카 퓸의 합계	35

11. 배합의 표시법

(1) 배합의 표시법은 일반적으로 아래의 표에 따른다.

<배합의 표시법>

<table>
<tr><th rowspan="3">굵은골재의 최대치수 (㎜)</th><th rowspan="3">슬럼프 범위 (㎜)</th><th rowspan="3">공기량 범위 (%)</th><th rowspan="3">물-시멘트 비W/C (%)</th><th rowspan="3">잔골재율 S/a (%)</th><th colspan="8">단위량(kg/㎥)</th></tr>
<tr><th rowspan="2">물 W</th><th rowspan="2">시멘트 C</th><th rowspan="2">잔골재 S</th><th colspan="2">굵은골재 G</th><th colspan="2">혼화재료</th></tr>
<tr><th>㎜~㎜</th><th>㎜~㎜</th><th>혼화재</th><th>혼화제</th></tr>
<tr><td></td><td></td><td></td><td></td><td></td><td></td><td></td><td></td><td></td><td></td><td></td><td></td><td></td></tr>
</table>

(2) 시방배합에서 잔골재는 5㎜체를 전부 통과하는 것을 말하고, 굵은골재는 5㎜체에 전부 남는 것을 말하며, 잔골재 및 굵은골재는 각각 표면건조포화상태로서 나타낸다.

(3) 시방배합을 현장배합으로 고칠 경우에는 골재의 함수상태, 잔골재 중에서 5㎜체에 남는 굵은 골재량, 굵은골재 중에서 5㎜체를 통과하는 잔골재량 및 혼화제를 희석시킨 희석수량 등을 고려하여야 한다.

【관련 지식】

◆ **배합설계의 목적**

① 이미 결정되어진 요구성능(소정의 材齡에 대한 굳지않은 콘크리트의 워커빌리티와 硬化콘크리트의 강도)을 만족시키는 콘크리트를 만드는 것

② 가능한 低코스트로 소정의 성능을 만족시키는 콘크리트의 배합을 얻을 것

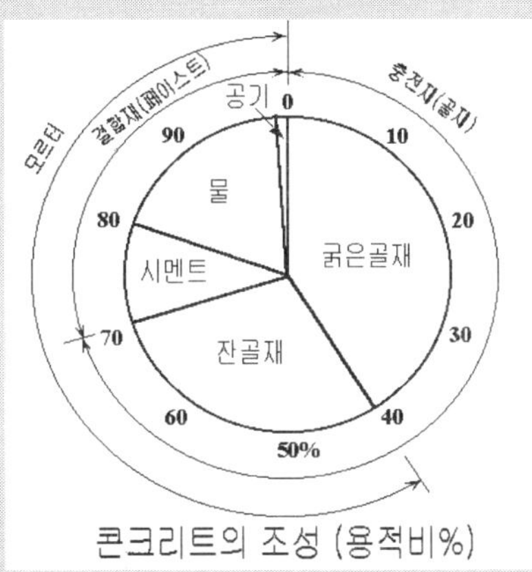

콘크리트의 조성 (용적비%)

◆ **일반적인 고려사항**

① 코스트

② 워커빌리티

③ 강도와 내구성

④ 이상적인 골재의 입도분포

■ 03. 콘크리트의 슬럼프 시험 KS F 2402

KS F 2401 (굳지 않은 콘크리트의 시료 채취 방법)
KS F 2425 (실험실에서 콘크리트 시료를 만드는 방법)

실험목적 : 굳지않은 콘크리트의 슬럼프를 구하고, 콘크리트 부어넣기의 관리에 이용한다.

1. 시료의 채취

(1) 굵은골재의 최대치수가 40㎜ 를 넘는 콘크리트의 경우에는 최대치수 40㎜를 초과하는 골재를 제거한 것으로 한다.
(2) 콘크리트 믹서
(3) 비빔판 (강제 판으로서 대형 패드 등)
(3) 삽
(4) 손수레

2. 시험 기구

(1) 손삽
(2) 슬럼프콘 : 윗면의 안지름이 100㎜, 밑면의 안지름이 200㎜ 및 높이 300㎜인 강제 원추형 용기
(3) 수밀성 평판 : 강판 등
(4) 다짐봉 : 직경 16㎜, 길이 500㎜, 끝부분이 반구상의 환봉
(5) 흙손
(6) 슬럼프 측정기
(7) 온도계

<슬럼프 시험기구>

3. 시험 방법

(1) 채취한 콘크리트 시료를 슬럼프콘 용적의 약1/3깊이(바닥에서 7㎝)만 채우고 다짐봉으로 단면 전체에 골고루 25회 다진다. 다음에 콘 용적의 2/3(바닥에서 16㎝)까지 채우고 다짐봉으로 그 층의 깊이만 25회 다진다. 최후에 콘의 상부까지 시료를 슬럼프콘 위에 높이 쌓고서 다짐봉으로 25회 다진다. 최하층은 전 깊이를 다지고 둘째층과 최상층은 각각 그 층의 깊이만 다지는데 그 아래층은 약간 관입할 정도로 다진다.
(2) 표면을 흙손으로 고르고, 콘을 들어올린다.
(3) 콘크리트 최상부의 침하량 S(㎝)를 슬럼프로서 측정한다.
(4) 콘크리트의 측면을 다짐봉 등으로 가볍게 두드리고, 콘크리트가 붕괴된 모습을 관찰한다.

4. 결과의 정리

(1) 슬럼프값을 측정한다.
(2) 다짐봉으로 콘크리트의 측면을 두드렸을 때의 상태,
콘크리트의 퍼짐이나 재료분리와 같은 상태를 관찰한다.
(3) 콘크리트의 온도 T(℃)

5. 결과의 이용

콘크리트의 컨시스턴시의 판정이나 물시멘트비의 관리에 이용한다.

<콘크리트 부어넣기시 표준 슬럼프>

구조물의 종류		슬럼프(㎝)
철근콘크리트	일반의 경우	5~12
	단면이 큰 경우	3~10
무근콘크리트	일반의 경우	5~12
	단면이 큰 경우	3~8
경량콘크리트		5~12
포장콘크리트		2.5 (침하도 30초)
댐콘크리트		2~5

<슬럼프의 특성>

슬럼프	성질	특징
대	부드러운 콘크리트	유동성이 크다
		점성이 적다
소	딱딱한 콘크리트	유동성이 낮다
		점성이 높다

<부어넣기시의 콘크리트의 온도 T(℃)>

서중콘크리트	35℃ 이하
한중콘크리트	5~20℃

<사용재료의 온도변화에 의한 콘크리트의 효과>

재료	온도변화(℃)	콘크리트의 온도변화
시멘트	±8	각각의 콘크리트의 온도를 ±1℃ 변화시킨다.
물	±4	
골재	±2	

【관련 지식】

- 컨시스턴시 : 변형 또는 유동에 대하여 저항승의 정도로 나타내는 굳지않은 콘크리트의 성질
- 워커빌리티 : 컨시스턴시 및 재료분리에 대한 저항성의 정도에 의해 정해지는 굳지않은 콘크리트의 성질
- 플라스티시티 : 용이하게 거푸집에 채워지는 것이 가능하고, 거푸집을 제거하면 천천히 형태를 변형하지만 붕괴하거나 재료가 분리되는 현상이 나타나지 않는 굳지않은 콘크리트의 성질
- 굳지 않은 콘크리트 : 아직 경화되지 않은 콘크리트

1 시료의 채취

레디믹스드 콘크리트 또는 혼화 콘크리트를 준비한다
트럭 애지테이터
굳지않은 콘크리트
수레차
현장의 경우
믹서
삽
비빔판
실내 시험

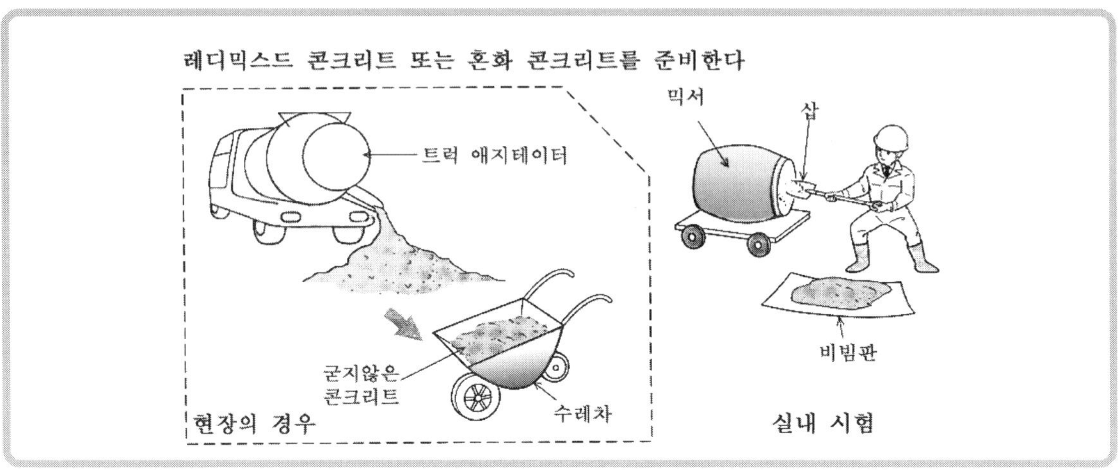

2 시험방법

굳지않은 콘크리트
손삽
10cm
슬럼프콘
약 16cm
30 cm
약 7cm
20 cm
수밀성 평판
다짐봉
3등분으로 25회 각각
균등하게 다진다
흙손
수직으로
2 ~ 3 초간
천천히 들어
올린다
슬럼프 측정기
슬럼프치 S〔cm〕
30 cm
콘크리트의 측면을
가볍게 두드린다
온도계 T〔℃〕
다짐봉
소성인 상태
비소성의 상태

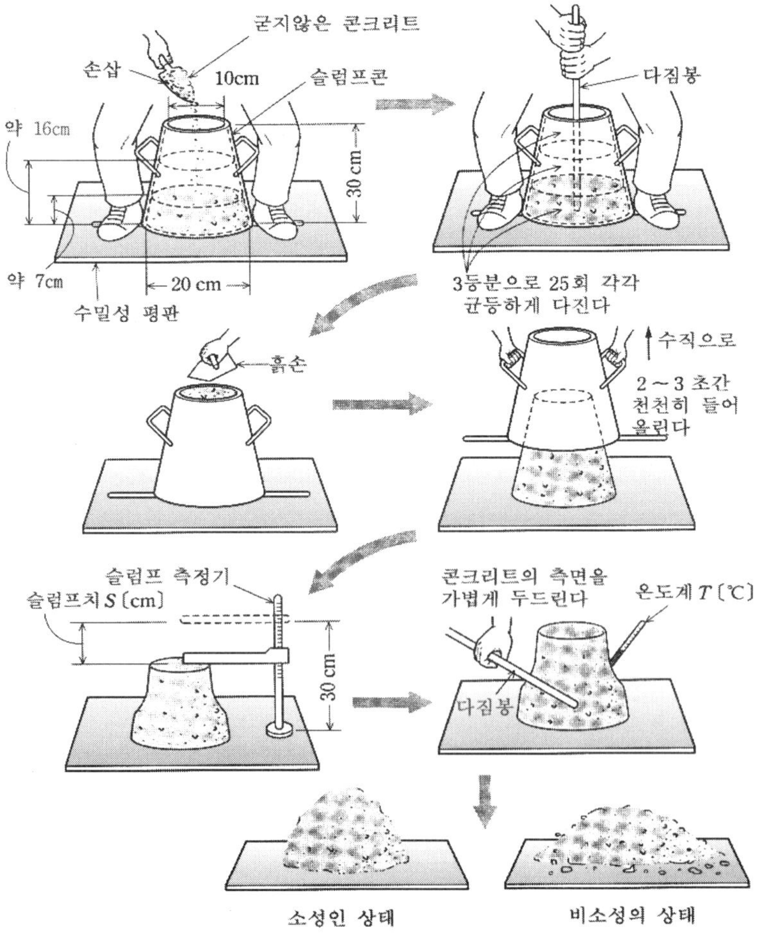

3 결과의 정리

측 정 번 호	1	2	3
① 슬럼프 S (㎝)	10.0	10.5	10.5
② 다짐봉으로 콘크리트의 측면을 두드렸을 때의 상태	소성인 상태	소성인 상태	소성인 상태
③ 콘크리트의 온도 T (℃)	19.5	19.0	20.0

■ 04. 진동식 컨시스턴시 시험 KS F 2427

KS F 2401 (굳지 않은 콘크리트의 시료채취 방법)

실험목적 : 된반죽 콘크리트의 침하도를 측정하고 콘크리트의 시공관리에 이용한다.

1. 시료의 채취

콘크리트의 슬럼프가 5~2.5㎝의 된반죽 콘크리트에 대하여 실시한다.

(1) 콘크리트 믹서
(2) 비빔판 (강제, 대형 패드 등)
(3) 삽
(4) 손수레

2. 시험 기구

(1) 진동대식 컨시스턴시 시험기 : 테이블 진동기(진동수 3000rpm, 전진동폭 약 0.8㎜), 용기(안지름 24㎝, 높이 20㎝), 콘(윗면의 안지름 10㎝, 밑면의 안지름 20㎝, 높이 30㎝) 및 미끄럼틀이 붙은 투명한 원판으로 구성된 장치)

(2) 다짐봉 : 직경 16㎜, 길이 50㎜, 선단이 반구형인 환봉

(3) 손삽
(4) 흙손
(5) 스톱워치
(6) 온도계

3. 시험 방법

(1) 채취한 콘크리트를 2층으로 채우고, 각 층을 다짐봉으로 35회씩 다진다. 표면은 흙손으로 고른다.

(2) 콘을 수직으로 들어올리고 원판을 내려누른 후 진동시킨다. 소정량이 침하되기까지의 시간경과(침하도) t_2(s)를 측정한다.

4. 결과의 정리

(1) 침하도 t (s)

진동개시로부터 원판하면 전면에 모르터가 접착될 때까지 요구되는 시간 $(t_2 - t_1)$을 나타낸다.

(2) 슬럼프 S (㎝)

슬럼프시험(KS F 2402)에 의해 구한다. 슬럼프시험은 콘크리트의 워커빌리티를 판단하는 수단으로서 널리 이용되고 있다.

5. 결과의 이용

된비빔 콘크리트의 컨시스턴시의 판단과 배합설계시 단위 굵은골재 용적의 선정에 이용한다.

6. 결과의 정리

측 정 번 호			1	2	3
침하량	t	(s)	30	28	33
슬럼프	S	(㎝)	2.5	3.0	3.5
콘크리트의 온도	T	(℃)	19.0	20.0	19.0

1 시료의 채취

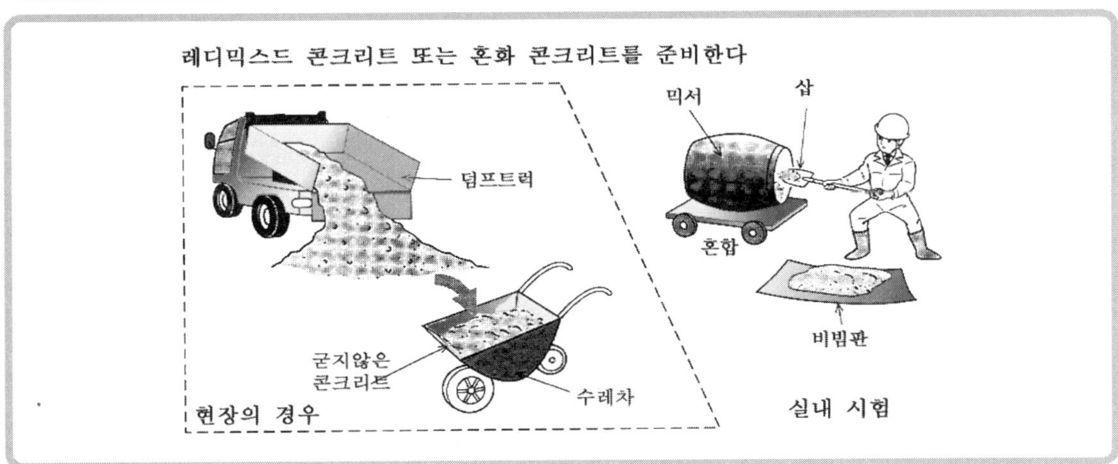

2 시험방법

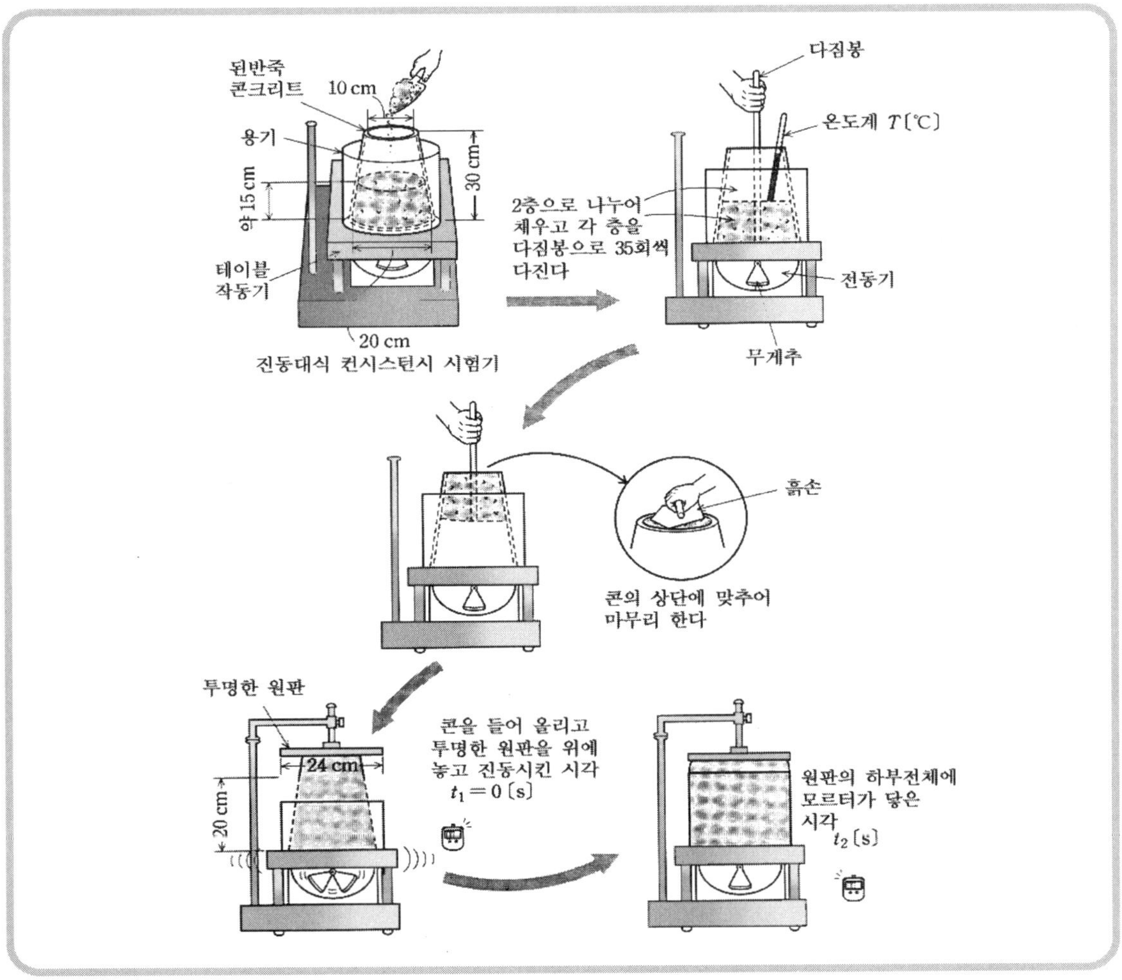

된반죽
콘크리트
10 cm
용기
30 cm
약 15 cm
테이블
작동기
20 cm
진동대식 컨시스턴시 시험기

다짐봉
온도계 T〔℃〕
2층으로 나누어
채우고 각 층을
다짐봉으로 35회씩
다진다
진동기
무게추

흙손
콘의 상단에 맞추어
마무리 한다

투명한 원판
24 cm
20 cm
콘을 들어 올리고
투명한 원판을 위에
놓고 진동시킨 시각
$t_1 = 0$〔s〕

원판의 하부전체에
모르터가 닿은
시각
t_2〔s〕

■ 05. 공기량 시험장치의 교정 KS F 2421

실험목적 : 공기량시험에 이용되는 장치의 눈금의 수정방법을 규정한다.

1. 시험 기구

(1) 워싱턴형 에어메터 : 콘크리트와 뚜껑 사이의 공기를 주입해서 시험하기 위하여 만들어진 도구. 용기의 용량은 5ℓ 이상의 것을 사용한다.

(2) 저울
(3) 온도계
(4) 공기 핸드펌프
(5) 주입용 스포이드
(6) 메스실린더

2. 용기용적의 측정

(1) 용기의 질량 m'(kg)
(2) 물을 가득 채운 용기의 질량 m''(kg)
(3) 가득 채운 물의 온도 T(℃) 및 물의 밀도 ρ_w(g/㎤)
(4) 용기의 용적 V(㎤)

$$V = (m'' - m') / \rho_w$$

<온도와 물의 밀도와의 관계>

온도 (℃)	4	10	20	30
밀도 (g/㎤)	1.0000	0.9997	0.9982	0.9957

3. 초압력의 보정

콘크리트 용기에 물을 가득 채우고, 에어메터를 설치한다.

(1) 주수, 배기구의 벨브를 열어 주수용 스포이드로 물을 가득 채우고 모든 벨브를 잠근다.
(2) 공기 핸드펌프로 가압하여 초압력 (0)보다 높게 한다.
(3) 5초후에 조절벨브로 공기량 0%의 눈금을 맞춘다.
(4) 작동벨브를 열어 공기량 0%를 확인한다.

<워싱턴형 에어메터>

4. 공기량 눈금의 교정

(1) 용기를 물로 가득 채우고 용기에서 2%의 물을 빼내어 공기로 치환한다.
(2) 공기량시험을 해서 공기량이 2%로 측정되는지 확인한다.

5. 결과의 이용

공기량시험의 개시준비를 한다.

【관련 지식】

- 교정(CALIBRATION) : 기준값을 정하고 이를 맞추기 위한 조정방법을 정하는 것이다. 또는 단순히 기기의 초기의 상태를 조정하는 것을 말한다.

1 용기용적의 측정

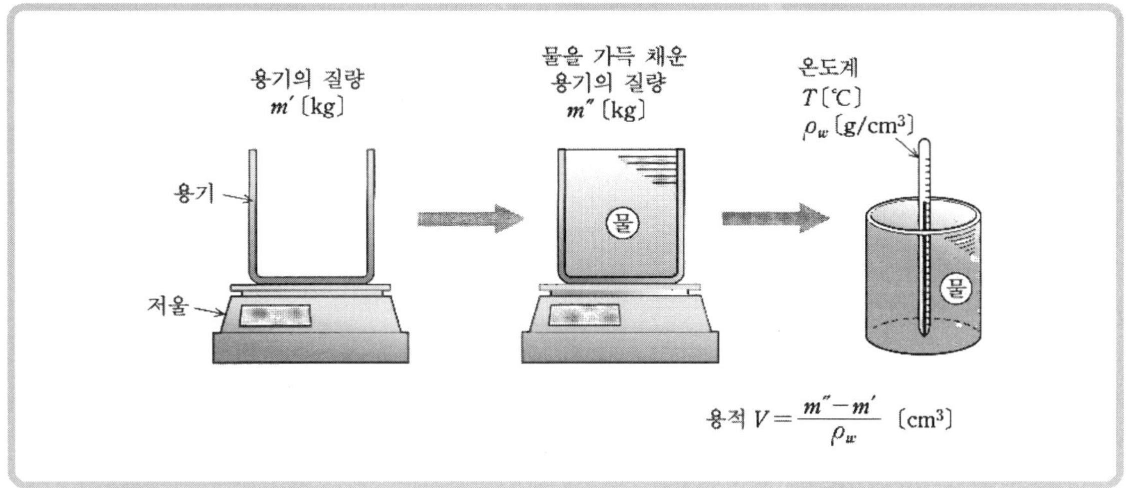

<용적 측정결과>

측 정 번 호		1
용기의 질량	m' (kg)	9.490
물을 가득채운 용기의 질량	m'' (kg)	16.530
가득채운 물의 온도 물의 밀도	T (℃) ρ_w (g/㎤)	20 0.9982
용기의 용적	$V=(m''-m')/\rho_w$ (㎥)	7.053×10^{-3}

2 초압력의 보정

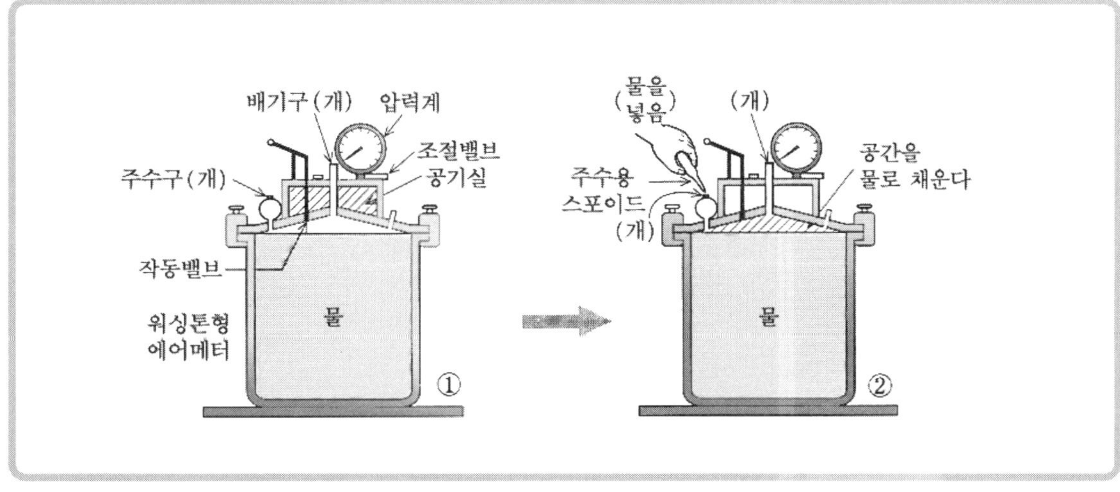

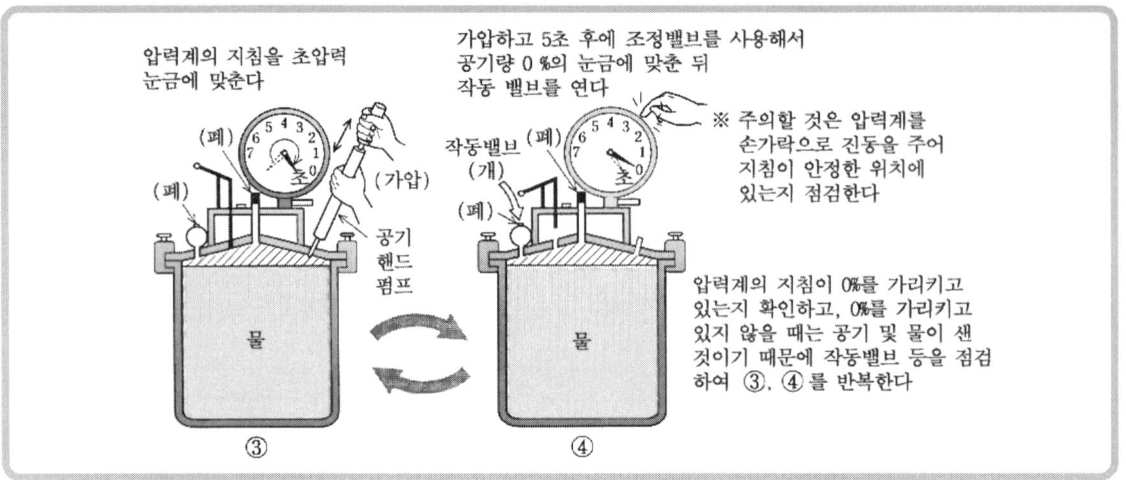

3 공기량 눈금의 교정

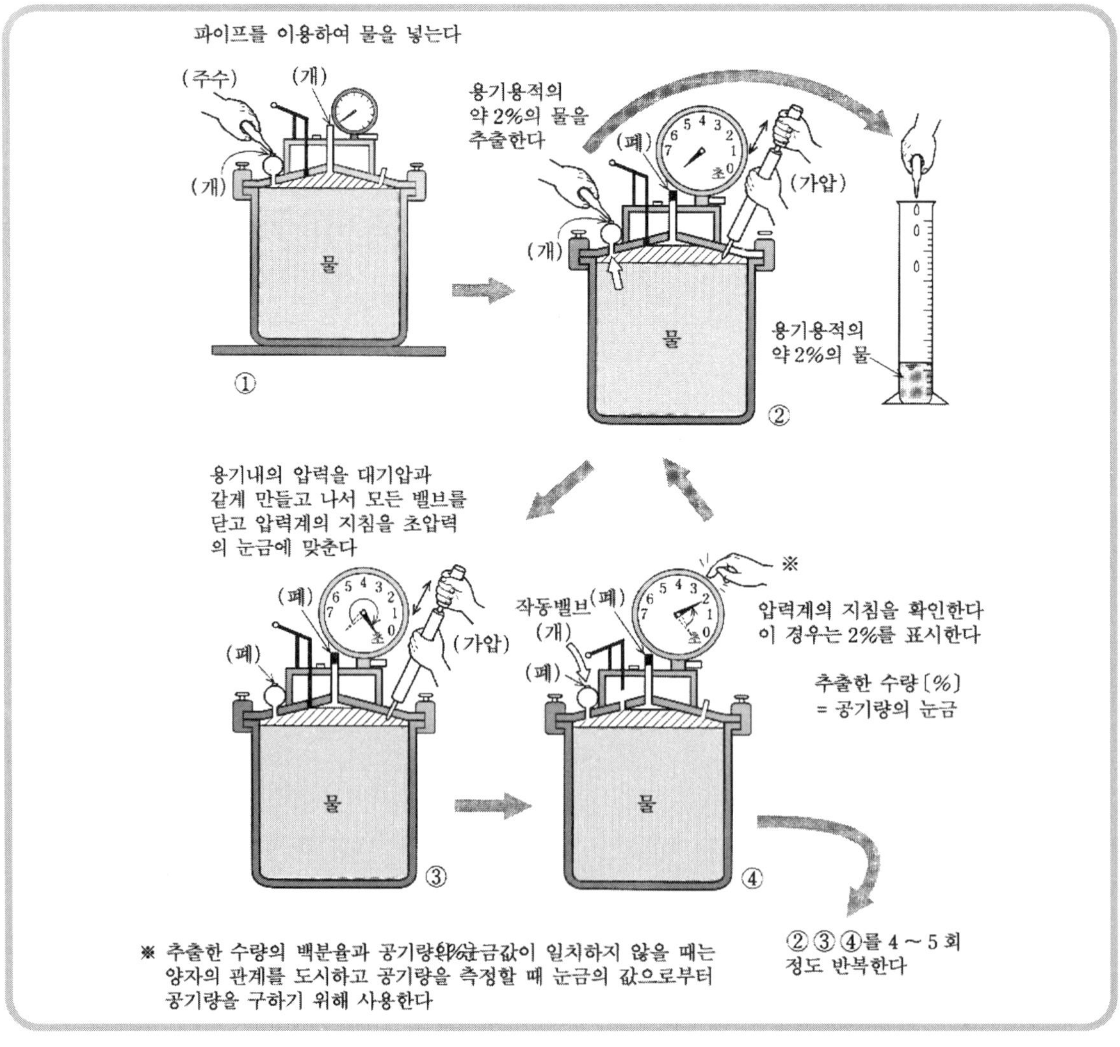

파이프를 이용하여 물을 넣는다

(주수) (개)

(개)

물

①

용기용적의
약 2%의 물을
추출한다

(폐)

(가압)

(개)

물

②

용기용적의
약 2%의 물

용기내의 압력을 대기압과
같게 만들고 나서 모든 밸브를
닫고 압력계의 지침을 초압력
의 눈금에 맞춘다

(폐)

(폐)

(가압)

물

③

작동밸브(폐)
(개)
(폐)

※

압력계의 지침을 확인한다
이 경우는 2%를 표시한다

추출한 수량〔%〕
= 공기량의 눈금

물

④

②③④를 4 ~ 5 회
정도 반복한다

※ 추출한 수량의 백분율과 공기량(%)눈금값이 일치하지 않을 때는
양자의 관계를 도시하고 공기량을 측정할 때 눈금의 값으로부터
공기량을 구하기 위해 사용한다

■ 06. 공기량 시험(공기실 압력방법) KS F 2421

KS F 2401 (굳지 않은 콘크리트의 시료 채취 방법)
KS F 2409 (굳지 않은 콘크리트의 단위용적질량 및 공기량 시험 방법)
KS F 2425 (시험실에서 콘크리트 시료를 만드는 방법)
KS F 8004 (콘크리트 봉형 진동기)

실험목적 : 굳지않은 콘크리트 중에 함유된 공기량을 측정하고 내구성 및 시공성을 판단한다.

1. 시험 기구

(1) 워싱턴형 에어메터 : 콘크리트와 뚜껑 사이의 공기를 주입해서 시험하기 위하여 만들어 진 도구. 용기의 용량은 5ℓ 이상의 것을 사용한다.

(2) 다짐봉 (3) 손삽 (4) 나무망치

(5) 고름 정규(straight edge) : 길이 30㎝, 삼각형 단면의 강제 직선 정규

(6) 공기 핸드펌프 (7) 주수용 스포이드 (8) 평접시

<골재의 치수와 용기의 용량>

굵은골재의 최대 치수(㎜)	용기의 최소 용량(ℓ)
50	6
80	12
150	70

2. 시험 방법

(1) 콘크리트를 3층으로 다짐 (2) 주수, 가압 (3) 초압력의 눈금 맞춤

(4) 초압력의 설정 (5) 작동벨브를 열어 공기량 A_1(%)를 측정

3. 골재 수정계수 시험

(1) 시방배합표로부터 S(kg), G(kg)을 구하고, 시험에 필요한 잔골재 m_f(kg)와 굵은골재 m_c(kg)를 계산한다.

$m_f = S \times$ 용기의 용적 / 1㎥ $= S \times 7.053 \times 10^{-3}$ (kg)

$m_c = G \times 7.053 \times 10^{-3}$ (kg)

(2) 계량 후, 5분간 침수시킨다.

(3) 잔골재량과 굵은골재량을 투입하고 다진다.

(4) 골재 수정계수(공기량 G(%))를 측정한다.

4. 결과의 정리

(1) 겉보기 공기량 A_1 (%)

(2) 골재 수정계수 G(%) : 골재립의 내부에 함유된 공기량으로 골재에 의해 변화한다. 골재 수정계수는 골재립의 흡수량과 는 관계가 없으며, 대략 일정히 시험에 의해 정해진다. 계수가 0.1% 이하의 경우는 생략해도 좋다. 또한, 천연골재의 골재 수정계수는 0.3% 정도까지이다.

(3) 공기량 : $A = A_1 - G$ (%)

통상의 관리시험에는 골재 수정계수를 빼지 않고 보고하는 경우가 있지만, 그 경우는 겉보기의 공기량인 것을 주의한다.

5. 결과의 이용

배합설계나 품질관리시험에 있어서 콘크리트의 품질평가의 판정에 쓰인다.

(1) AE콘크리트의 공기량

굵은골재의 최대치수, 그 외에 따라 콘크리트 용적의 4~7%를 표준으로 한다.

(2) 공기량에 영향을 미치는 요소

a) AE제 - 사용량이 증가될수록 공기량은 증가한다.

b) 시멘트 - 분말도가 높을수록, 또는 단위시멘트량이 클수록 공기량은 감소한다.

c) 잔골재 - 잔골재 중의 0.3~0.6㎜의 입자가 많은 것이 공기량이 감소한다.

d) 비빔 - 기계비빔의 경우, 최초의 1~2분에 공기량이 급격히 증가하고, 3~5분이 최대이다.

e) 배합 - 부배합(시멘트량이 많은 배합)이 될 수록 공기량은 감소한다.

【관련 지식】

- Entrained Air : AE제, AE감수제 등에 의해 연행된 공기
- Entrapped Air : 혼화제를 이용하지 않아도 콘크리트 중에 자연적으로 함유된 공기

1 공기량A_1(%)의 측정

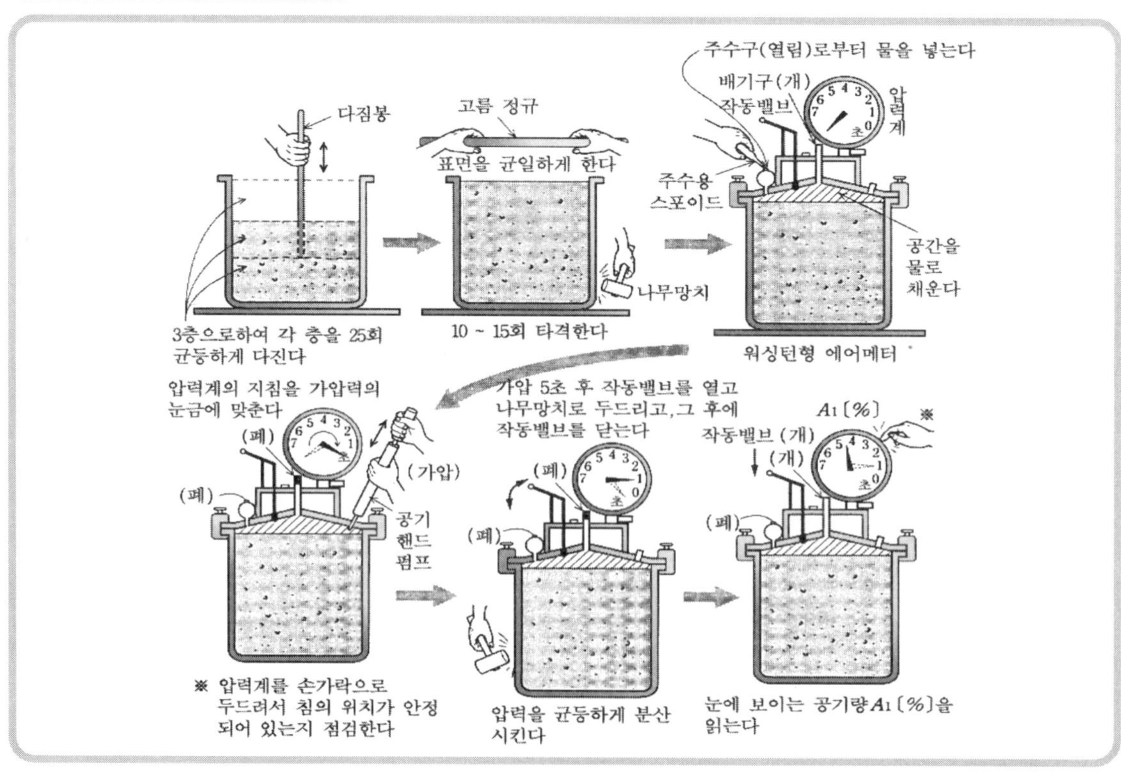

2 골재수정계수G(%)시험

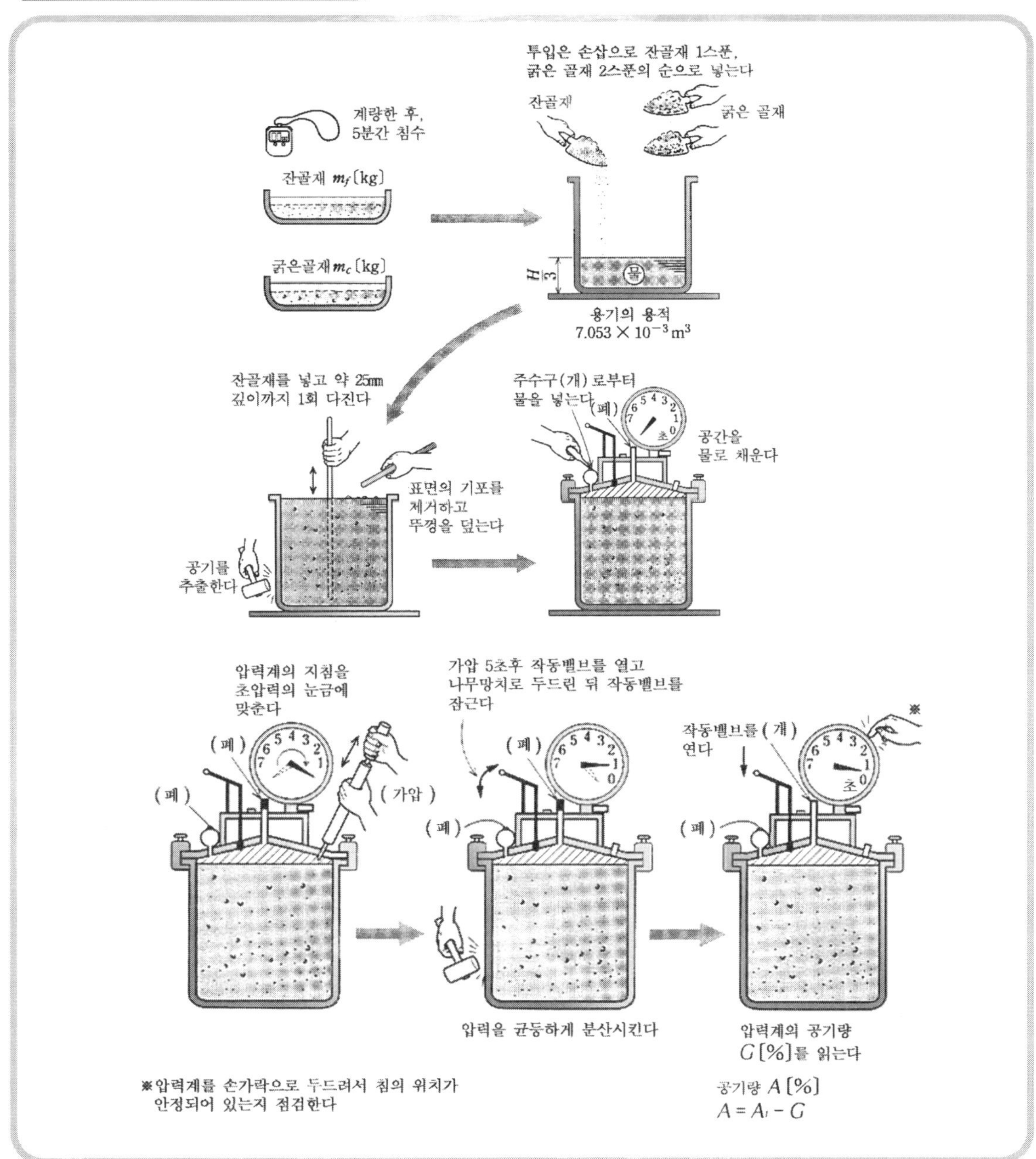

3 결과의 정리

측 정 번 호		1	2	3
겉보기 공기량	A_1 (%)	4.6	4.5	4.6
골재 수정계수	G (%)	0.2	0.2	0.3
공기량	$A = A_1 - G$ (%)	4.4	4.3	4.3

■ 07. 굳지않은 콘크리트의 단위용적질량시험 KS F 2409

KS F 2401 (굳지 않은 콘크리트의 시료 채취 방법)
KS F 2421 (굳지 않은 콘크리트의 압력법에 의한 공기 함유량 시험 방법(공기실 압력 방법))
KS F 2425 (시험실에서 콘크리트 시료를 만드는 방법)
KS F 8004 (콘크리트 봉형 진동기)

실험목적 : 굳지않은 콘크리트의 단위용적질량을 측정하고, 경화후의 단위용적질량을 추정한다.

1. 시료의 채취도구

(1) 콘크리트 믹서
(2) 비빔판 : 철판, 대형패드 등
(3) 삽
(4) 손수레

2. 시험 기구

(1) 용기 : 금속제의 원통형의 것으로 굵은골재 최대치수에 대하여 부피가 다르다. 최대치수가 10㎜를 넘고 50㎜ 이하의 경우는 안지름 24㎝, 안높이 22㎝의 용기
(2) 저울
(3) 온도계
(4) 다짐봉 : 직경 16㎜, 길이 50㎝, 끝이 반구형의 환봉
(5) 손삽
(6) 흙손
(7) 나무망치
(8) 고름자(스트레이트 에지) : 길이 30㎝, 삼각형단면의 강제 직선정규

<용기의 치수>

굵은골재의 최대치수 (㎜)	용기의 치수(㎝)	
	안지름	안높이
10 이하일 때	14	13
50 이하일 때	24	22

<굵은골재에 따른 각층의 다짐수>

용기 안지름(㎝)	다짐수
14	10
24	25

3. 결과의 정리

(1) 용기의 질량 m'(kg)
(2) 물을 채운 용기의 질량 m''(kg)
(3) 시료를 채운 용기의 질량 m'''(kg)
(4) 가득채운 물의 온도 T(℃) 및 밀도 ρ_w(g/㎤)
(5) 용기의 부피 V(㎥)

$$V=(m''-m')/\rho_w$$

(6) 시료의 질량 m(kg)

$$m=m'''-m'$$

(7) 단위용적질량 ρ_c(kg/㎥)

$$\rho_c=m/V$$

1㎥에 해당하는 질량을 나타낸다.

4. 결과의 이용

경화한 콘크리트의 단위용적질량을 알고, 콘크리트 구조물의 설계 등에 이용한다.

<각 콘크리트의 단위용적질량>

구조물의 종류	단위용적질량 (kg/m³)
무근콘크리트	2300~2350
철근콘크리트	2450~2500
경량골재콘크리트	1500~2000
질량골재콘크리트	3000~5000
매스콘크리트	2300 이상

위 표의 철근콘크리트의 단위용적질량은, 무근콘크리트의 단위용적질량에 철근의 평균적인 사용량 150kg/m³를 더한 값이다.

<온도 T(℃)와 물의 밀도 ρ_w(g/cm³)와의 관계>

온도(℃)	4	10	15	20	30
밀도(g/cm³)	1.0000	0.9997	0.9991	0.9982	0.9957

【관련 지식】

- 콘크리트의 단위용적질량 : 콘크리트의 단위용적질량은 골재의 종류, 공기량, 콘크리트의 배합, 함수율 등에 의해 크게 달라진다.
- 경량골재 콘크리트 : 자중을 경감하기 위하여 경량골재를 이용해 만든 콘크리트
- 중량골재 콘크리트 : 밀도가 특히 큰 골재를 이용해 만든 콘크리트로서, 원자력시설의 벽 등에 이용한다.

1 시료의 채취

레디믹스드 콘크리트 또는 혼화 콘크리트를 준비한다
트럭 애지테이터
굳지않은 콘크리트
수레차
현장의 경우
믹서
삽
비빔판
실내 시험

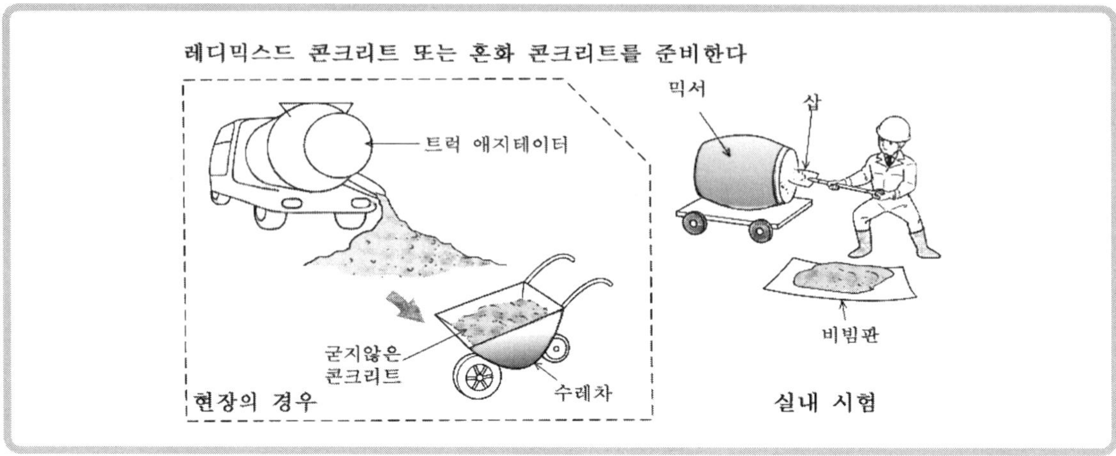

2 시험방법

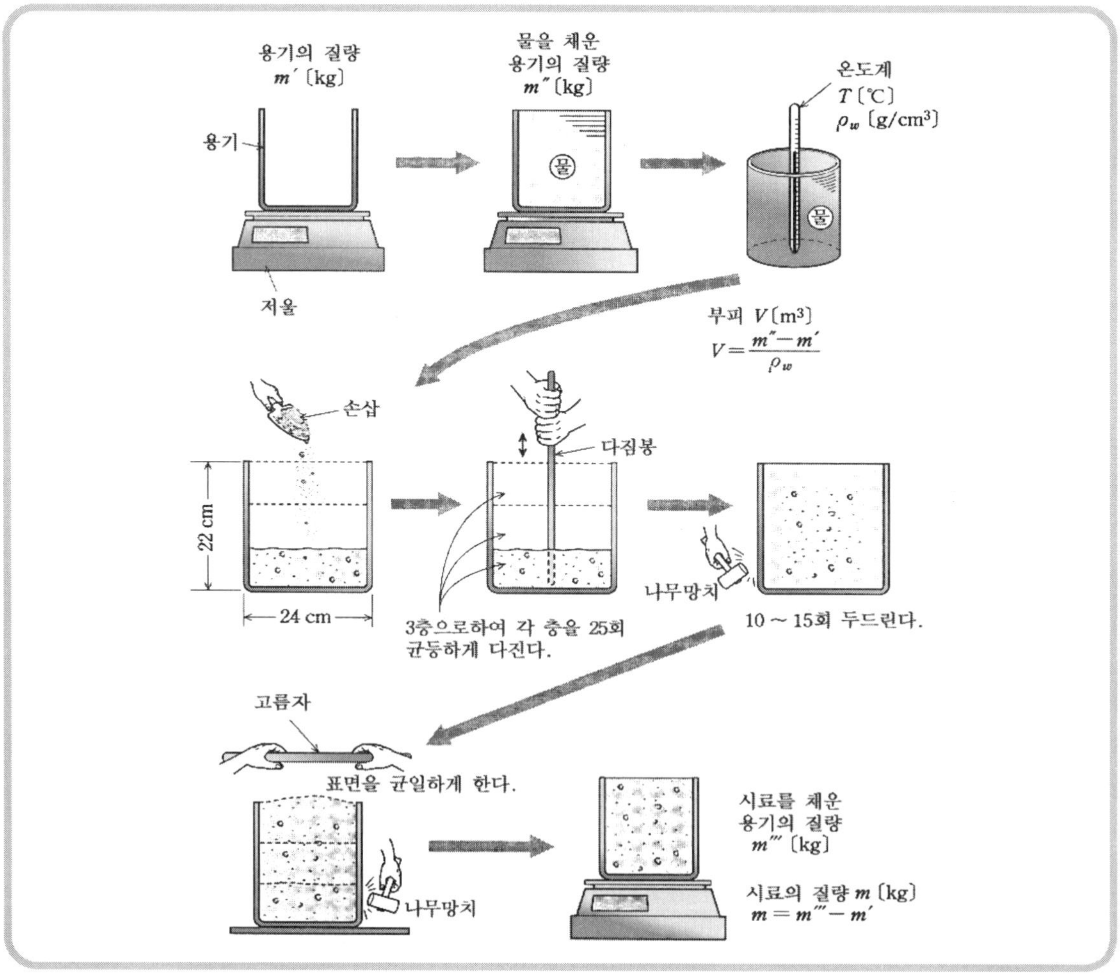

용기의 질량
m′ [kg]
용기
저울
물을 채운 용기의 질량
m″ [kg]
물
온도계
T [℃]
ρw [g/cm3]
부피 V [m3]
V = (m″ − m′) / ρw
손삽
22 cm
24 cm
다짐봉
3층으로하여 각 층을 25회 균등하게 다진다.
나무망치
10 ~ 15회 두드린다.
고름자
표면을 균일하게 한다.
나무망치
시료를 채운 용기의 질량
m‴ [kg]
시료의 질량 m [kg]
m = m‴ − m′

3 결과의 정리

측정번호			1	2
① 용기의 질량	m	(kg)	8.380	8.330
② 물을 채운 용기의 질량	m''	(kg)	18.420	18.400
③ 시료를 채운 용기의 질량	m'''	(kg)	32.005	31.935
④ 채운 물의 온도 및 물의 밀도	T ρ_w	(℃) (g/㎤)	20 0.9982	19 0.9984
⑤ 용기의 부피	V	(㎥)	0.010058	0.010086
⑥ 시료의 질량	m	(kg)	23.625	23.605
⑦ 단위용적질량	ρ_c	(kg/㎥)	2349	2340
⑧ 단위용적질량 평균		(kg/㎥)	2345	

■ 08. 콘크리트의 블리딩시험 KS F 2414

KS A 0021 (수치의 맺음법)
KS F 2409 (굳지 않은 콘크리트의 단위 용적질량 및 공기량 시험 방법(질량 방법))
KS F 2425 (시험실에서 콘크리트의 시료를 만드는 방법)
KS F 2505 (골재의 단위 용적 질량 및 공극률 시험 방법)

실험목적 : 굳지 않은 콘크리트 또는 굳지 않은 모르터 윗면에 떠오르는 물을 측정한다.

1. 시험의 준비

(1) 굵은골재의 최대치수가 50㎜를 초과하는 콘크리트의 경우에는 50㎜를 초과하는 굵은골재를 제거한다.
(2) 실험실의 온도를 20±3℃, 콘크리트 시료의 온도를 20±2℃로 한다.

2. 시험 기구

(1) 용기 : 안지름 25㎝, 안높이 28.5㎝의 금속제의 원통
(2) 뚜껑 : 유리, 철판 등
(3) 저울
(4) 다짐봉
(5) 손삽
(6) 온도계
(7) 시계
(8) 흙손
(9) 피펫
(10) 메스실린더
(11) 블록(두께 약 5㎝의 것)
(12) 스케일

3. 결과의 정리

(1) 용기의 질량 m'(㎏)
(2) 물을 채운 용기의 질량 m''(㎏)
(3) 채운 물의 온도 T(℃)및 밀도 ρ_w(g/㎤)
(4) 용기의 부피 V(㎤)
$V=(m''-m')/\rho_w$
(5) 용기의 평균높이 h(㎝)
(6) 용기의 상면의 면적 A(㎠)
$A=V/h$
(7) 떠오른 물의 전용량 v(㎤)
(8) (시료+용기)의 질량 m'''(㎏)
(9) 시료의 질량 m(㎏)
$m=m'''-m'$
(10) 콘크리트 1㎥ 의 재료 총질량 M(㎏)
(시방배합표)
(11) 콘크리트의 단위수량 W(㎏)
(시방배합표)
(12) 블리딩량 (㎤/㎠)
블리딩량 = $v \div A$
(13) 블리딩율
$$\frac{\rho_w v \times M}{W \times m} \times 100\,(\%)$$
(14) 콘크리트의 온도 T(℃)
(15) 용기에 시료를 다채워넣은 시각(시-분)

4. 결과의 이용

콘크리트의 재료분리의 경향을 알고, AE제 및 감수제의 품질효과를 검증하는데 이용한다.

<블리딩에 영향을 미치는 요인>

영향을 미치는 요인	블리딩값
시멘트의 분말도가 높은 경우	작다
잔골재의 입도가 작을 경우	작다
물시멘트비가 큰 경우	크다
부어넣기 속도가 빠른 경우	크다

【관련 지식】

- 블리딩 : 콘크리트중의 고체 입자가 침하하면서 윗면에 물이 떠올라오는 현상
- 레이턴스 : 블리딩수와 함께 부상한 미립분자가 콘크리트 표면에 달라붙은 것. 콘크리트를 끊어 치는 경우는 와이어브러쉬 등으로 꼭 제거한다.

1 시험방법

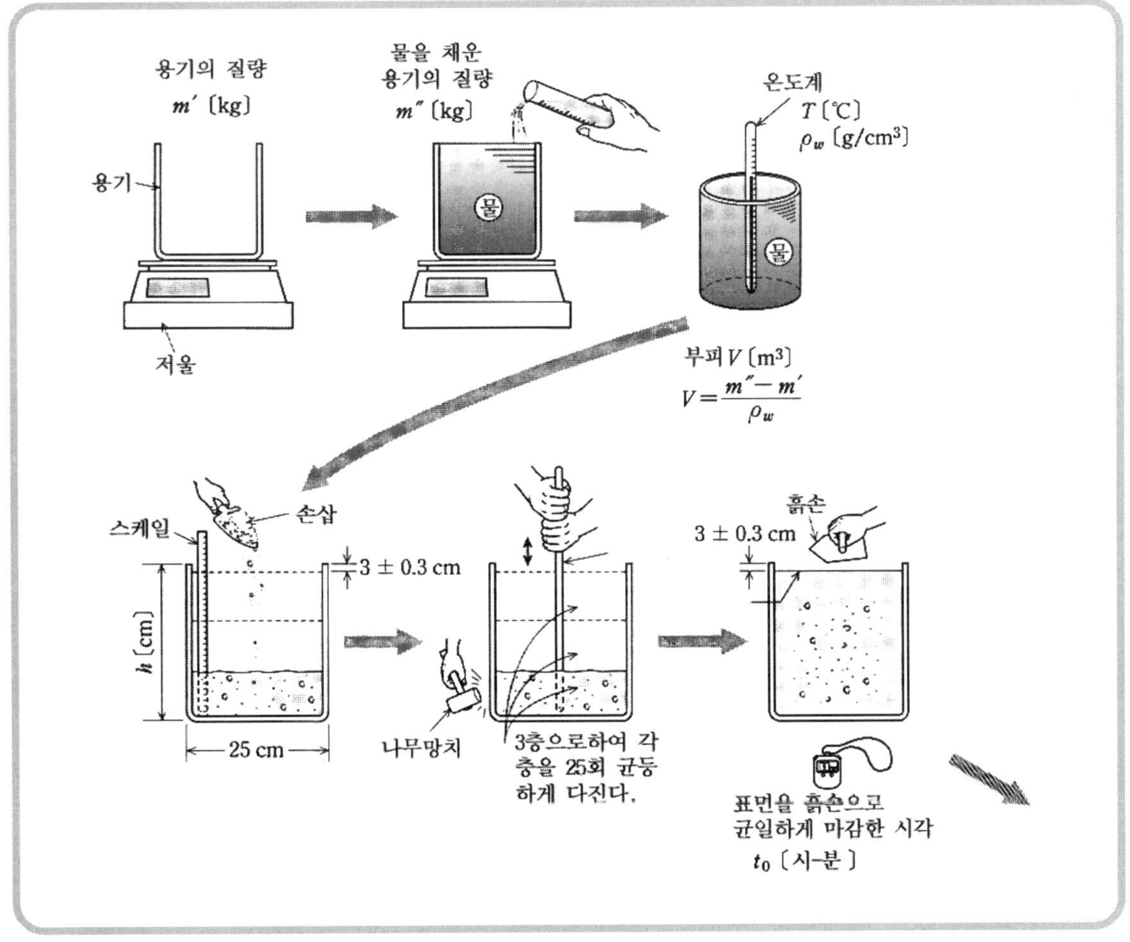

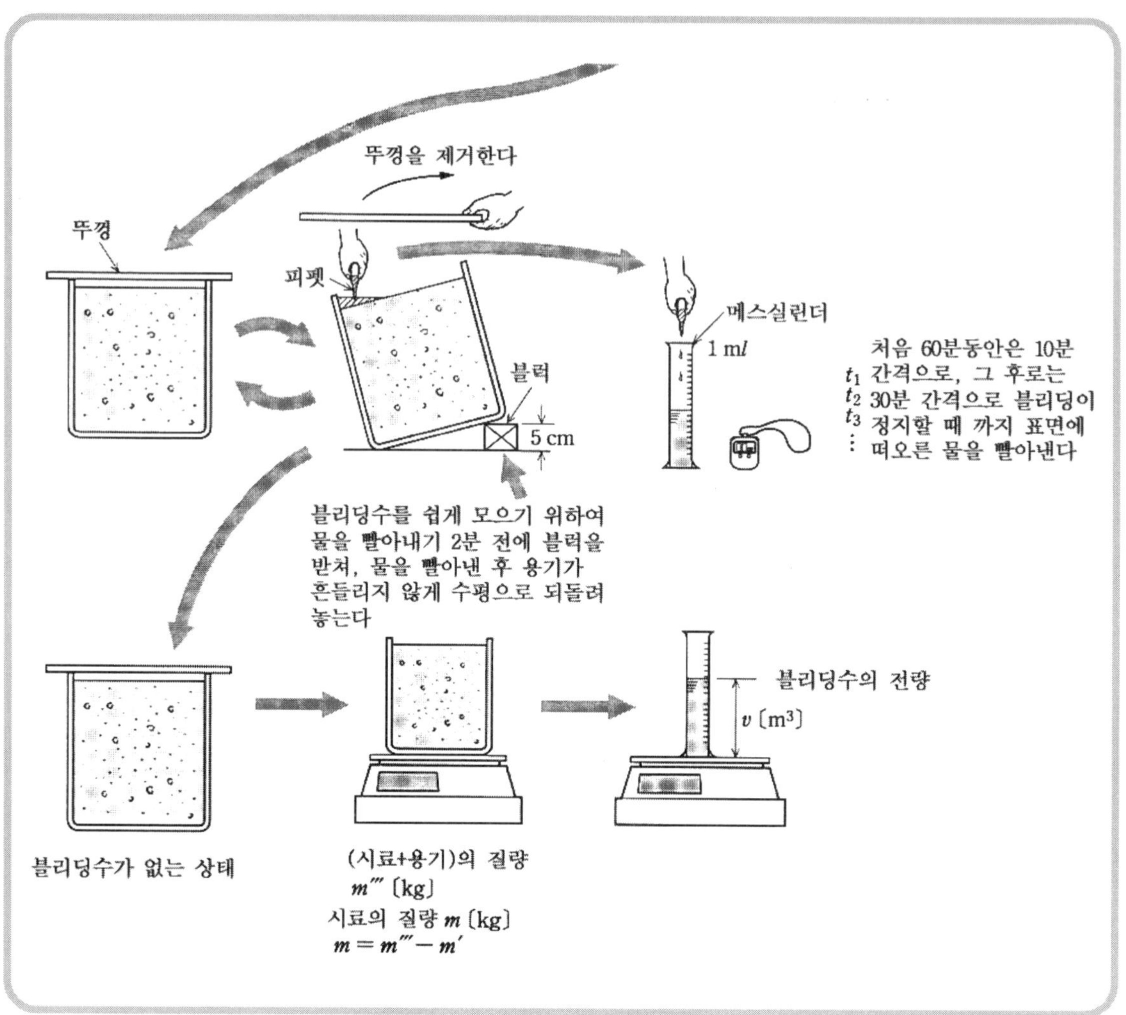

2 결과의 정리

<시방배합표>

단위량 (kg/㎤)							
물 W	시멘트 C	혼화재 F	잔골재 S	굵은골재G 5~25 mm	혼화재료		전체질량M
					혼화재	혼화재	
W=182	312	-	781	1116	-	-	M=2391

측 정 항 목		측정치	시 험 경 과			
① 용기의 질량	m'(kg)	44.450	(분)	(시-분)	(㎤)	(℃)
② 물을 채운 용기의 질량	m''(kg)	25.530	0	14-10	-	20.5
③ 채운 물의 온도 및 밀도	T (℃) ρ (g/㎤)	20℃ 0.9982	10	14-20	6.0	20.5
④ 용기의 부피	V (㎤)	14105	20	14-30	11.0	20.5
⑤ 용기의 평균 높이	h (㎝)	28.70	30	14-40	19.5	20.0
⑥ 용기의 윗면의 면적 $A = V/h$	A (㎠)	491.5	40	14-50	30.0	20.0
⑦ 떠오른 물의 전량 떠오른 물의 질량	v (㎤) $\rho_w v$ (g)	82.0 81.852	50	15-00	42.0	20.0
⑧ (시료+용기)의 질량	m'''(kg)	43.850	60	15-10	49.5	20.0
⑨ 시료의 질량 $m = m''' - m'$	m (kg)	32.400	60	15-40	73.0	20.0
⑩ 1㎥ 당 재료의 총질량	M (kg)	2391	90	16-10	79.0	19.5
⑪ 1㎥ 당 콘크리트의 수량	W (kg)	182	120	16-40	81.0	19.5
⑫ 블리딩량 $v \div A$	(㎤/㎠)	0.167	120	17-10	82.0	19.5
⑬ 블리딩율	(%)	3.32	180			
⑭ 콘크리트의 온도	(℃)	19.5	210			
⑮ 용기를 시료에 다 채운 시각	(시-분)	14-10	240			

■ 09. 콘크리트의 강도 시험용 공시체 제작 KS F 2403

KS A 5101-1 (시험용 체-금속망 체)
KS F 2401 (굳지않은 콘크리트의 시료 채취 방법)
KS F 2405 (콘크리트의 압축강도 시험 방법)
KS F 2408 (콘크리트의 휨강도 시험 방법)
KS F 2423 (콘크리트의 쪼갬 인장 강도 시험 방법)
KS F 2425 (시험실에서 콘크리트 시료를 만드는 방법)
KS F 8004 (콘크리트 봉형 진동기)

실험목적 : 콘크리트의 강도시험 (압축 및 휨)에 이용되는 공시체의 제작방법을 규정한다.

1. 시험 기구

(1) 공시체 제작용 거푸집 (압축강도 시험용) : 각 3개, 금속제 원통으로 직경은 굵은골재 최대치수의 3배 이상, 높이는 직경의 2배인 것. 직경 15㎝, 높이 30㎝를 원칙으로 한다.
(2) 공시체 제작용 거푸집 (휨강도 시험용) : 각 3개, 내면치수가 15㎝×15㎝×53㎝의 것.
(3) 다짐봉
(4) 캐핑용 누름판 : 각 3개, 두께 6㎜ 이상의 마판유리
(5) 손삽
(6) 나무망치
(7) 손걸레
(8) 흙손
(9) 박리제(grease)
(10) 와이어 브러쉬
(11) 판유리
(12) 양생용 젖은 헝겊
(13) 시멘트 페이스트
(14) 패드
(15) 얇은 종이
(16) 양생수조 (온도조절기 부착식)

2. 콘크리트 비비기

(1) 콘크리트는 믹서로 비비는 것을 원칙으로 한다. 믹서로 비비는 경우, 비비는 콘크리트와 같은 배합의 콘크리트를 소량으로 비벼서 믹서 내부에 모르터가 부착한 상태로 만들어 둔다.
(2) 먼저 시멘트와 잔골재가 충분히 섞일 때까지 혼합하고, 굵은골재를 가하여 균일하게 분포될 때까지 혼합하고, 물을 가하여 소요의 반죽질기를 가질 때까지 혼합한다.
(3) 삽비빔시에는 먼저 시멘트와 잔골재를 균일하게 될 때까지 비비고, 다음에 비비기에 필요한 물의 일부를 가하여 소성상태로 될 때까지 비빈 후, 다시 굵은골재 및 나머지 물을 가하고 균일하게 될 때까지 비빈다.

<콘크리트 팬 믹서> <콘크리트 압축강도용 거푸집> <에어로 몰드(거푸집)>

3. 압축강도 시험용 공시체의 제작방법 (각 3조 제작)

(1) 거푸집 조립
(2) 시료의 투입, 다짐
(3) 표면 마무리
(4) 레이턴스 제거
(5) 페이스트 마감
(6) 판유리로 누르기
(7) 탈형
(8) 수중양생

4. 휨강도 시험용 공시체의 제작방법 (각 3조 제작)

(1) 거푸집 조립
(2) 시료의 투입, 다짐
(3) 표면 마무리
(4) 증발방지 조치
(5) 탈형
(6) 수중양생

5. 주의 및 참고사항

(1) 콘크리트 다짐시 진동기를 사용할 경우 진동기가 몰드의 밑면이나 측면에 닿거나 정지해서는 안되며, 진동기 제거시 빈틈이 남지 않도록 한다.

(2) 공시체는 탈형, 양생 중에 충격을 받지 않도록 한다.

【관련 지식】

- 레이턴스 : 블리딩수와 함께 부상한 미립분자. 콘크리트를 끊어치는 경우는 와이어 브러쉬 등으로 필히 제거한다.
- 스페이싱 : 거푸집에 접하는 표면에 모르터가 골고루 펴지도록 흙손 등으로 거푸집의 내측을 따라 눌러넣어 모르터 주위를 잘 마무리 하는 방법.
- 시멘트페이스트 : 시멘트와 물을 배합하여 만든 것.
- 탈형 : 공시체의 거푸집을 제거하는 것
- 캐핑(capping) : 압축시험 공시체의 거푸집내의 표면을 평활하게 하는 작업

1 압축강도 시험용 공시체의 제작방법

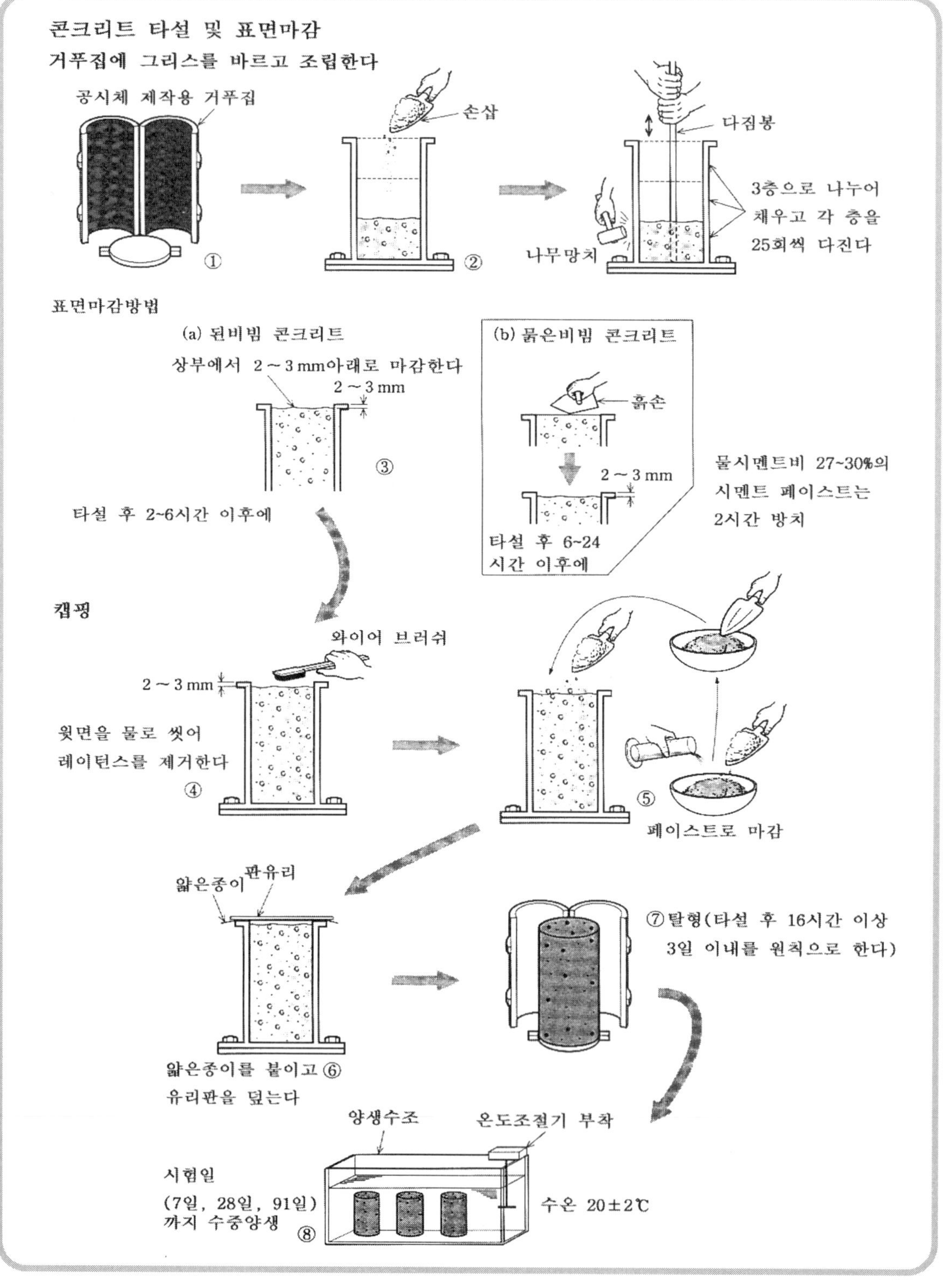

2 휨강도 시험용 공시체의 제작방법

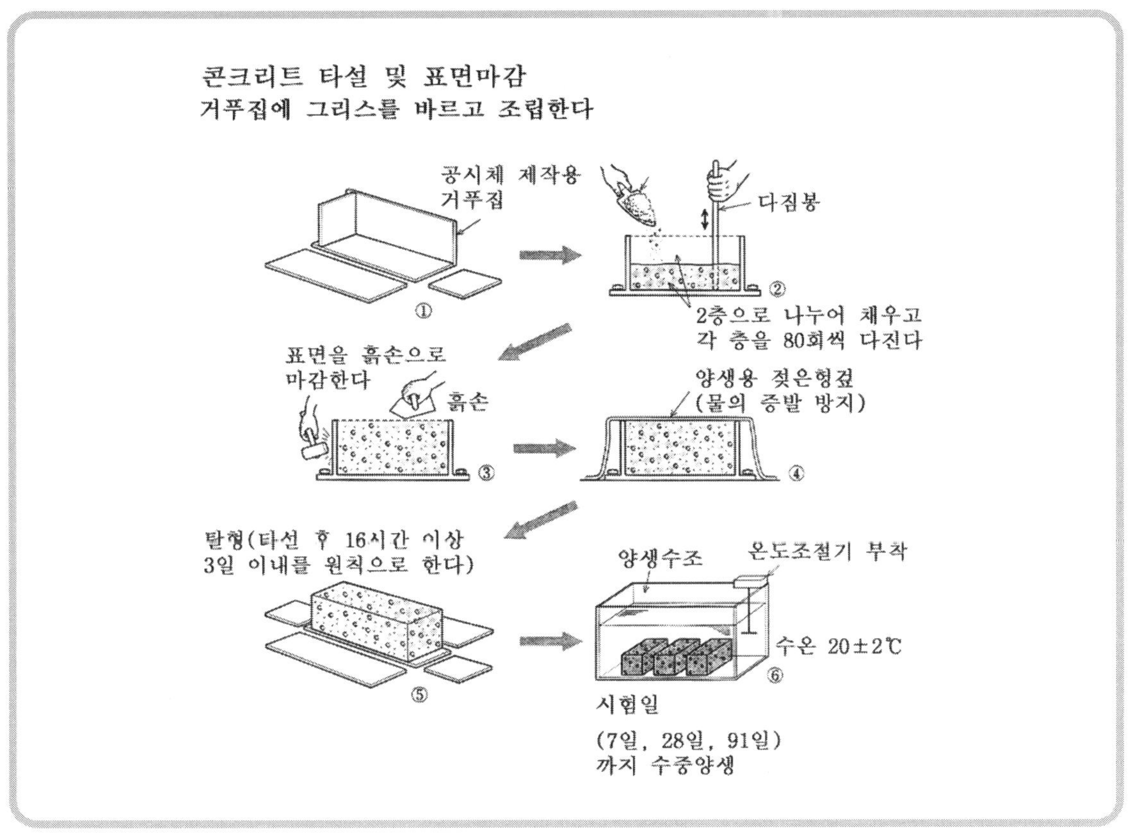

■ 10. 콘크리트의 압축강도시험 KS F 2405

KS A 0021 (수치의 맺음법)
KS B 5533 (압축 시험기)
KS F 2403 (콘크리트의 강도 시험용 공시체의 제작 방법)
KS M 6784 (가황 고무 및 열가소성 고무의 경도 시험 방법)
KS M 6786 (가황 고무의 뤼프케 반발 탄성 시험 방법)

실험목적 : 콘크리트 공시체에 압축하중을 가하여 파괴되는 압축강도를 구한다.

1. 공시체

직경 15㎝ 또는 굵은골재 최대치수의 3배 이상의 지름(단 10㎝ 이상)과 직경 2배 높이의 것으로 3개를 준비한다.

(1) 재령 (일) : 7일, 28일 및 91일을 표준으로 한다.
(2) 평균직경 d (㎜) : $d = (d_1 + d_2) / 2$
(3) 단면적 A (㎟) : $A = \pi \times d^2 / 4$

2. 시험 기구

(1) 버니어 캘리퍼스 (2) 압축시험기

3. 압축시험기

(1) 하중계 (2) 가압판 (3) 변속스위치

4. 시험방법

(1) 공시체의 치수측정 (d) (2) 공시체의 설치 (3) 하중계의 영점조정
(4) 가압 (5) 최대하중의 측정 (P)

5. 결과의 정리

(1) 재령 (일)
(2) 평균직경 d (㎜) : $d = (d_1 + d_2) / 2$
(3) 단면적 A (㎟) : $A = \pi \times d^2 / 4$
(4) 최대하중 P (kN) : 공시체가 파괴되기까지 시험기가 나타내는 최대하중
(5) 압축강도 f'_{cn} (N/㎟) : $f'_{cn} = P / A$
(6) 평균압축강도 f'_c (N/㎟) : $f'_c = (f'_{c1} + f'_{c2} + f'_{c3})/3$
(7) 양생방법 및 온도 T(℃)
(8) 공시체의 파괴형상 : 파괴형상의 스케치 등을 나타내면 좋다.

6. 결과의 이용

압축강도를 알고, 소요강도를 얻는 콘크리트의 배합의 선정이나 인장강도 등의 추정에 이용할 수 있다.

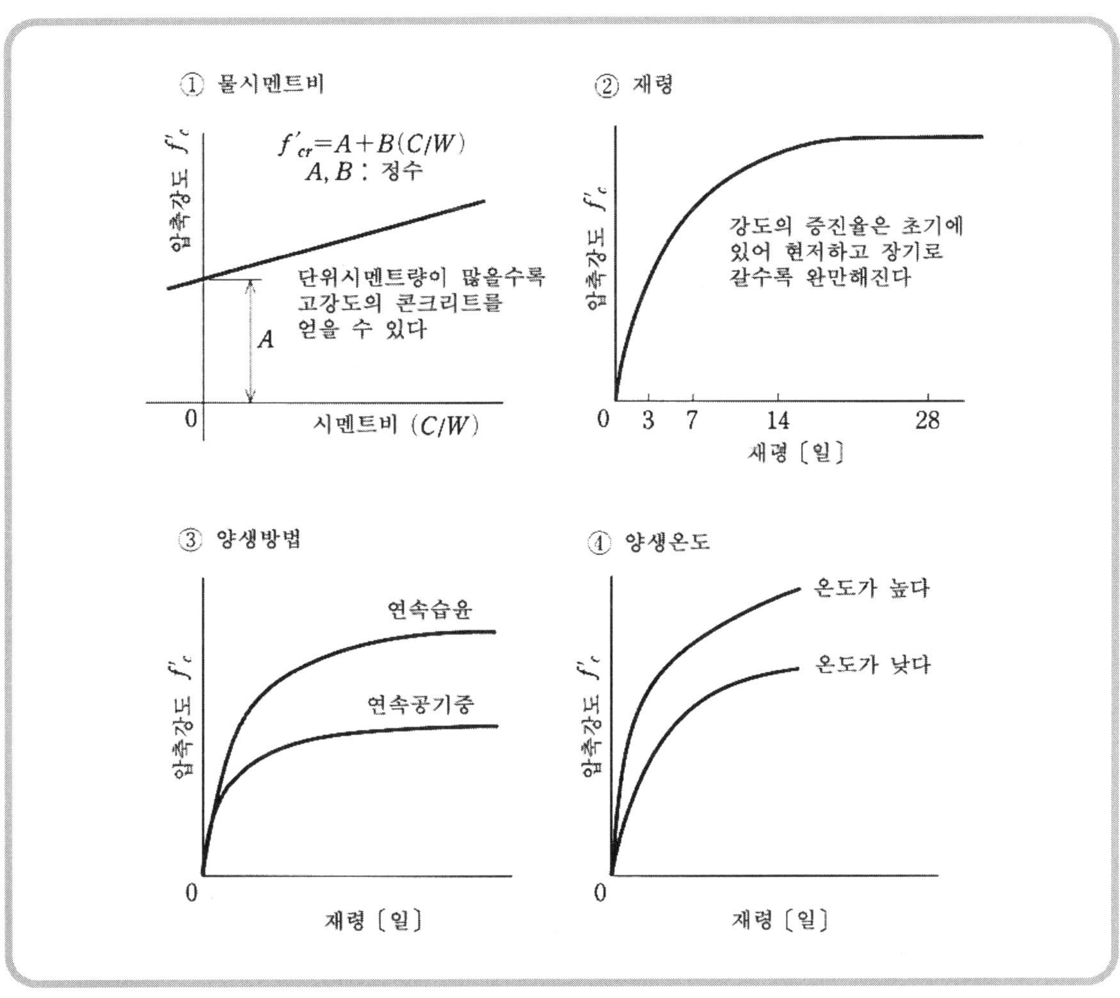

<콘크리트의 압축강도에 영향을 미치는 요인>

【관련 지식】

- 물시멘트비 : 물(W)과 시멘트(C)와의 질량비로서 기호로 W/C로 나타낸다. 물시멘트비가 클수록 강도가 작아진다.
- 압축강도의 추정식 : f'cr = A + B × (C/W)
  여기서, A, B는 정수, C/W는 시멘트물비이다. 위 식은 단위시멘트량이 많을수록 또는 단위수량이 작을수록 높은 강도의 콘크리트를 만들 수 있다.

1 치수의 측정

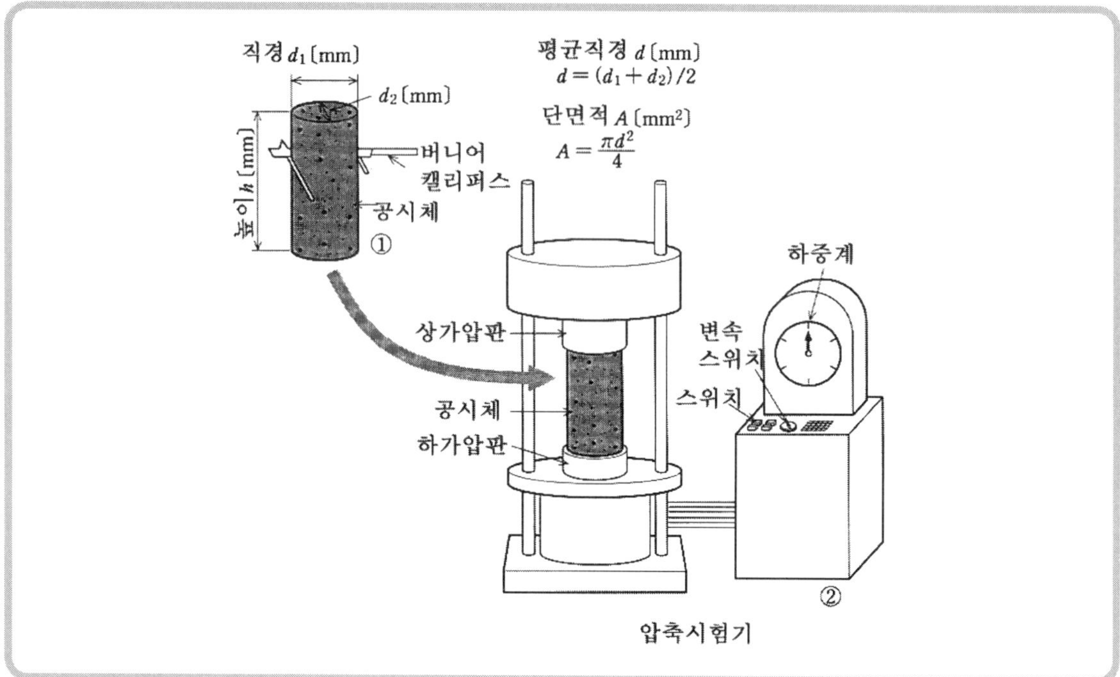

2 시험방법

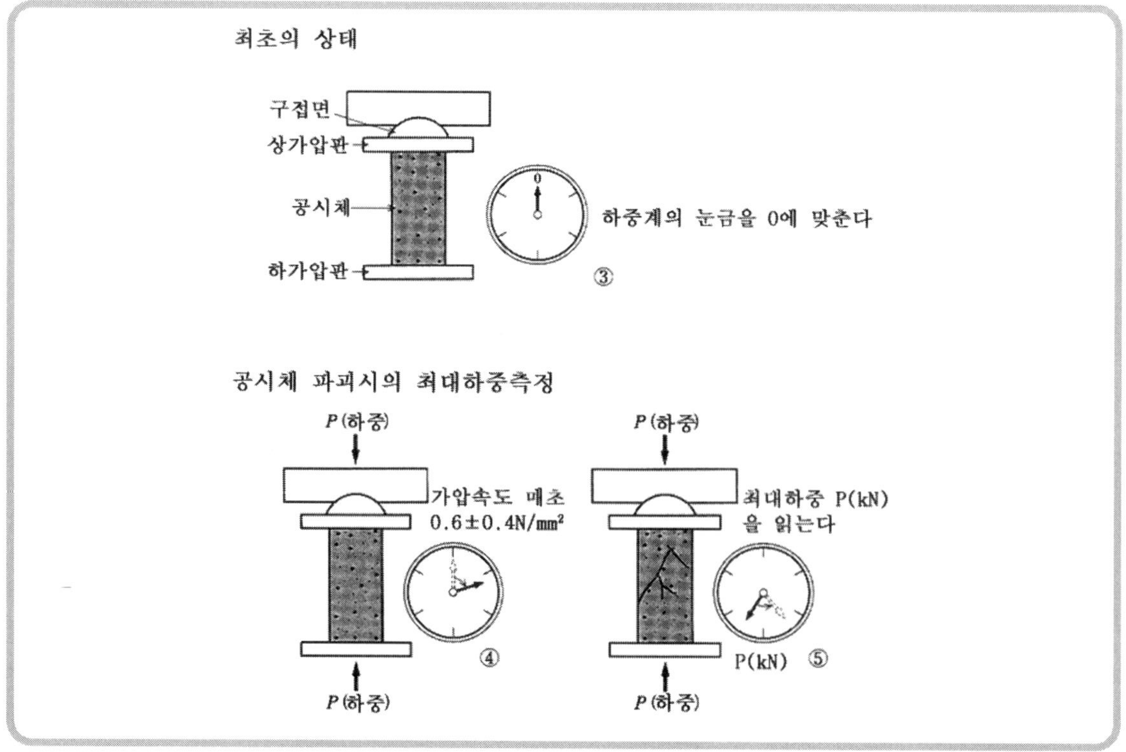

3 결과의 정리

공시체 번호			C-1	C-2	C-3
① 재령		(일)	28	28	28
② 평균직경	d	(㎜)	150.2	150.1	150.3
③ 단면적	A	(㎟)	17712	17695	17742
④ 최대하중	P	(kN)	386.0	388.0	391.0
⑤ 압축강도	f'_{cn}	(N/㎟)	21.8	21.9	22.0
⑥ 평균압축강도	f'_c	(N/㎟)	21.9		
⑦ 양생방법 및 온도	T	(℃)	수중양생 20℃		
⑧ 공시체의 파괴상황			어느쪽도 상하부가 원추형으로 남아 파괴되었다.		

■ 11. 콘크리트의 할열인장강도 시험 KS F 2423

KS A 0021 (수치의 맺음법)
KS B 5533 (압축 시험기)
KS F 2403 (콘크리트의 강도 시험용 공시체의 제작 방법)

실험목적 : 콘크리트 공시체를 횡으로 눕혀, 그 직경의 양단에 집중하중을 가해 할열파괴시켜 인장강도를 구한다.

1. 시험체

직경 15㎝, 높이 20㎝의 것으로 3개 준비한다.

(1) 재령(일) : 7일, 28일 및 91일을 표준으로 한다.

(2) 평균직경 d (㎜) : $d = (d_1 + d_2)/2$

2. 시험도구

(1) 버니어 캘리퍼스

(2) 압축시험기

3. 압축시험기

(1) 하중계(N)

(2) 압축가압판

(3) 속도스위치

4. 시험방법

(1) 공시체의 치수측정 (d)

(2) 공시체의 설치

(3) 하중계의 영점조정

(4) 가압

(5) 최대하중의 측정

(6) 할열후의 공시체 길이측정 (l)

5. 결과의 정리

(1) 재령 (일)

(2) 평균직경 d (㎜) : $d = (d_1 + d_2)/2$

(3) 할열후의 평균 공시체 길이 l (㎜) : $l = (l_1 + l_2)/2$

(4) 최대하중 P (N)

: 공시체의 파괴까지 시험기가 나타내는 최대하중

(5) 인장강도 f_t (N/㎟)

: 인장강도 f_t 는 공시체의 원통표면적에 받을 때의 응력도이다. $f_t = \dfrac{P}{(\pi dl/2)} = \dfrac{2P}{\pi dl}$

(6) 평균인장강도 f_t(N/㎟)

$$f_t = (f_{t1} + f_{t2} + f_{t3})/3$$

(7) 양생방법 및 온도 T (℃)

(8) 공시체의 파괴형상 : 파괴상황을 스케치 등으로 나타내는 것이 좋다.

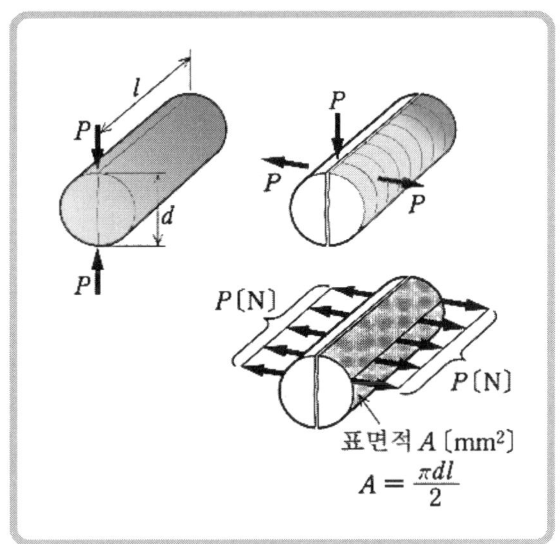

<콘크리트 인장강도 공시체>

6. 결과의 이용

포장판, 수조 등의 설계와 사인장응력, 건조수축 등에 의한 균열발생을 검토에 이용한다.

(1) 콘크리트의 인장강도

압축강도의 약 1/10~1/13정도의 작은 값이다. 현재의 콘크리트 단독으로 인장강도를 높이는 것은 거의 불가능에 가깝다.

(2) 철근콘크리트 부재의 설계

부재에 생기는 휨압축응력은 압축측 콘크리트가 받고, 휨인장응력은 콘크리트에 생기는 인장응력은 무시하고 인장철근 단독으로 받고 있다고 계산한다.

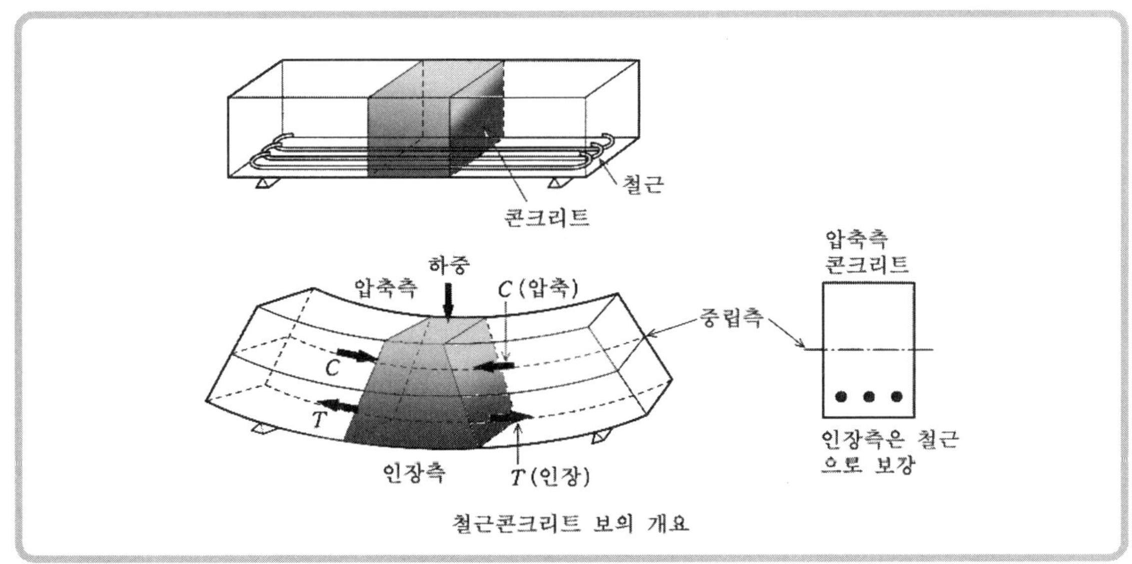

<철근콘크리트 보의 개요>

1 치수의 측정

평균직경 d [mm]
$d = (d_1 + d_2)/2$
직경 d_1 [mm]
d_2 [mm]
높이 h [mm]
버니어
캘리퍼스
공시체
①
하중계
변속
스위치
스위치
압열가압판
압축시험기
②

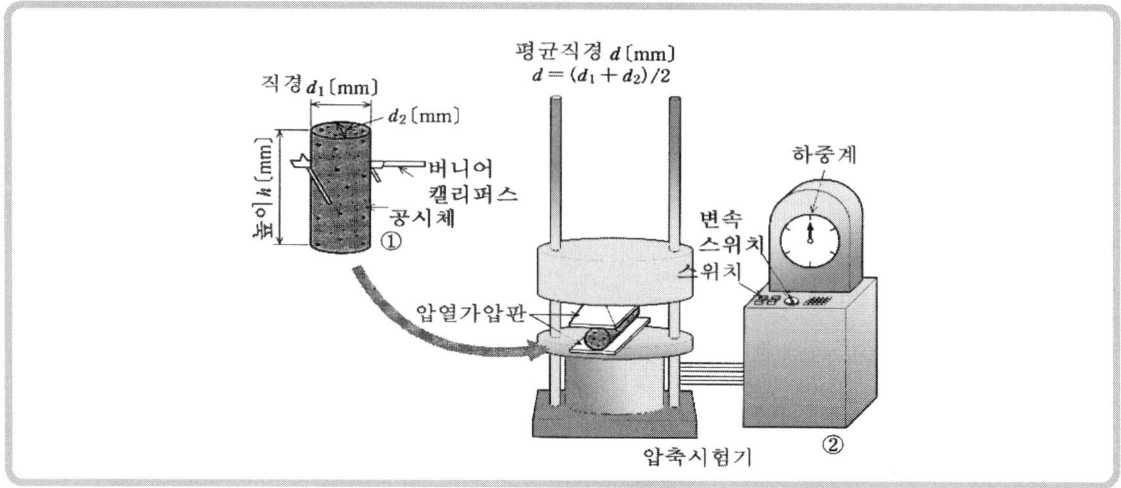

2 시험방법

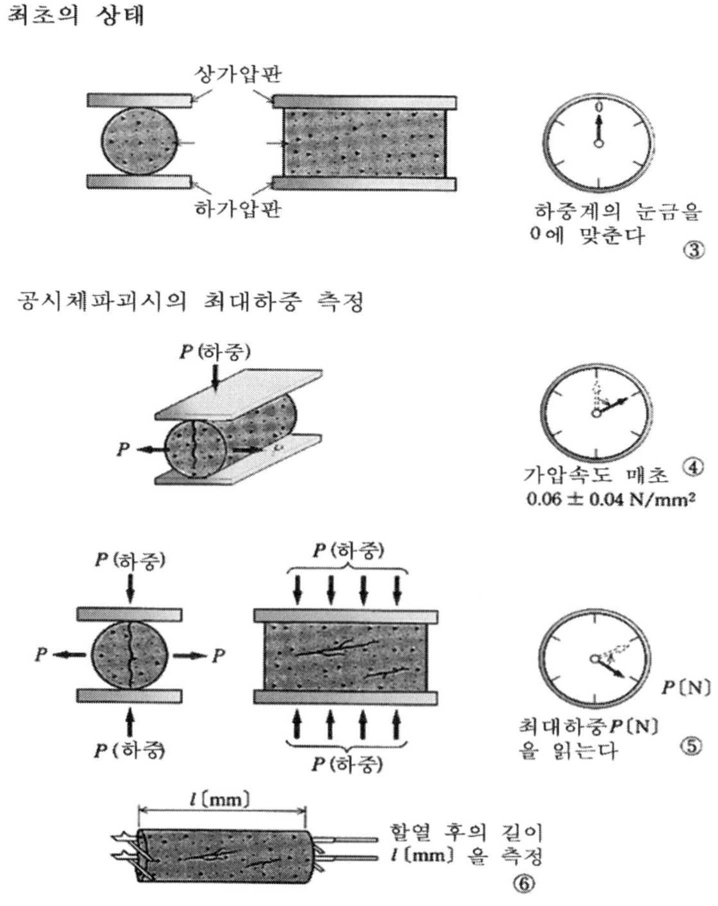

최초의 상태
상가압판
하가압판
하중계의 눈금을
0에 맞춘다
③
공시체파괴시의 최대하중 측정
P(하중)
P
가압속도 매초
0.06 ± 0.04 N/mm²
④
P(하중)
P
P
P(하중)
P(하중)
P(하중)
P[N]
최대하중P[N]
을 읽는다
⑤
l[mm]
할열 후의 길이
l[mm] 을 측정
⑥

3 결과의 정리

공시체 번호			T-1	T-2	T-3
① 재령		(일)	28	28	28
② 평균직경	d	(㎜)	150.1	150.0	150.2
③ 할열후의 평균 공시체 길이	l	(㎜)	201.0	200.8	201.2
④ 최대하중	P	(kN)	166000	165000	167000
⑤ 인장강도	f_t	(N/㎟)	3.50	3.49	3.52
⑥ 평균인장강도	f_t	(N/㎟)	3.50		
⑦ 양생방법 및 온도	T	(℃)	20℃		
⑧ 공시체의 파괴상황			모두 정상으로 파괴됨		

■ 12. 콘크리트의 휨강도 시험 KS F 2408

KS A 0021 (수치의 맺음법)
KS B 5533 (압축 시험기)
KS F 2403 (콘크리트의 강도 시험용 공시체 제작)

실험목적 : 콘크리트 공시체에 휨 모멘트를 가하여 파괴하고, 그 인장측에 생기는 휨강도를 구한다.

1. 공시체

(1) 치수가 15㎝×15㎝×53㎝의 것을 3개 준비한다.
(2) 재령(일) : 7일, 28일 및 91일을 표준으로 한다.

2. 시험도구

(1) 버니어 캘리퍼스
(2) 압축시험기

3. 압축시험기

(1) 하중계 (N)
(2) 휨시험장치 : 하중을 3등분한 점에 연직으로 편심이 작용하지 않게 힘을 가하는 것이 가능한 장치
(3) 변속스위치

4. 시험방법

(1) 공시체 지점위치의 결정
(2) 공시체의 설치
(3) 하중계의 영점조정, 가압
(4) 최대하중의 측정
(5) 공시체의 파괴단면 측정
(6) 파괴의 종류의 결정

5. 결과의 정리

(1) 재령 (일)
(2) 파괴단면의 평균폭 b (㎜)
 : $b=(b_1+b_2)/2$
(3) 파괴단면의 평균높이 h (㎜)
 : $h=(h_1+h_2)/2$
(4) 경간거리(스판) ℓ (㎜)
(5) 최대하중 P (N)
 : 공시체가 파괴하기까지 시험기가 나타낸 최대하중
(6) 파괴단면의 위치
(7) 휨강도 f_b (N/㎟)

a) 3등분점의 중앙에 파괴한 경우 : $f_b=\dfrac{Pl}{bh^2}$ (N/㎟)

b) 3등분점의 외측에 파괴된 경우, 그 시험결과를 무효로 한다.

(8) 평균 휨강도 f_b (N/㎟)

(9) 양생온도 T (℃)

(10) 공시체 스케치

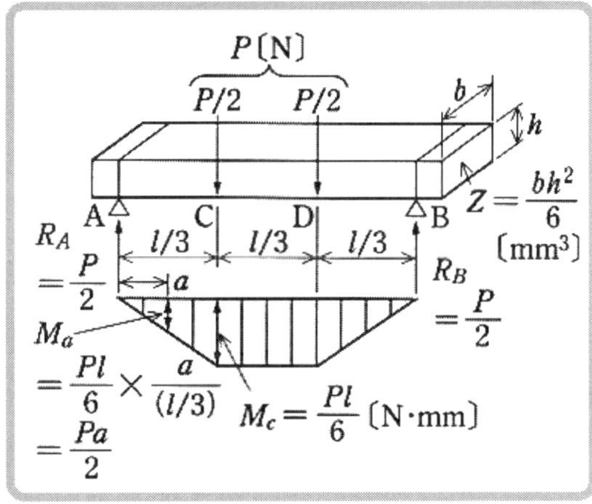

6. 결과의 이용

콘크리트 포장의 설계기준강도, 콘크리트의 배합설계와 품질관리에 이용한다.

(1) 포장콘크리트의 강도 : 재령 28일에 대한 휨강도를 표준으로 하고, 일반적으로 설계기준 휨강도는 4.5N/㎟를 표준으로 한다.

(2) 휨강도와 압축강도의 관계 : 압축강도와 휨강도와의 비는 물시멘트비의 증가와 함께 감소한다. 또, 압축강도를 1로 하면 휨강도는 재령 28일에서 약 1/6, 91일에서 약 1/7이다.

(3) 휨강도와 인장강도의 관계 : 휨강도는 인장강도의 1/6~2배이다.

(4) 각종 설계강도 : 일본 콘크리트 표준시방서 "구조성능조사편"에 의하면 일반의 보통콘크리트의 경우, 각종 설계강도를 압축강도의 특성치 f'ck(설계기준강도)로부터 다음식에 의해 구할 수 있다.

인장강도 $fck = 0.23f'ck^{2.3}$ (N/㎟)

1 지점위치의 결정

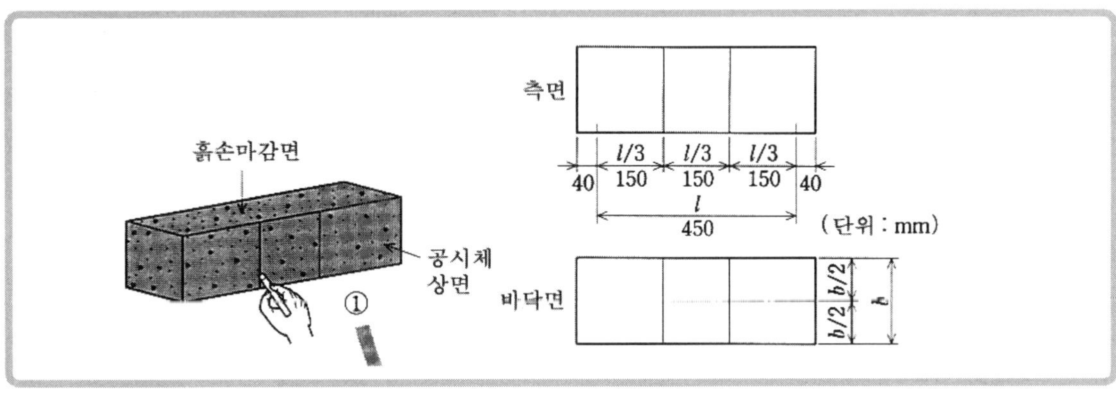

2 시험방법

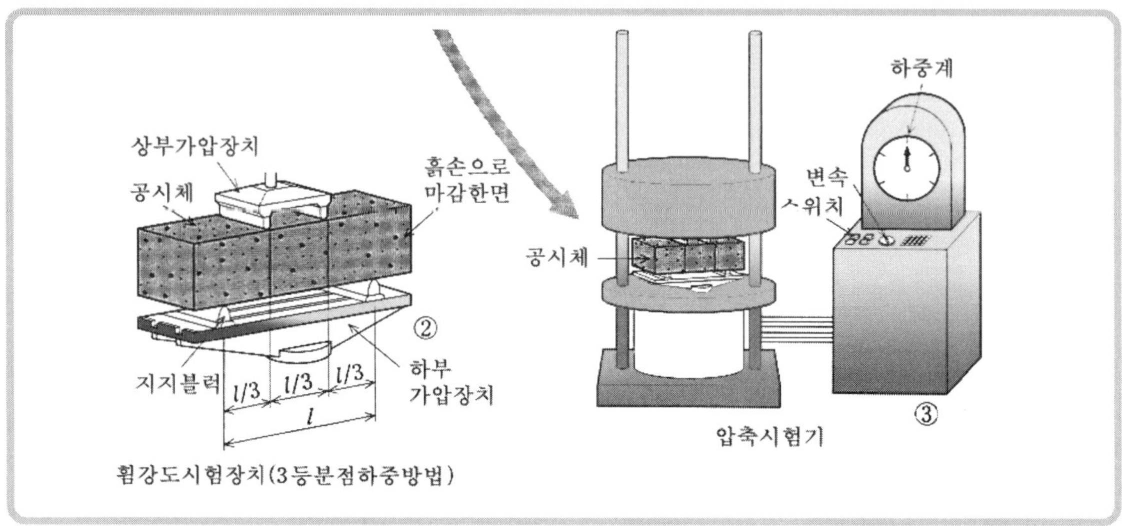

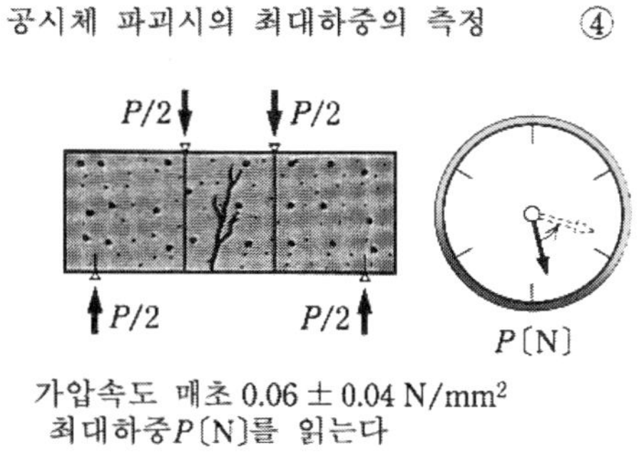

공시체 파괴시의 최대하중의 측정 ④

P/2 P/2

P/2 P/2

P〔N〕

가압속도 매초 0.06 ± 0.04 N/mm²
최대하중P〔N〕를 읽는다

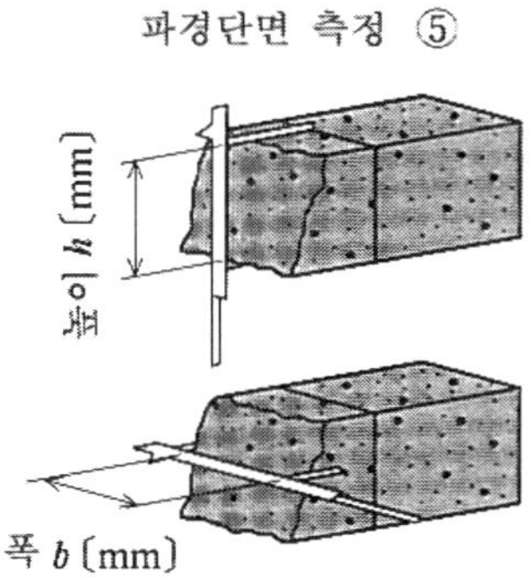

파경단면 측정 ⑤

높이 h〔mm〕

폭 b〔mm〕

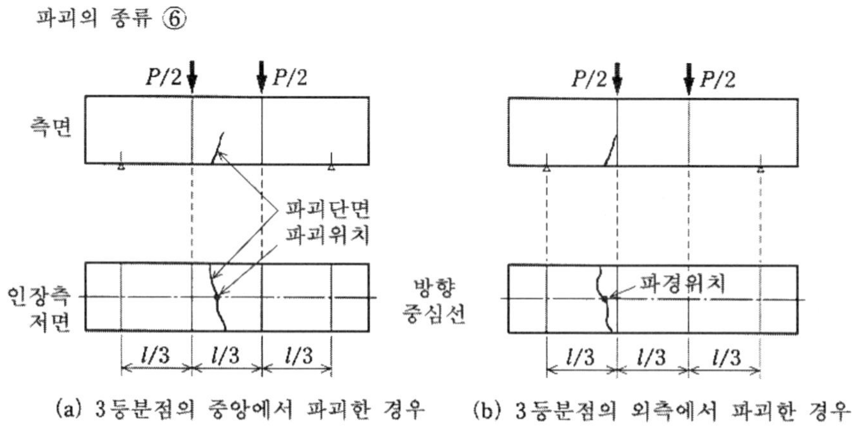

파괴의 종류 ⑥

P/2 P/2

측면

파괴단면
파괴위치

인장측
저면

방향
중심선

l/3 l/3 l/3

(a) 3등분점의 중앙에서 파괴한 경우

P/2 P/2

파경위치

l/3 l/3 l/3

(b) 3등분점의 외측에서 파괴한 경우

3 결과의 정리

공시체 번호			B-1	B-2	B-3
① 재령		(일)	28	28	28
② 파괴단면의 평균폭	b	(㎜)	150.4	150.2	150.3
③ 파괴단면의 평균높이	h	(㎜)	150.5	150.4	150.7
④ 경간(스판)	ℓ	(㎜)	450.0	450.0	450.0
⑤ 최대하중	P	(N)	45000	43000	46000
⑥ 파괴단면의 위치			중앙(정상)	중앙(정상)	중앙(정상)
⑦ 휨강도	f_{bn}	(N/㎟)	5.94	5.70	5.88
⑧ 평균 휨강도	f_b	(N/㎟)	5.84		
⑨ 양생방법 및 온도	T	(℃)	수중양생 20℃		
⑩ 공시체의 파괴상황			중앙부 파괴	중앙부 파괴	구소하 외측

■ 13. 급속 동결 융해에 대한 콘크리트의 저항 시험 KS F 2456

KS F 2403 (콘크리트의 강도 시험용 공시체 제작 방법)
KS F 2424 (모르타르 및 콘크리트의 길이 변화 시험 방법)
KS F 2437 (공명 진동에 의한 콘크리트의 동 탄성계수 · 동 전단탄성계수 및 동 푸아송비 시험 방법)

실험목적 : 콘크리트의 품질 변화가 동결 융해의 급속 반복 사이클에 대한 콘크리트의 저항에 미치는 영향을 판단한다.

1. 시험 방법의 종류

시험 방법의 종류는 다음과 같이 2종류로 한다.

(1) 수중 급속 동결 융해 시험 방법 (방법A)

(2) 기중 급속 동결 후 수중 융해 시험 방법 (방법B)

2. 시험용 장치 및 기구

(1) 동결 융해 장치

① 동결융해장치는 공시체가 소정의 동결 융해 사이클을 받는 데 적당한 챔버(Chamber), 동결 및 가열 장치, 소정의 요구 온도 하에서 연속적이고 자동적으로 재현성 사이클을 발생시킬 수 있는 조절 장치로 구성된다.

장치가 자동적으로 작동하지 않을 경우에는 1일 24시간 기준으로 연속적인 수동 조작을 하거나 또는 장치가 작동하지 않을 때는 모든 공시체를 동결 상태로 저장하여야 한다.

② 공시체와 공시체를 지지해 주는 장치를 제외한 모든 장치는 다음과 같이 배치되어야 한다.

- 방법A : 동결 융해 사이클 동안 언제나 약 3㎜ 정도의 물로 완전히 둘러싸여 있어야 한다.
- 방법B : 동결 단계시 공기 중, 융해 단계시 수중에 놓이도록 배치되어야 한다.

A방법에서는 공시체와 공시체를 둘러싼 물이 동결 융해 장치 안에 있는 동안 적당한 용기내에 있어야 한다. 동결 과정 중 공기를 열전달 매체로 사용할 경우에, 경험상으로 볼 때 액체를 사용할 경우보다 얼음이나 용수 압력 때문에 금속 용기에 큰 손상을 입고 공시체도 손상을 받게 된다. 불룩하거나 찌그러진 용기를 사용한 경우에는 측정된 결과를 주의 깊게 해석하여야 한다. 열교환 매개체의 용도가 용기의 바닥을 통하여 공시체 아래쪽 전면에 전달되어 공시체의 하부 상태가 다른 부분과 동일한 조건이 되도록 용기 바닥에서 공시체를 지지하여야 한다. 이 경우 용기 바닥에 3㎜ 철선으로 만든 평면형 나선 철선을 두는 것이 좋다.

B방법에서는 공시체가 용기 내에만 보존하도록 하는 것은 아니다. 공시체의 지지 장치는 공시체의 옆면이나 끝부분의 전체 면적과 접촉해서는 안된다. 그 이유는 접촉부의 상태가 다른 부분의 상태와 전혀 달라지기 때문이다. 이 때문에 공시체를 비교적

구멍이 큰 격자망, 금속봉, 강재 L형강의 모서리로 받치는 것이 적합하다.

③ 열교환 매체의 온도는 동결과 융해가 바뀌는 순간을 제외하고는 모든 공시체의 표면 어느 곳에서 언제 측정하도라도 3.3℃ 이내로 균등하여야 한다.

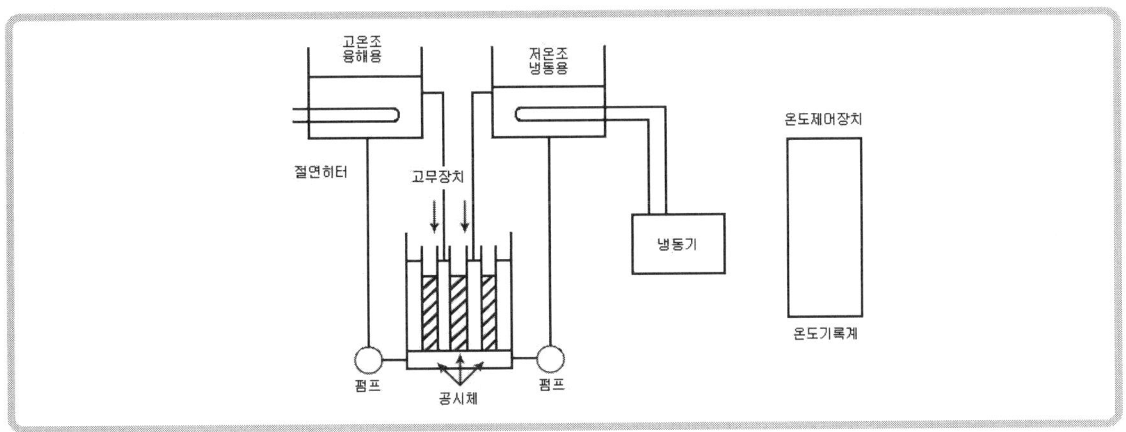

<동결융해 시험장치 개요도>

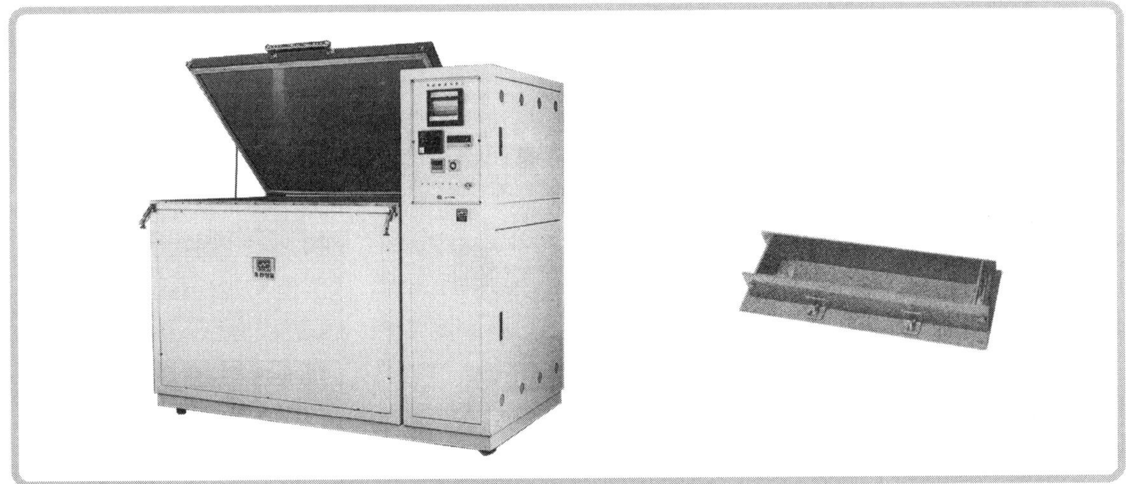

<동결융해 시험기 및 동결융해 시험 몰드>

(2) 온도 측정 장치

온도 측정 장치는 온도계, 저항 온도계 또는 열전대로 구성되어 있고, 공시체 용기 내의 여러 점과 조절용 공시체의 중심점 온도를 1℃ 이내까지 측정할 수 있어야 한다.

(3) 동 탄성 계수 측정 장치

동 탄성 계수 측정 장치는 KS F 2437(공명진동에 의한 콘크리트의 동탄성계수 및 동 푸아송비 시험 방법)의 규정에 맞는 것이어야 한다.

(4) 저울

저울은 용량이 공시체 질량보다 50%이상 크고, 감도가 5g 이하의 정밀도를 가진 것이어야 한다.

(5) 조절수조

수조에서 꺼내어 변형 진동의 1차 공명 진동수와 길이 변화를 측정할 때, 수중에서 공시체의 온도를 유지시킬 수 있는 설비가 마련된 수조이어야 한다.

(6) 콤퍼레이터

길이 변화 시험용 콤퍼레이터는 KS F 2424(모르타르 및 콘크리트의 길이변화 시험)의 시험용 기구에 따른다.

3. 시험방법

(1) 공시체

① 이 시험에서 사용되는 공시체의 나비, 지름 및 두께가 76㎜ 이상, 127㎜ 이하이고, 길이가 356㎜ 이상, 406㎜ 이하인 원주형 또는 각주형 공시체로 하고, KS F 2403(콘크리트의 강도 시험용 공시체 제작 방법)에 따라 공시체를 만들고 양생한다.

② 경화된 콘크리트로부터 원주 또는 각주형으로 절단 채취된 공시체를 사용할 수도 있다. 이 때 습윤 상태를 습윤 상태 이하로 건조시켜서는 안 된다. 이 경우에는 플라스틱 포장 및 기타 적당한 방법으로 공시체를 싸서 운반하여야 한다.

③ 공시체를 몰드로부터 꺼내어 동결융해 시험을 할 때까지 공시체를 석회수 안에서 포화시켜야 한다. 상호 비교할 모든 공시체의 치수는 처음부터 모두 같아야 한다.

(2) 동결 융해 사이클

① 적당한 온도 측정 장치가 묻혀 있는 시험용 공시체와 유사한 콘크리트를 만들어 이를 조절용 공시체로 하고 조절용 공시체의 온도 측정에 관한 동결 융해 시험의 요구 조건과 일치시킨다. 공시체의 캐비닛 내의 각 점에서 온도 변화의 극값(최대값 또는 최저값)을 찾아 낼 수 있도록 조절용 공시체의 위치를 여러 번 변경시킨다.

② 동결 융해 1사이클은 공시체 중심부의 온도를 원칙으로 하며 원칙적으로 4℃에서 -18℃로 떨어지고, 다음에 -18℃에서 4℃로 상승되는 것으로 한다. 각 사이클에서 공시체 중심부의 최고 및 최저 온도는 각각 4±2℃ 및 -18±2℃의 범위 내에 있어야 하고, 언제라도 공시체의 온도가 -20℃ 이하 또는 6℃ 이상이 되어서는 안 된다.

③ 동결 융해 1사이클의 소요 시간은 2시간 이상, 4시간 이하로 한다. 시험 방법 A에서는 융해 시간을 총 시간의 25%, 시험 방법B에서는 총 시간의 20%보다 적게 사용하여서는 안 된다.

④ 임의의 공시체 중심에서의 온도가 3℃에서 -16℃로 떨어지는 데 소요되는 시간은 냉각 시간의 1/2 이하가 되어서는 안 되고, 또 -16℃에서 3℃로 상승하는 데 소요되는

시간은 가열 시간의 1/2 이하가 되어서는 안 된다. 상호 비교를 목적으로 하는 공시체에서는 임의의 공시체의 중심 온도가 2℃에서 -12℃로 변화하는 데 소요되는 시간이 다른 공시체에서 소요되는 냉각 시간의 1/6 이상 차이가 나서도 안 된다.

또한 임의의 공시체의 중심 온도가 -12℃에서 2℃로 변하는 데 소요되는 시간이 다를 공시체에서 소요되는 가열 시간의 1/3 이상 차이가 나서는 안 된다.

⑤ 공시체의 중심과 표면의 온도차는 항상 28℃를 초과해서는 안 된다.

⑥ 동결 융해에서 상태가 바뀌는 순간의 시간이 10분을 초과해서는 안 된다. (단, A방법의 경우 예외)

(3) 시험 방법

① 소정의 양생기간이 끝나면 즉시 공시체를 6±3℃의 상태로 옮겨 변형 진동의 1차 공명 진동수와 무게를 KS F 2437(공명진동에 의한 콘크리트의 동탄성계수 및 동 푸아송비 시험 방법)에 따라 측정한다. 공시체는 양생이 끝나는 시간부터 동결 융해 사이클이 개시되는 기간까지 함수량이 변하지 않도록 보호해야 한다.

② 사이클 중 동결 상태의 초기에 융해수 내에 공시체를 넣고 동결 융헤 시험을 시작한다. 동결 융해 사이클이 36사이클을 초과하지 않는 범위의 간격으로 융해 상태에서 장치로부터 공시체를 꺼낸다. 다음에 바로 6±3℃의 온도 조건하에서 가로 1차 주파수 시험을 하고, 무게를 단 후 다시 시험 장치 내로 옮긴다.

③ 공시체를 장치에서 꺼내는 동안 함수량의 손실이 없도록 보호하고, 다시 넣을 때는 양 끝이 반대가 되도록 돌려 놓는다.

④ A방법으로 실험 할 경우에는 용기를 씻어 내고 깨끗한 물을 첨가한다. 장치에 공시체를 다시 넣을 경우는 장치 내의 어느 곳에 넣어도 좋고, 어떤 기간 계속 시험하는 공시체는 동결 장치 내 모든 부분의 조건을 받는다는 것을 확인할 수 있는 예정된 순번에 따라 위치를 바꾸어 넣어도 좋다.

⑤ 시험의 종료는 300사이클(시험의 목적에 따라 다른 사이클에서 시험을 종료하여도 좋다.)로 하며, 그 때까지 상대 동 탄성 계수가 60% 이하가 되는 사이클이 있으면 그 사이클에서 시험을 종료한다.

⑥ 변형 진동의 1차 공명 진동수 측정은 공시체마다 매번 하며, 또한 육안으로 관측한 공시체의 상태를 기록하고 그 기록지에 나타난 결점에 대한 평가도 기록한다.

⑦ 공시체의 질이 급격히 저하될 우려가 있을 경우, 초기 동결 융해시의 변형 진동의 1차 공명 진동수 측정은 10사이클을 초과하지 않는 범위 내에서 하여야 한다.

⑧ 동결 융해 사이클이 계속될 수 없을 때는 동결 상태로 공시체를 저장해야 한다. 장치의 고장 또는 다른 이유로 어떤 기간 사이클을 중지하여야 한다면, 수분의 손실을 방지하면서 동결 상태로 공시체를 저장하여야 한다. A방법인 경우, 공시체를 용기 안에 놓은 후에 가능한 한 얼음으로 둘러싸야 한다. B방법인 경우는 용기 속에 공시체를 놓아두기가 어려우면 탈수 현상을 방지할 수 있는 방수 재료로 싸서 가능한 한 습한 상태로 봉한 후에 -18±2℃인 차가운 방이나 냉장고 속에 저장하여야 한다.

4. 결과의 정리

(1) 상대동탄성 계수

$$P_c = \left(\frac{n^2{}_1}{n^2}\right) \times 100$$

여기에서, P_c : 동결 융해 C사이클 후의 상대 동탄성 계수(%)
n : 동결 융해 C사이클에서의 변형 진동의 1차 공명 진동수(Hz)
n_1 : 동결 융해 C사이클 후의 변형 진동의 1차 공명 진동수(Hz)

(2) 내구성 지수

$$DF = \frac{PN}{M}$$

여기에서, DF : 시험용 공시체의 내구성 지수
P : N사이클에서의 상대동탄성 계수(%)
N : 상대동탄성 계수가 60%가 되는 사이클 수 또는 동결 융해에의 노출이 끝나게 되는 순간의 사이클 수
M : 동결 융해에의 노출이 끝날 때의 사이클 수

5. 시험기록

보고서는 시험에서 조사한 변수 또는 조합에 대하여 다음 자료를 기술한다.

(1) 콘크리트의 품질

① 시멘트, 잔골재 및 굵은골재의 종류, 배합, 최대치수, 입도 또는 소정의 입도계수, 물·시멘트 비
② 첨가재료 또는 혼화재료를 사용하였을 경우 그 종류와 배합비
③ 굳지않은 콘크리트의 공기량
④ 굳지않은 콘크리트의 단위용적질량
⑤ 굳지않은 콘크리트의 반죽질기
⑥ 시험용 공시체를 굳은 콘크리트에서 떼어낼 경우에는 이를 표시하고, 구조물에서 공시체의 크기, 형상, 위치 및 방향, 기타 관련 정보를 기술해야 한다.

(2) 배합, 성형 및 양생과정

공시체에서 설명한 배합, 성형 양생 방법과 차이점이 있으면 그 차이점을 기록하여야 한다.

(3) 공시체의 특징

① 동결 융해 0사이클일 때의 공시체의 치수

② 동결 융해 0사이클일 때의 공시체 질량

③ 동결 융해 0사이클일 때의 공시체 결함

(4) 결과

① 각 공시체의 내구성 지수와 같은 종류의 공시체군의 평균 내구성 지수, 소정의 최소 상대 동탄성계수 및 최대 사이클 수

② 각 공시체의 질량 손실과 증가값, 같은 공시체군의 사이클 수

③ 시험기간중에 생기는 공시체의 결함과 결함이 발견된 순간의 사이클 수

6. 주의사항

(1) 공시체의 질이 급격히 저하될 우려가 있을 경우, 초기 동결융해시의 가로 1차 진동주파수 시험은 10사이클을 초과하지 않는 범위 내에서 실시한다.

(2) 상대 동탄성계수가 50% 이하로 떨어진 후에는 공시체의 시험을 계속해서는 안된다.

(3) 세로 1차 진동주파수시험은 시험 초기의 의문점이 발생할 때 검사를 하기 위해서 측정되므로 정확도에 주의하여야 한다. 비틂 1차 진동주파수시험은 초기 및 주기적으로 푸아송비를 검사하기 위하여 실시한다.

7. 참고사항

(1) 실험실 결과값의 정밀도(공시체별) : 동일한 콘크리트 배치 또는 동일한 재료를 사용하여 두 배치에서 만든 콘크리트 공시체를 앞의 두 가지 방법으로 실험하고, 그 결과를 채택하는 기준으로 <시험실에서 단위공시체로 얻어진 결과 값의 평가기준>표를 이용한다.

① 양 배치에서 만든 공시체의 내구성 지수는 한 배치에서 만든 공시체의 내구성 지수와 같음이 판명되었다. 그러므로 표에 있는 값은 동일 배치로 제작한 공시체와 재료, 배합설계, 공기량을 동일하게 하고, 배치만을 달리하여 제작한 공시체에 모두 적용할 수 있다.

② 이 규격의 정밀도는 시험을 종결시키기 위한 소정의 N값과 P값 또는 제한값 내에 있는 공시체의 크기와는 무관하고 평균 내구성 지수에 크게 좌우된다. 이 표에 있는 자료의 최대 N값은 100~300사이클, 최소 P값은 E_o의 50~70% 범위 내이다.

③ 자료에 있는 공시체의 크기는 아래와 같이 여러 가지가 있다.

76×76×406 ㎜, 76×76×412 ㎜, 76×101×412 ㎜

76×76×279 ㎜, 89×101×406 ㎜, 101×76×412 ㎜

89×114×406 ㎜

위의 것 중 첫 번째 치수로 가로 1차 공명 진동수 측정시 공시체를 진동시켜야 할 방향을 알 수 있다. 가장 보편적인 치수는 76×101×412 ㎜ 이다.

<시험실에서 단위공시체로 얻어진 결과 값의 평가기준>

평균 내구성 지수의 범위 (1)	방 법 A		방 법 B	
	표준편차 (2)	두 결과값의 허용범위 (3)	표준편차 (4)	두 결과값의 허용범위 (5)
0~5	0.8	2.2	1.1	3.0
5~10	1.5	4.4	4.0	11.4
10~20	5.9	16.7	8.1	22.9
20~30	8.4	23.6	10.5	29.8
30~50	12.7	35.9	15.4	43.5
50~70	15.3	43.2	20.1	56.9
70~80	11.6	32.7	17.1	48.3
80~90	5.7	16.0	8.8	24.9
90~95	2.1	6.0	3.9	11.0
95 초과	1.1	3.1	2.0	5.7

(2) 실험실 결과값의 정밀도(공시체 2개 이상의 평균값) : 시방서는 때때로 공시체 2개 이상의 평균값들을 비교할 것을 요구하는 경우가 있다. 공시체의 두 평균값 가운데에서 어느 하나를 선택하는 기준으로 <시험실에서 2개 이상의 공시체로 얻어진 결과값의 평가기준 방법A 와 방법B>표의 표준편차와 허용채택범위를 이용한다.

<시험실에서 2개 이상의 공시체로 얻어진 결과값의 평가기준방법 A>

평균 내구성 지수의 범위	공시체의 수									
	2		3		4		5		6	
	표준 편차	허용 범위	표준 편차	허용 범위	표준 편차	허용 범위	표준 편차	허용 범위	표준 편차	허용 범위
0~5	0.6	1.6	0.5	1.3	0.4	1.1	0.4	1.0	0.3	0.9
5~10	1.1	3.1	0.9	2.5	0.8	2.2	0.7	2.0	0.6	1.8
10~20	4.2	11.8	3.4	9.7	3.0	8.4	2.7	7.5	2.4	6.8
20~30	5.9	16.7	4.8	13.7	4.2	11.8	3.7	10.6	3.4	9.7
30~50	9.0	25.4	7.4	20.8	6.4	18.0	5.7	16.1	5.2	14.7
50~70	10.8	30.6	8.8	25.0	7.6	21.6	6.8	19.3	6.2	17.6
70~80	8.2	23.1	6.7	18.9	5.8	16.4	5.2	14.6	4.7	13.4
80~90	4.0	11.3	3.3	9.2	2.8	8.0	2.5	7.2	2.3	6.5
90~95	1.5	4.2	1.2	3.5	1.1	3.0	0.9	2.7	0.9	2.4
95 초과	0.8	2.2	0.6	1.8	0.5	1.5	0.5	1.4	0.4	1.3

<시험실에서 2개 이상의 공시체로 얻어진 결과값의 평가기준방법 B>

평균 내구성 지수의 범위	공시체의 수									
	2		3		4		5		6	
	표준편차	허용범위	표준편차	허용범위	표준편차	허용범위	표준편차	허용범위	표준편차	허용범위
0~5	0.8	2.1	0.6	1.8	0.5	1.5	0.5	1.4	0.4	1.2
5~10	2.9	8.1	2.3	6.6	2.0	5.7	1.8	5.1	1.7	4.7
10~20	5.7	16.2	4.7	13.2	4.1	11.5	3.6	10.3	3.3	7.4
20~30	7.4	21.0	6.1	17.2	5.3	14.9	4.7	13.3	4.3	12.2
30~50	10.9	30.8	8.9	25.1	7.7	21.8	6.9	19.5	6.3	17.8
50~70	14.2	40.2	11.6	32.9	10.1	28.5	9.0	25.5	8.2	23.2
70~80	12.1	34.2	9.9	27.9	8.5	24.2	7.6	11.6	7.0	19.7
80~90	6.2	17.6	5.0	14.4	4.4	12.5	3.9	11.1	3.6	10.2
90~95	2.8	7.8	2.3	6.4	2.0	5.5	1.7	4.9	1.6	4.5
95 초과	1.4	4.1	1.2	3.3	1.0	2.9	0.9	2.6	0.8	2.3

■ 14. 콘크리트의 중성화 시험 JIS A 1153

실험목적 : 콘크리트의 중성화 원리를 이해하고 철근콘크리트구조물에서 중성화에 따른 문제점을 이해한다.

1. 개요

콘크리트중의 수산화칼슘은 시간의 경과와 함께 공기중의 탄산가스(CO_2) 등의 침식성 가스와 반응하여 다음 식과 같은 탄산칼슘으로 되어 탄산화되는데, 이것을 일반적으로 중성화라고 한다.

$$Ca(OH)_2 + CO_2 \rightarrow CaCO_3 + H_2O$$

콘크리트 중에 있는 철근은 콘크리트가 알칼리성을 띠고 있을 때에는 철근 표면에 보호피막이 생겨 발청을 방지할 수 있으나 중성화가 진행하면 강재 표면의 보호피막이 부서져 수분과 탄산가스의 작용으로 발청하게 된다.

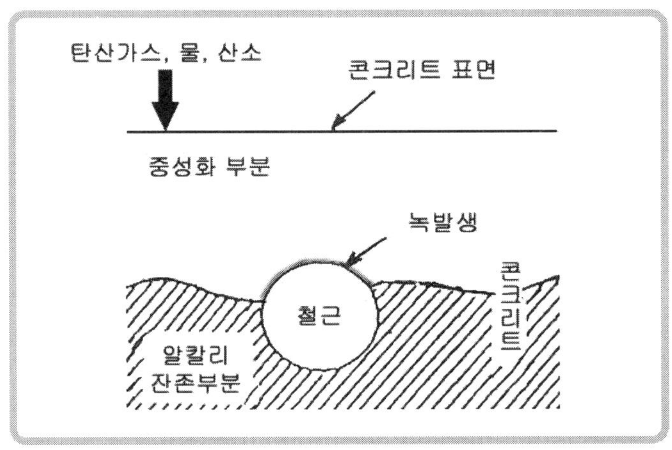

<철근콘크리트 단면의 중성화>

콘크리트가 중성화되어 강재가 녹슬면 녹의 체적팽창이 현저하게 커져 피복 콘크리트를 파괴하고 더욱 이 파괴된 부분으로부터 물이나 공기가 침입하여 강재의 부식을 점점 촉진시켜 경우에 따라서는 철근콘크리트구조물을 붕괴까지 이르게 하는 수까지 있다.

이러한 콘크리트 중성화 정도의 측정은 실제 구조물이 받고있는 자연 조건하에서 공시체를 옥외에 폭로하여 실시하는 폭로시험이 바람직하나 결과를 얻기까지 장시간을 요하기 때문에 일반적으로 탄산가스에 의한 중성화 촉진시험이 행해지고 있다. 중성화 촉진시험 결과와 실제의 중성화 상태와의 상관성을 알아내는 것은 아주 곤란하나 일단의 판정기준을 삼는 데에는 촉진시험으로 가능하다.

2. 시험용장치 ,측정용 장치 및 기구

(1) 시험용 장치

시험용장치는 공시체에 소정의 촉진중성화의 조건을 주는데 필요한 온도 및 습도제어장치, 이산화탄소 농도제어장치, 시험조, 온도 및 습도 측정장치, 그리고 이산화탄소 농도측정 장치 등으로서 온도는 1℃, 상대습도는 1%, 이산화탄소 농도는 0.1%까지 읽을 수 있는 것으로 한다.

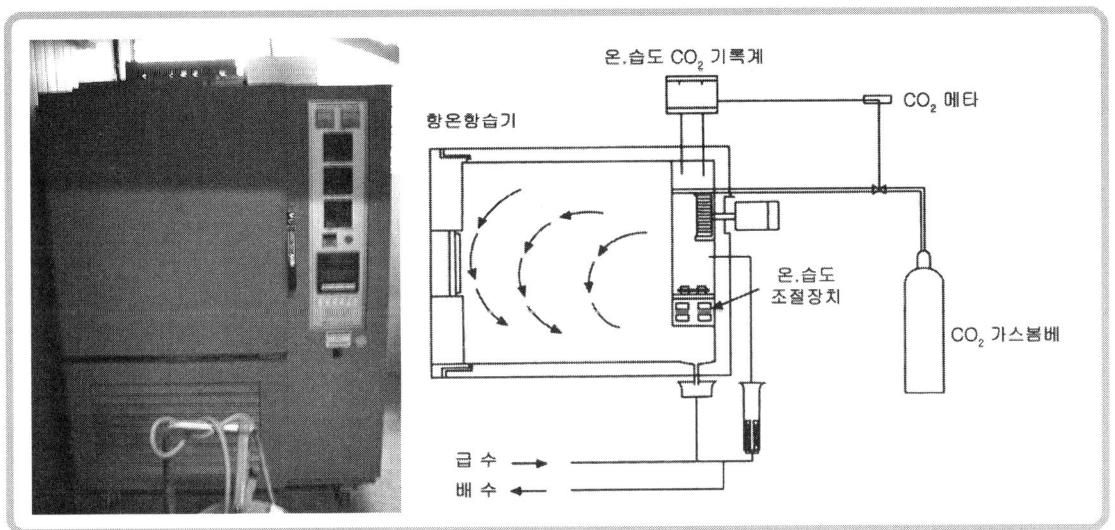

<온도 및 습도제어장치> <촉진 중성화 시험장치 개요도>

(2) 측정용 장치 및 기구

측정용 장치 및 기구는 다음의 것을 이용한다.

① 공시체를 할열파괴하는 것이 가능한 압축시험기, 휨시험기, 햄머 등의 장치 및 기구
② 공시체를 절단하는 것이 가능한 콘크리트 커터 등의 장치
③ 측정면에 부착된 콘크리트 조각이나 분말을 제거할 수 있는 솔, 전기청소기 등의 도구
④ 건조기
⑤ 분무기
⑥ 중성화 깊이 측정용 자(버니어캘리퍼스)
⑦ 시약 : 1% 페놀프탈레인 에탄올

(3) 이산화탄소 (CO_2)

시험에 사용하는 이산화탄소는 KS규격에 적합한 액화이산화탄소 또는 이와 동등한 품질의 것으로 하며 이산화탄소농도는 5±0.2%로 유지한다.

3. 시험체

(1) 공시체의 형상 및 치수

공시체의 단면은 정방형으로 한 변의 길이는 100㎜로 하고, 공시체의 길이는 400㎜를 기본으로 한다. 그러나, 시험의 목적에 따라서 다른 형상 및 치수의 공시체를 사용하는 것도 좋다. 단, 굵은골재의 최대치수는 공시체 단면 한 변의 3분의 1이하로 한다.

(2) 공시체의 개수

공시체의 개수는 동일조건의 시험에 대하여 3개로 한다.

(3) 공시체의 제작방법

공시체의 제작방법은 KS F 2403(시험실에서 콘크리트의 압축 및 휨 강도 시험용 공시체를 제작하고 양생하는 방법)및 콘크리트 실험의 일반적인 방법에 의한다. 단, 공시체의 윗면의 마무리는, 부어넣기가 끝난 후 상면의 여분의 콘크리트를 깎아내고, 나무흙손으로 마무리한 후, 적절한 시기에 쇠흙손으로 마무리하면 공시체 상부 주변에 있어서 중성화 깊이의 오차 등이 적어진다.

(4) 거푸집의 탈형

거푸집의 탈형은 콘크리트의 응결이 끝난 후 경화를 기다려 행한다. 거푸집의 탈형시기는 응결이 끝난 후부터 16시간 이상 3일 이하로 한다. 그 기간동안 공시체는 진동, 운반 및 수분의 증발을 방지하여야 한다.

(5) 전양생

공시체는 거푸집을 탈형한 후, 재령 4주까지 온도 20±2℃의 습윤상태로 양생한다. 습윤상태를 유지하는 것은 공시체를 수중 또는 습윤한 대기 중(상대습도 95% 이상)에 둔다. 재령 4주후, 상대습도 60±5%, 온도 20±2℃의 항온항습실에 재령 8주까지 정치한다. 재령 7~8주의 사이에 공시체의 타설면, 바닥면 및 양단면을 이산화탄소를 차단하기에 충분하도록 실링하며 핀홀 등이 생기지 않도록 한다. 단, 실링은 에폭시수지, 폴리우레탄수지, 알루미늄박, 테이프 등을 이용해도 좋다.

4. 시험방법

(1) 중성화의 촉진방법

중성화의 촉진조건은 온도 20±2℃, 상대습도 60±5%, 이산화탄소 농도 5±0.2%로 한다. 공시체 각각의 환경조건이 동일하게 하기 위하여 각 공시체는 20㎜ 이상의 간격을 유지한다. 공시체는 측면이 연직방향이 되도록 설치한다.

(2) 중성화 깊이의 측정방법

측정면은 소정의 촉진기간이 경과한 시점에 공시체의 길이방향과 직각으로 공시체를 단부로부터 약 60㎜의 위치로 할열 또는 절단한 면으로 한다. 계측개소는 1측면당 6등분한 5개소로 한다. 중성화깊이의 측정위치의 예를 아래그림에 나타내었다. 중성화 깊이의 측정은 촉진시험 개시 후 촉진기간이 1, 4, 8, 13, 26주가 된 시점에 한다. 단, 시험목적에 따라서 상기 이외의 촉진기간도 좋다.

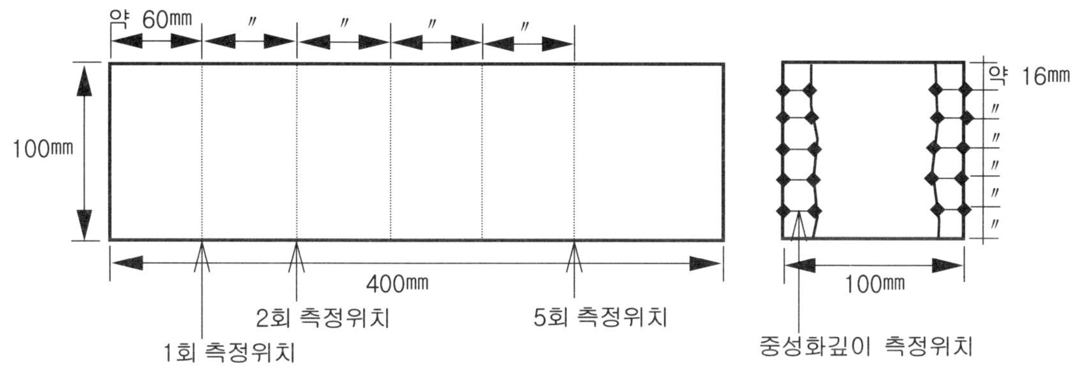

<중성화 깊이의 측정위치>

(3) 할열면 또는 절단면의 실링

측정을 계속하는 공시체의 할열면 또는 절단면은 동일한 방법으로 실링하고, 그 후 바로 촉진양생을 계속한다.

5. 계산

중성화깊이는 각 공시체의 2면, 10개소의 평균치로, 3개의 공시체의 각 2면, 합계 6면의 30개소의 중성화깊이의 평균치를 각각 계산하고, 0.5mm 단위로 구한다. 중성화의 속도를 표시하는 방법으로서는 중성화 깊이(mm)를 촉진개시로부터 기간(주, $week$)의 평방근으로 나누어 구한 중성화 속도계수(mm/$\sqrt{week}$)가 자주 사용된다.

6. 참고사항

(1) 중성화 깊이는 시멘트의 종류, 골재의 종류, 표면활성제의 사용, 물-시멘트 비 등에 의해서 현저하게 달라진다. 물-시멘트비(W/C), 기간(t:년)에 대한 중성화 깊이(x:cm)의 관계는 다음 식과 같다.

① W/C ≥ 60% 일 때,

$$t=\frac{0.3(1.15+3\omega)}{R_2(\omega-0.25)^2}x^2$$

② W/C ≤ 60% 일 때,

$$t=\frac{7.2}{R_2(4.6\omega-1.76)^2}x^2$$

여기시, t : 중성회 기간(년)
ω : 물-시멘트비(W/C)
x : 중성화 깊이(cm)
R : 중성화 비율

(2) 중성화비율(R) : 아래 표와 같은 중성화 비율을 말하여 시멘트의 종류, 골재의 종류, 표면활성제의 사용 등에 의해서 다른 상수로 강모래 · 강자갈콘크리트에서 표면활성제를 사용하지 않았을 경우에,

① 보통포틀랜드시멘트를 사용할 때, R=1.0

② 조강포틀랜드시멘트를 사용할 때, R=0.6

③ 혼합시멘트(고로, 실리카, 플라이애쉬시멘트 등)를 사용할 때, R=1.7~2.2 이다.

<각종 콘크리트의 중성화 비율(R)>

세조골재 / 표면활성제 / 시 멘 트	강모래·강자갈			강모래·인공경량굵은골재			인공경량잔·굵은골재		
	플레인	AE제	분산제	플레인	AE제	분산제	플레인	AE제	분산제
보통포틀랜드시멘트	1.0	0.6	0.4	1.2	0.8	0.5	2.9	1.8	1.1
조강포틀랜드시멘트	0.6	0.4	0.2	0.7	0.4	0.3	1.8	1.0	0.7
고로시멘트(슬래그30~40%전후)	1.4	0.8	0.6	1.7	1.0	0.7	4.1	2.4	1.6
고로시멘트(슬래그60%전후)	2.2	1.3	0.9	2.6	1.6	1.1	6.4	3.8	2.6
실리카시멘트	1.7	1.0	0.7	2.0	1.2	0.8	4.9	3.0	2.0
플라이애쉬시멘트	1.9	1.1	0.8	2.3	1.4	0.9	5.5	3.3	2.2

7. 보고서의 작성

보고서의 작성은 다음의 보고사항을 참조로 한다.

(1) 공시체 제작년월일

(2) 사용재료의 종류와 품질

(3) 콘크리트의 배합

(4) 굳지않은 콘크리트의 공기량, 단위용적중량, 슬럼프, 온도 등

(5) 촉진기간

(6) 시약의 분무로부터 중성화 깊이 측정까지의 시간

(7) 각 측정시의 각 공시체의 중성화 깊이의 평균치(㎜), 및 공시체 3개의 평균치(㎜)

(8) 반응 후, 붉게 변한 부분의 상태(그 상황을 사진 등으로 기록한다.)

(9) 중성화 속도계수(㎜/ $\sqrt{week}$)

<중성화 시험 후의 시편>

5

강재시험

《 개 요 》

철기시대 이래 인간은 철을 사용해 왔으며, 18세기 산업혁명이후 철의 수요가 급속도로 증가되었다. 그 후 대량생산이 뒤따라 철강산업은 급속도로 증가되었다. 그 후 대량생산이 뒤따라 철강산업은 급속히 발전되었으며, 오늘날 철과 관련되지 않은 분야는 없다 할 정도로 모든 분야에 철이 사용되고 있다. 섬세한 최첨단의 강철실을 사용한 우주복에서, 자동차, 지지제품의 부품 그리고 건축구조물, 교량, 유조선 등 그 용도가 너무나 광범위하여 우리는 철과 삶을 더불어 하고 있다고 해도 과언이 아니다.

강재는 다른 구조재료와 달리 강도와 인성이 우수하여 건물이나 교량 등의 건설에서 가장 중요한 구조재료로 사용되고 있다. 특히 강구조는 공장제작 및 현장조립에 따른 현장작업의 간편, 공사기간의 단축, 인건비의 절감 등에 의한 경제성 부여 등으로 수요가 늘어나고 있으며, 최근 건축물의 고층화, 대형화, 장스팬화 등에 따라 강구조 이용이 절대적으로 요구되고 있다. 따라서 건축기술자는 강구조기술 즉 기획, 설계, 제작, 시공, 유지관리등 모든 단계에 대한 기술습득이 필요하다. 아울러 강구조는 공장에서 제작된 부재를 고력볼트 또는 용접 등의 방법에 의해 조립하는 구조이므로 건축기술자는 무엇보다도 다양한 접합기술에 대한 이해와 지식을 가져야 한다. 그리고 강구조의 설계는 구조물의 안전성만 고려한 단순구조가 아닌, 경제성, 기능성, 시공성, 그리고 하이테크 건축으로서의 예술성 등도 고려되어야 하며 무엇보다도 강구조의 특성이 실제로 활용될 수 있어야 한다.

■ **강재의 성질**

강재의 하중과 변형과의 관계는 응력-변형도 곡선으로 설명된다. 구조설계시 철근콘크리트 구조에서는 항복강도를 기준으로 하며, 철골구조의 경우에는 인장강도를 기준으로 한다. 다음 그림은 탄소강(mild steel)의 인장시험을 통한 응력과 변형도의 관계를 나타낸 것이다.

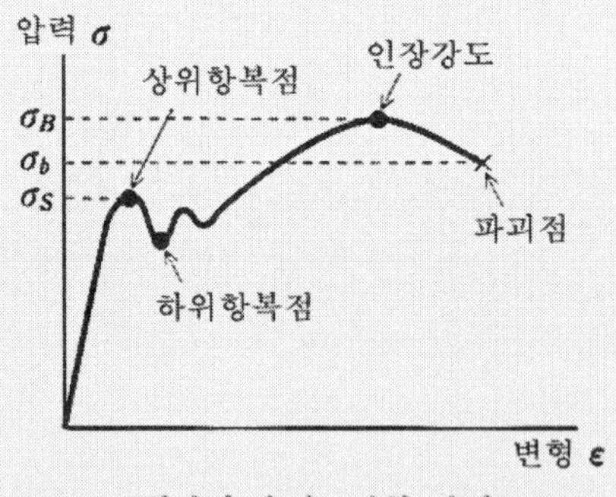

철강의 응력·변형 관계

관계곡선의 변화에 따라 탄성영역(elastic range), 소성영역(plastic range), 변형도 경화영역(strain hardening range), 파괴영역(necking and failure range)으로 나누어진다. 각 구간의 특징을 살펴보면 다음과 같다.

① 탄성영역 : 응력(stress)과 변형도(strain)가 비례관계를 가지는 영역이다.

② 소성영역 : 응력의 증가없이 변형도가 증가하는 영역이다.

③ 변형도 경화영역 : 소성영역 이후 변형도가 증가하면서 응력이 비선형적으로 증가되는 부분이다.
④ 파괴영역 : 변형도는 증가하지만 응력은 오히려 줄어드는 부분이다. 이 부분에서는 네킹(necking) 현상에 의해 단면적이 현저하게 감소하며 줄어든 단면적을 기준으로 계산된 응력은 증가한다.

변형도를 기준으로 할 때 각 구간의 길이의 비는 대략적으로 탄성영역 : 소성영역 : 변형도 경화영역 = 1 : 15 : 50정도이다. 따라서 강재는 소성영역 이후에도 상당히 큰 변형능력을 가지고 있음을 알 수 있다.

강재의 기계적인 성질을 나타내는 정수는 다음과 같다.

▸ 비례한도(proportional limit)
→ 응력과 변형도의 관계가 선형으로 유지되는 영역의 최대응력을 의미하며 항복강도와 비슷한 값을 갖는 경우가 대부분이다.

▸ 인장강도(F_u)
→ 인장강도는 인장시험에서 시편이 받을 수 있는 최대응력, 즉 변형도 경화영역의 최대 응력을 가리킨다.

▸ 항복비(yield ratio)
→ 항복비는 인장강도에 대한 항복강도의 비로 정의된다.

▸ 탄성계수(E)
→ 비례한도 내에서의 변형도에 대한 응력의 비를 탄성계수라 하며, 일반적인 강재의 탄성계수는 약 2,100tf/㎠이다.

▸ 전단탄성계수(G)
→ 비례한도 내에서의 전단변형도에 대한 전단응력의 비를 전단탄성계수라 한다. 탄성계수와 전단탄성계수 사이에는 선형적인 비례 관계를 가진다.

▸ 포와송비(ν)
→ 인장이나 압축을 받는 부재의 하중작용 방향의 변형도에 대한 가로방향 변형도 비의 절대값으로 정의된다. 강재의 경우 ν=0.3이다.

▸ 연성(ductility)
→ 재료가 하중을 받아 항복 후 파괴에 이르기까지 소성변형을 할 수 있는 능력을 연성이라 한다.

▸ 연신율
→ 인상시험편의 파단 후 표점간 거리와 시험전의 표점간 거리의 차이를 시험 전의 표점간 거리에 대한 백분율로 나타낸 것이다.

▸ 단면수축률
→ 인장시험편의 파단 후 단면적과 시험 전의 단면적 차이를 시험 전 단면적에 대한 백분율로 나타낸 것이다.

▸ 인성(toughness)
→ 재료의 변형에 대하여 에너지를 흡수할 수 있는 능력을 의미한다. 응력-변형도 곡선에서 면적으로 정의되며 따라서 인성은 강도와 연성에 의해 결정된다.

■ 01. 철근의 인장시험 KS B 0802

KS A 3251-1 (데이터의 통계적인 해석 방법-제1부 : 데이터의 통계적 기술)
KS B 0801 (금속 재료 인장 시험편)
KS B 5518 (금속 재료 인장 시험용 연신율계)
KS B 5521 (인장시험기)
KS D 0048 (철강용어)

실험목적 : 철근의 인장강도 σ_B(N/㎟), 항복점강도 σ_S(N/㎟), 연신율 δ(%)을 조사하고, 기계적 성질을 확인한다.

1. 시험편의 준비

철근의 인장이지만 일반적인 연강재용 시험을 나타낸다.

(1) 시험편 : 철근을 길이 약 50㎝로 절단한다. 그 때, 압연마크가 들어간 부분이 포함되지 않도록 한다.

(2) V블록 : V형의 홈을 가진 것으로서 표시, 펀칭 작업이 용이해야 한다.

(3) 표시침 (4) 펀치 (5) 망치 (6) 버니어 캘리퍼스

(7) 마이크로미터

(8) 공칭단면치수(D_o) : 철근의 호칭직경(㎜)

(9) 표점간거리(l_o) : 공칭단면치수(D_o)에서 결정된 펀칭구멍의 간극으로서 통상 8D로 한다. 시험전과 파단 후에 측정하며 계산에 이용한다.

2. 인장시험장치

(1) 재하장치 : 시험편을 고정하고, 철근을 인장하는 장치

(2) 상부·하부 물림(chuck) 장치 : 시험편을 고정하는 것으로 레버를 회전시켜 고정한다.

(3) 계측제어장치 : 하중을 가하는 속도를 제어하고 표시를 하는 장치

(4) 자동기록장치

3. 결과의 정리

(1) 시험편의 제작은 KS B 0801에 따른다.

(2) 시험편의 공칭단면치수 D_o (㎜), 공칭단면적 A_o (㎟)
: 환강에 대하여는 실측하고 이형봉강에 대하여는 공칭단면적을 이용한다.

(3) 표점간거리 l_o (㎜)

(4) 파단후의 표점간거리 l (㎜)
: 파단 한 시험편을 비교하여 그 표점거리간격을 측정한다.

(5) 연신율 δ (%) 또는 변형 ε (%)

$$\delta = \varepsilon = \frac{l - l_o}{l_o} \times 100$$

(6) 항복하중 P_S (N)

(7) 항복점강도 σ_S (N/㎟)

$$\sigma_S = \frac{P_S}{A_o}$$

(8) 인장하중 $P_{\max}$ (N)

(9) 인장강도 σ_B (N/㎟)

$$\sigma_B = \frac{P_{\max}}{A_o}$$

(10) 파단하중 P_b (N)

(11) 파단강도 σ_b (N/㎟)

$$\sigma_b = \frac{P_b}{A_o}$$

4. 결과의 이용

철근의 기계적 성질을 알고, KS에 적합한가를 확인한다.

연강의 응력-변형 곡선은 일반적으로 그림(a)와 같이 되는 것이 시험으로도 알 수 있다. 그러나 연강 이외의 강재에 대하여는 항복점이 명확히는 되지 않는다. 이 때문에 내력(σ_S)을 강재의 0.2% 영구변형으로부터 산출하고 탄성계수의 판단에 이용한다.

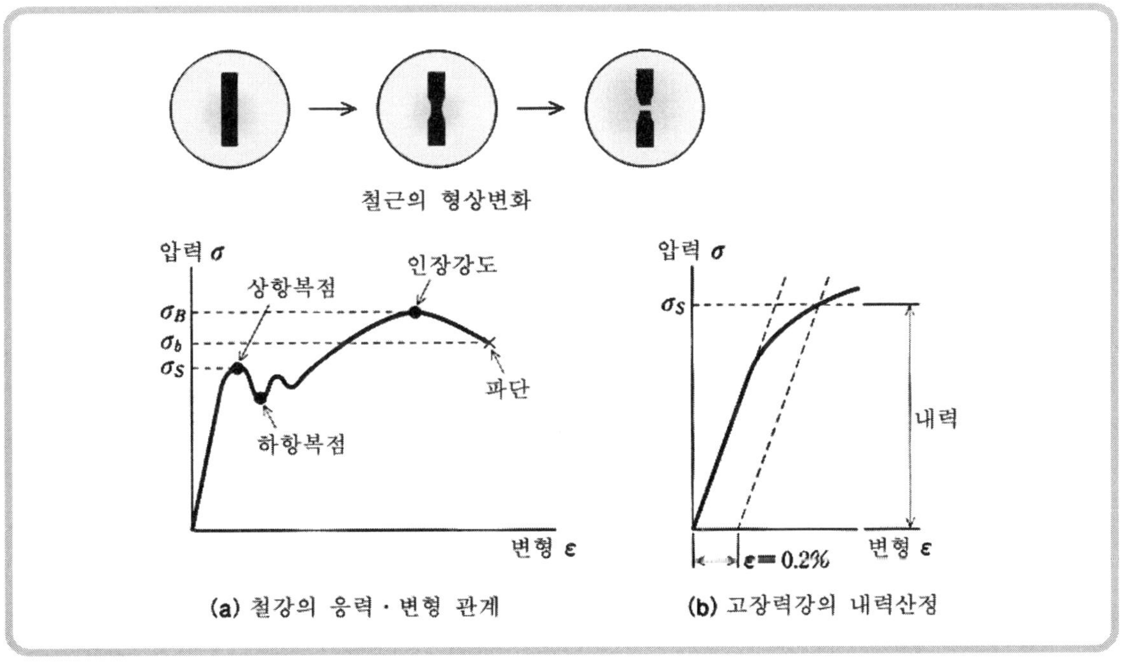

(a) 철강의 응력·변형 관계

(b) 고장력강의 내력산정

1 시험편의 준비

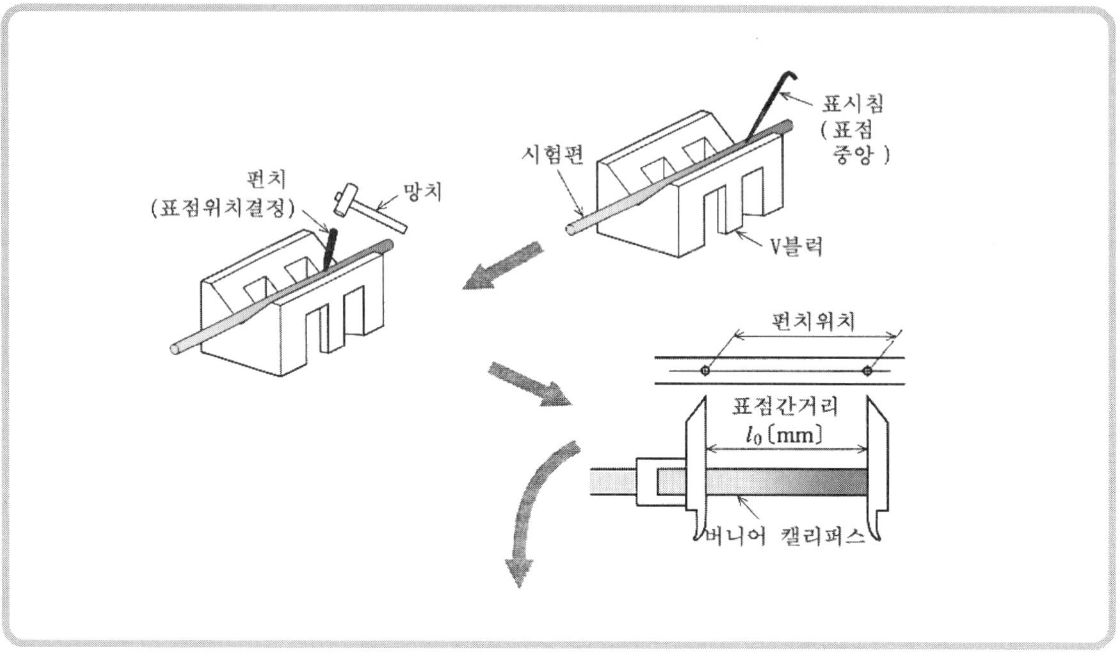

2 인장시험

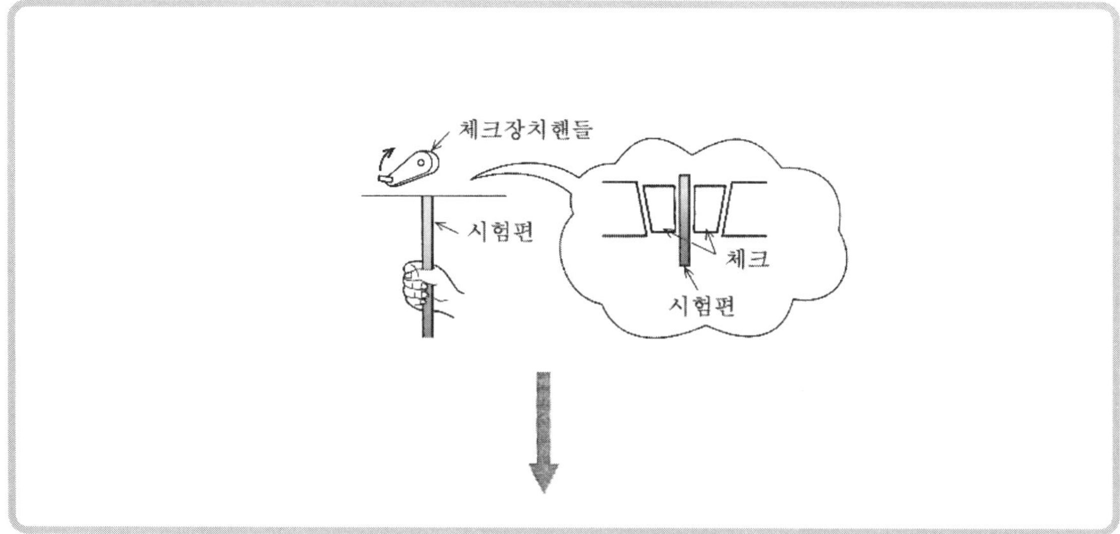

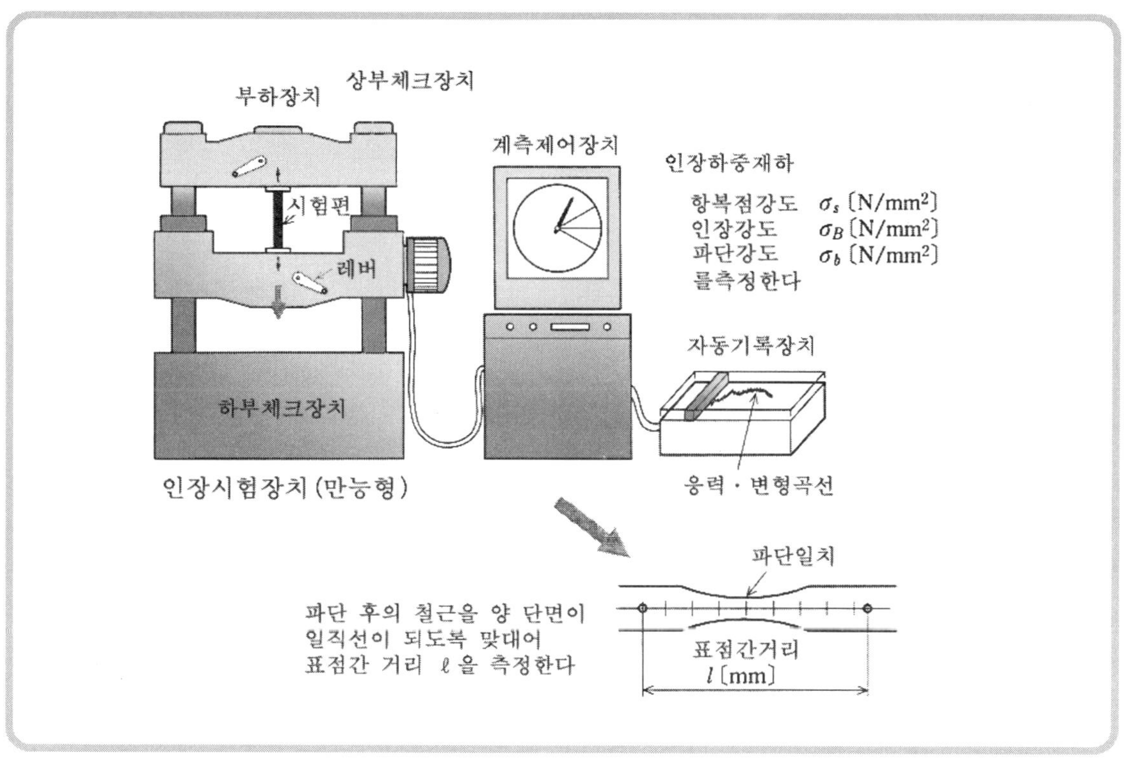

3 결과의 정리

강재의 종류·기호			
① 시험편의 종류 SD 295 A			TK-1
② 시험편의 공칭단면치수	D_o	(㎜)	13
시험편의 공칭단면적	A_o	(㎟)	132.7
③ 표점간거리	l_o	(㎜)	104
④ 파괴후의 표점간거리	l	(㎜)	118
⑤ 연신율	δ	(%)	13.5
⑥ 항복하중	P_s	(N)	39700
⑦ 항복점강도	σ_s	(N/㎟)	299
⑧ 인장하중	P_{max}	(N)	53700
⑨ 인장강도	σ_B	(N/㎟)	405
⑩ 파단하중	P_b	(N)	51700
⑪ 파단강도	σ_b	(N/㎟)	390

■ 02. 철근의 휨 시험 KS B 0804

실험목적 : 철근의 휨가공성을 조사하기 위하여 외관을 관찰하는 것에 의하여 균열이나 그 외의 결함의 유무를 조사한다.

본 시험방법은 철근의 휨 저항력을 시험하는 것이 아니며, 철근의 절곡 가공성을 조사하기 위한 것이다.

1. 시험편의 설치

(1) 시험편 : 철근의 길이를 약 50㎝로 절단한다. 압연마크가 포함되지 않도록 한다.
(2) 누름쇠 : 시험 시 힘을 가하기 위한 것으로, 철근 직경에 따라 소정의 누름쇠를 사용한다.
(3) 지지롤 : 시험편을 지지하면서 회전한다. 철근 직경에 따라 이 간격을 바꾼다.

2. 휨 시험

(1) 눌러 구부리는 방법 ($\theta \leq 170°$)
: 지점에서 지지하면서 서서히 휨 시험을 한다. $170° < \theta \leq 180°$로 하기 위해서는 강재를 끼워 누르면서 휜다.
(2) V블럭법
: 지점 대신에 V블럭을 사용하여 소정의 각도로 휘는 시험이다.
(3) 감아 구부리는 방법
: 시험편이 규정된 형태가 되도록 서서히 하중을 가해 축이나 형틀에 감는다.

3. 결과의 정리

(1) 휨 시험방법
(2) 시험편의 길이 l(㎜)
(3) 시험편의 직경 d(㎜)
: 원형철근에 대해서는 실측하고, 이형철근은 공칭 지름과 같게 한다.
(4) 지지롤간격 L(㎜)
(5) 휨 각도 θ(도, °)
(6) 안쪽 반지름 r(㎜)
(7) 온도 T(℃)
: 시험온도는 상온 10~35℃의 범위로 한다.
(8) 판정
: 휨 시험 종료 후, 시험편을 관찰하고 흠집 등의 결함이 확인 될 경우는 불합격으로 한다.

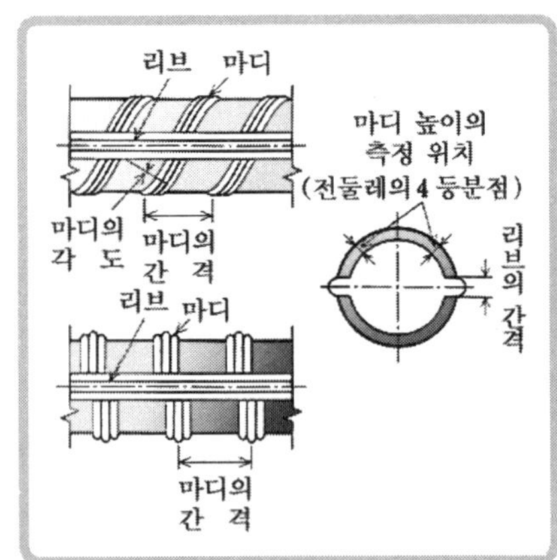

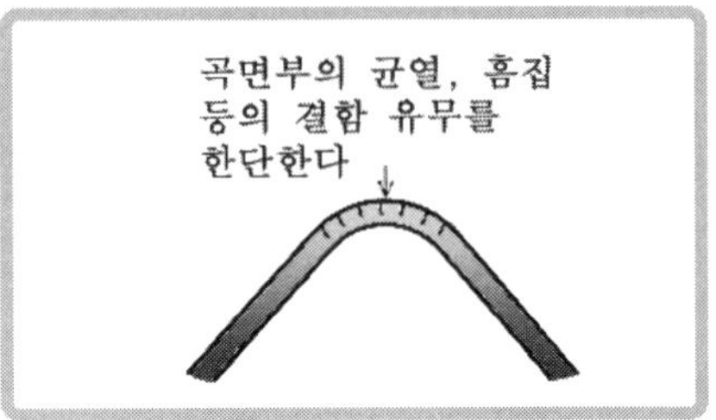

4. 결과의 이용

철근의 휨 반경은 사용 부위에 따라 아래와 같이 정하고 있다.
시험에 의한 판정결과로부터 철근 휨 가공이 가능한지 판단한 후, 사용된다.

종 류		휨의 안쪽반지름 r(mm)	
		hook	늑근 또는 대근
원형철근	SR235	2.0ϕ	1.0ϕ
	SR295	2.5ϕ	2.0ϕ
이형철근	SD295A,B	2.5ϕ	2.0ϕ
	SD345	2.5ϕ	2.0ϕ
	SD390	3.0ϕ	2.5ϕ
	SD490	3.5ϕ	3.0ϕ

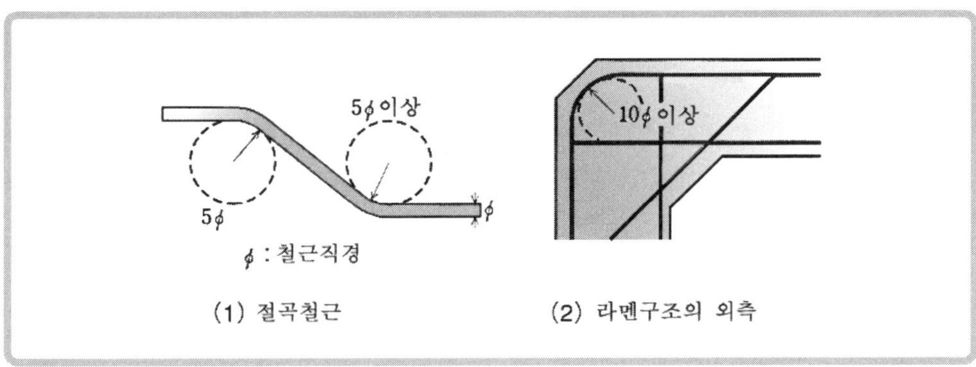

(1) 절곡철근 (2) 라멘구조의 외측

1 시험편의 준비

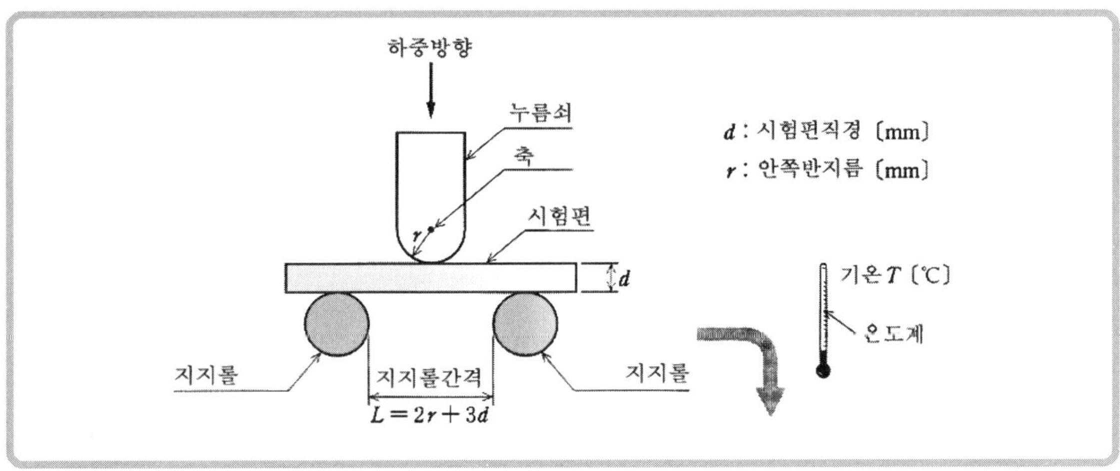

2 휨 시험

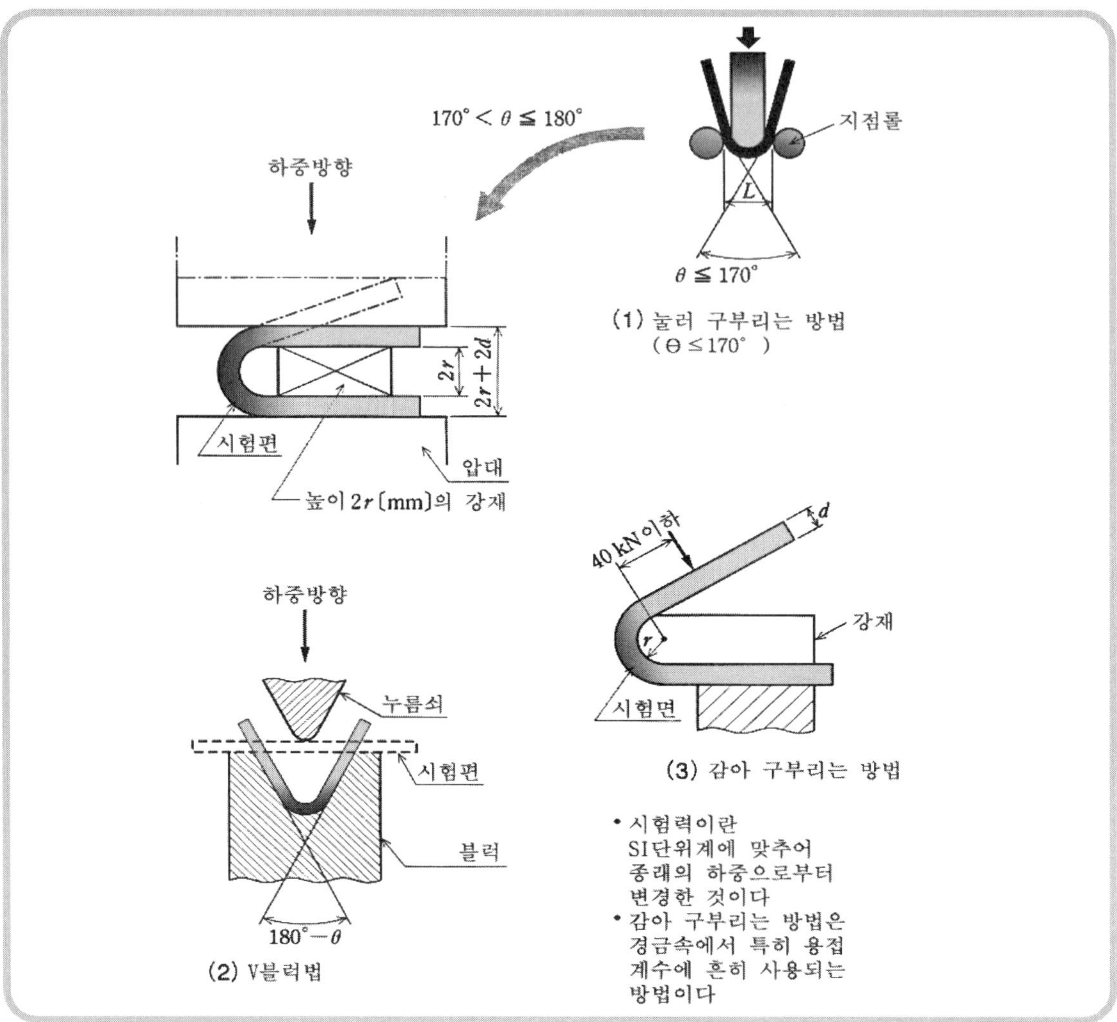

3 결과의 정리

① 휨 시험 방법			눌러 구부리는 방법
② 시험편의 길이	l	(mm)	260
③ 시험편의 직경	d	(mm)	16
④ 지지롤간격	L	(mm)	112
⑤ 휨의 각도	θ	(도, °)	170
⑥ 안쪽 반지름	r	(mm)	32
⑦ 온도	T	(℃)	19
⑧ 판정			합 격

6

비파괴시험

《개 요》

콘크리트는 현재 지구상에 존재하고 있는 건축 구조물의 주된 재료로서 강재에 비하여 경제성, 안전성, 내진 및 내풍, 진동문제 등 여러 가지 이점 때문에 그 사용이 날로 증가하고 있다. 그러나 콘크리트는 시멘트와 잔골재 및 굵은 골재로 만들어진 복합재료이기 때문에 콘크리트의 품질은 시멘트 및 골재의 관리상태, 레미콘의 배합조건, 운반방법 및 시간, 타설, 양생조건 등의 영향을 받는다.

따라서, 콘크리트 구조물이 소요의 강도, 내구성, 수밀성 그리고 균일한 품질이 확보되었는지를 파악하는 것은 중요하며, 일반적으로 콘크리트 구조물의 안전성 여부는 콘크리트의 압축강도, 철근 배근상황, 철근응력, 구조물의 전체 변형 등을 조사하여 평가한다.

콘크리트의 품질을 조사하는 방법은 크게 파괴검사와 비파괴검사로 대별된다. 파괴검사는 기존의 콘크리트 구조물에서 코어를 채취하여 강도와 여러 가지 물성을 조사하는 것이며, 비파괴검사는 구조물에 손상을 주지 않고 소정의 자료를 얻는 것이다.

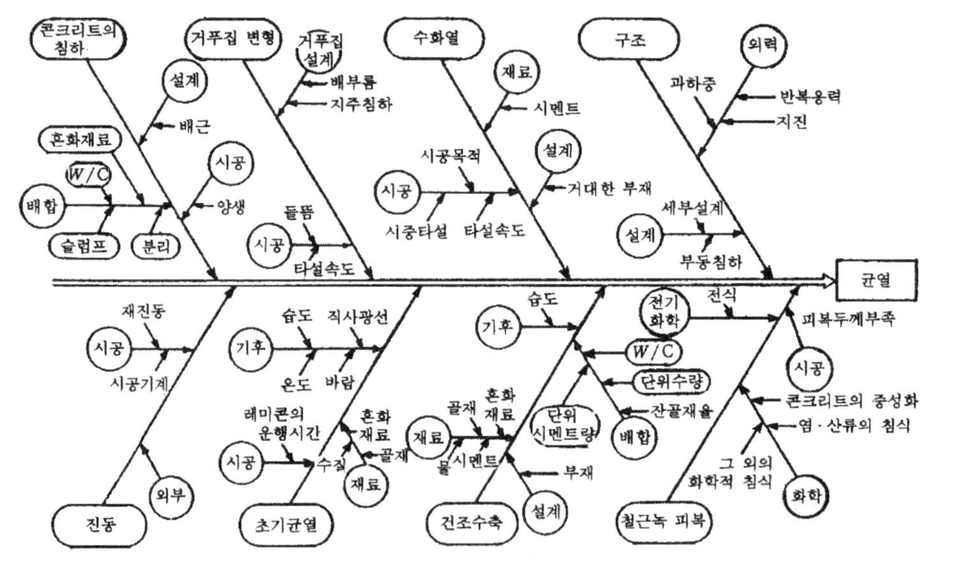

<콘크리트 균열의 요인도>

콘크리트 구조물에 대한 비파괴검사의 종류는 콘크리트의 강도에 관한 것과 그 외의 것으로 크게 분류할 수 있다. 이렇게 분류하는 것은, 콘크리트 구조물을 검사하는데 가장 먼저 고려하여야 할 사항이 구조물의 강도이며, 그 외의 검사는 구조물의 강도가 충분하다는 전제 하에 그 구조물의 내구성에 관한 조사 등이 이루어진다.

■ 각종 비파괴검사

(1) 강도 (압축강도, 휨강도, 인장강도 등)
(2) 탄성계수 (동탄성계수 등)
(3) 치수, 두께 (직접 측정할 수 없는 경우)
(4) 변위, 변형
(5) 강성
(6) 균열 (위치, 깊이, 폭)
(7) 결함, 공극 (충전이 불충분한 개소 등)
(8) 콘크리트의 온도
(9) 콘크리트 중의 수분
(10) 철근 (위치, 직경, 피복두께 등)
(10) 강재부식
(12) 기타

콘크리트 강도는 타설된 콘크리트와 동일한 시료로부터 채취된 시험체를 이용하여 판정하지만, 그 강도는 타설조건이나 양생조건이 다르기 때문에 구조물의 콘크리트 강도와는 반드시 일치하지 않기 때문에, 시공상 뿐만 아니라 건축된 구조물의 설계강도를 구하기 위해서는 구조체 콘크리트의 강도를 구하는 것이 필요하다.

구조물에 타설된 콘크리트는 같은 batcher의 콘크리트라도 장소마다 조건이 다르며, 표준공시체와 동일하다고 단정지어 말할 수 없다.

구조체 콘크리트 강도를 구하는 하나의 방법으로 다양한 코아를 채취하여 시험을 실시하는 것이 정확하나 구조물의 손상의 우려와 sample의 선정이 어렵다.

따라서 가능한 작업량을 적게 하고 소정의 정도(精度)에서 검사할 수 있는 비파괴 검사의 개발이 필요하다.

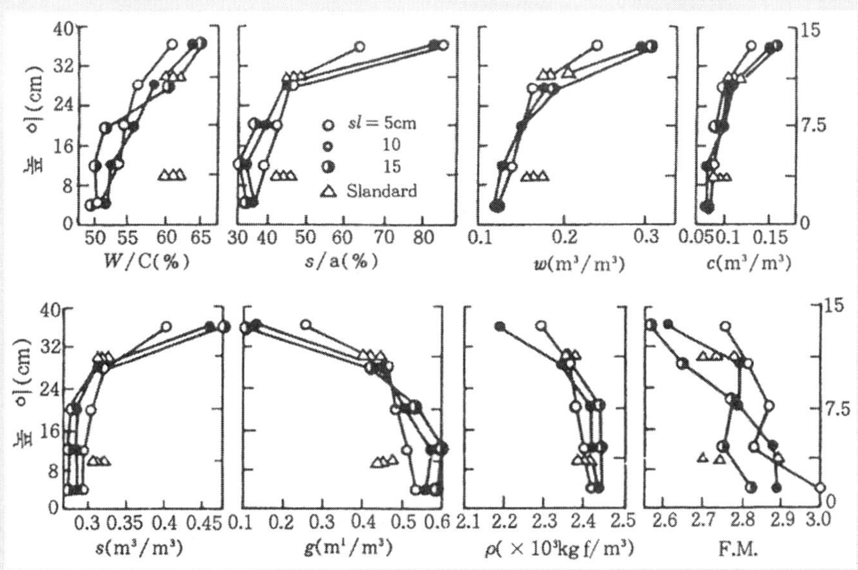

<타설높이에 따른 콘크리트 물성변화>

■ 01. 반발 경도 시험 KS F 2730

KS F 2403 (콘크리트의 강도 시험용 공시체 제작 방법)
KS F 2405 (콘크리트의 압축 강도 시험 방법)
KS F 2422 (콘크리트에서 절취한 코어 및 보의 강도 시험 방법)

실험목적 : 콘크리트의 표면을 타격할 때의 반발 경도를 측정하여 압축강도를 추정한다.

1. 반발 경도법의 개요 및 원리

반발경도법은 콘크리트의 표면을 타격할 때의 반발경도를 측정하여 압축강도를 추정하는 것으로 측정이 콘크리트 표면에 국한되고 내부의 상태까지 정확히 알 수 없는 것이 결점이나, 측정 장치가 소형 경량으로 조작이 간단하고 또한 강도 판정의 방법도 비교적 간결하고 명확하므로 비파괴 시험법 중 상당히 널리 이용되고 있다.

반발 경도법의 원리는 슈미트 해머로 경화 콘크리트면을 타격시, 반발도(R)와 콘크리트의 압축강도(f_{cu})와의 사이에 특정 상관관계가 있다는 실험적 경험을 기초로 한다.
타격시 해머내의 중추 반동량을 반발도(R)로 표시하며, 이 반발도(R)의 크기에 따라 콘크리트의 압축강도를 추정한다. 일반적으로 타격시의 반발도(R)는 타격 에너지 및 피 타격체의 형상, 크기, 재료의 물리적 특성과 관계되는 물리량에 따라 다르다. 즉, 반드시 재료의 강도와 일률적인 관계가 있는 것만은 아니다. 특히 콘크리트와 같은 불균질한 재료에서는 슈미트 해머로 표면에서 국부적 타격을 하는 경우에는, 반발도(R)는 타격면에 존재하는 골재의 유무, 습윤상태, 콘크리트의 재령 등에 따라 차이가 난다. 따라서 강도 추정의 유일한 방법으로 사용시에는 많은 문제가 있게 된다. 간편하고 짧은 시간에 강도 추정이 가능한 우수한 사용성과 콘크리트 구조물 전체에 대해 강도 측정이 가능하다는 점에서 유효한 시험법이라 할 수 있다.

2. 슈미트 해머의 종류 및 특성

슈미트 해머는 측정대상 콘크리트 구조물의 종류, 품질 등에 따라 적절한 기종을 선정하여 사용토록 한다. 보통 콘크리트용의 타격에너지는 0.225 m·kgf 이며, 경량 콘크리트, 저강도 콘크리트, 매스 콘크리트 등에 따라 다음과 같이 기종을 구분하여 사용해야 한다.

<슈미트 해머의 종류 및 특성>

기 종	적용 콘크리트	강도측정범위 (kgf/㎠)	비 고
N	보통콘크리트	150 ~ 600	반발경도 직독식
NR	보통콘크리트	150 ~ 600	반발경도 자동기록식
L	경량콘크리트	100 ~ 58.8	반발경도 직독식
LR	경량콘크리트	100 ~ 58.8	반발경도 자동기록식
P	저강도콘크리트	50 ~ 150	진자식
M	매스콘크리트	600 ~ 1000	반발경도 직독식

3. 시험 장치

(1) 테스트 해머 : 테스트 해머는 스프링에 의해 장전된 한 개의 중추로 구성되며, 이 중추의 제어장치가 풀렸을 때 콘크리트 표면과 접한 반구형 선단의 타격봉을 때릴 수 있어야 한다. 스프링 작동식 해머는 일정한 속도 조건에서 움직여야 한다. 타격봉이 콘크리트면을 타격한 후 반발하는 물리량(반발 간격)을 시험기의 지침에서 읽는다.

(2) 연삭 숫돌 : 연삭 숫돌은 중간 거칠기의 탄화규소 또는 그에 준하는 재질로 구성되어야 한다.

(3) 테스트 앤빌 : 테스트 해머의 검정시에는 테스트 앤빌(test anvil)을 이용하는데, 이는 지름 150㎜의 타격면을 갖는 금형의 원주체이다. 조작시 테스트 해머를 테스트 앤빌의 중앙에 위치시키고, 타격면에 대해 연직하게 하여 시험한다. 테스트 앤빌은 테스트 해머와 동일한 제조사의 제품을 사용해야 한다.

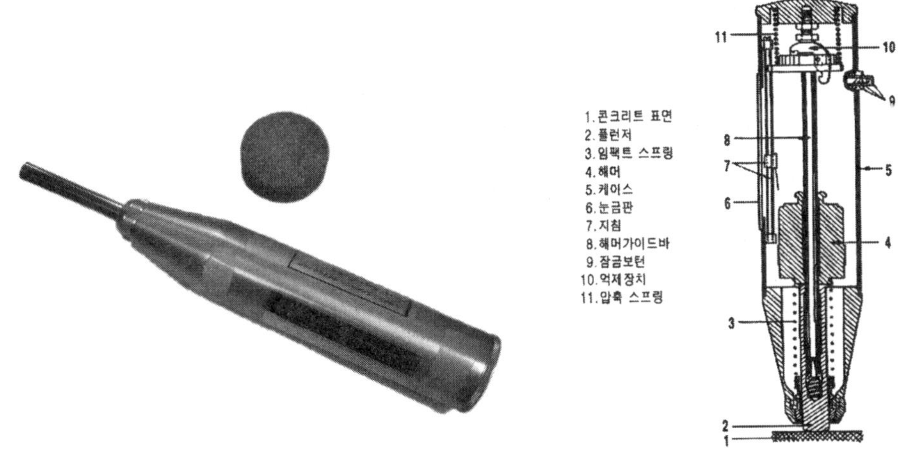

<N형 슈미트 해머 및 내부기구>

<NR형 슈미트 해머>

4. 시험 방법

(1) 마감층이나 정벌 바름이 있는 경우에는 이것을 제거하여 콘크리트 면을 노출시킨다. 콘크리트 면은 연삭 숫돌로 평활하게 갈아 분말 기타의 부착물을 제거하고 측정한다.
(2) 타격은 측정면에 직각으로 가하여야 하며 서서히 힘을 증가하여 타격을 가한다.
(3) 1개소의 측정에 있어서 3㎝정도의 간격을 둔 20점 이상의 측정점을 선택하여 측정을 실시하고 전 측정치의 산술평균을 그 위치의 측정 경도 R로 표시한다.
(4) 특히 반향시나 움푹 패인 정도로부터 판단하여 분명히 이상이 있다고 인정되는 개소의 값 또는 그 오차가 평균값의 약 20% 이상 되는 값은 이것을 버리고 이를 대신할 수 있는 값을 취하여 평균값을 구한다.

5. 강도의 판정

반발경도에 의한 콘크리트 강도 추정식은 아래의 표와 같이 외국의 여러 학자들이 많은 시험을 통해 얻은 자료를 바탕으로 강도 추정식을 제안하고 있다.

<반발 경도에 의한 콘크리트 강도 추정식>

구 분	제 안 식	비 고
일본건축학회식	$F_c=7.3R+100$	F_c : 압축강도 (kgf/㎠) R : 반발 경도 t : 경과년수
일본재료학회식	$F_c=13R-184$	
동경도 건축재료 검사소식	$F_c=10R-110$	
U.S. Army 시험소식	$F_c=-120.6+8.0R+0.0932R^2$	
木 材	$F_c=9.37\times(0.987)^tR+(1.3t-109)$	

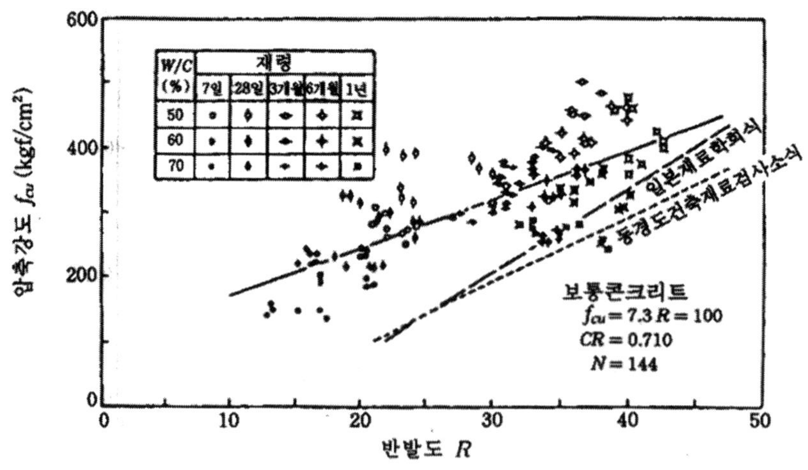

<반발경도법에 의한 강도추정>

6. 시험결과의 보정

(1) 시험 시 타격방향에 의하여 아래 표와 같이 보정한다.

(2) 일반적으로 콘크리트는 시간이 경과할수록 표면 경도가 높게 되어 콘크리트 표면에서 실시하는 반발 경도법으로 부터 구한 측정값은 실제 콘크리트 압축강도보다 높게 나타나므로 “재령에 따른 보정계수 αt의 값”에 의해 보정하는 것이 합리적이다.

(3) 반발경도는 건조한 쪽이 습윤한 쪽보다 높은 값이 되므로, 시험체가 건조한 상태에서 시험을 실시하며, 습윤한 경우는 보정값 ΔR을 +5만큼 적용한다.

<타격 방향에 따른 압축강도 보정값>

반발 경도 R	타격 방향에 따른 보정값 ΔR			
	+90°	+45°	−45°	−90°
10	−	−	+2.4	+3.2
20	−5.4	−3.5	+2.5	+3.4
30	−4.7	−3.1	+2.3	+3.1
40	−3.9	−2.6	+2.0	+2.7
50	−3.1	−2.1	+1.6	+2.2
60	−2.3	−1.6	+1.3	+1.7
상향 수직 : +90° 상향 경사 : +45° 하향 수직 : −90° 하향 경사 : −45°				

<재령에 따른 보정계수 α_t의 값>

재 령	α_t	재 령	α_t	재 령	α_t	재 령	α_t	재 령	α_t	재 령	α_t	재 령	α_t
4	1.90	14	1.36	24	1.06	38	0.94	58	0.86	78	0.82	175	0.73
5	1.84	15	1.32	25	1.04	40	0.93	60	0.86	80	0.82	200	0.72
6	1.78	16	1.23	26	1.02	42	0.92	62	0.85	82	0.82	250	0.71
7	1.72	17	1.25	27	1.01	44	0.91	64	0.85	84	0.81	300	0.70
8	1.67	18	1.22	28	1.00	46	0.90	66	0.85	86	0.81	400	0.68
9	1.61	19	1.18	29	0.99	48	0.89	68	0.84	88	0.80	500	0.67
10	1.55	20	1.15	30	0.99	50	0.87	70	0.84	90	0.80	750	0.66
11	1.49	21	1.12	32	0.98	52	0.87	72	0.84	100	0.78	1000	0.65
12	1.45	22	1.10	34	0.96	54	0.87	74	0.83	125	0.76	2000	0.64
13	1.40	23	1.08	36	0.95	56	0.86	76	0.83	150	0.74	3000	0.63

■ 02. 초음파 전파속도법 KS F 2731

KS F 2403 (콘크리트의 강도 시험용 공시체 제작 방법)
KS F 2405 (콘크리트의 압축 강도 시험 방법)
KS F 2418 (콘크리트 중의 펄스 속도 시험 방법)
KS F 2422 (콘크리트에서 절취한 코어 및 보의 강도 시험 방법)

실험목적 : 초음파를 정보의 매체로 하여 콘크리트의 압축강도를 추정한다.

◆ 초음파법에 의한 비파괴 검사법

① 물성치의 추정 : 초음파 전파속도와 강도와 밀접한 관계가 있으며, P파 속도와 S파 속도로 변형특성에 대한 이론적 산출이 가능하다.

② 균열의 심도 : 초음파가 가장 유효하다.

③ 공동, 갇힌공기, 두께 : 갇힌 공기와 공동은 시공불량이 주된 원인으로서, 철근의 부식, 수밀성과 콘크리트 구조물의 내구성에 문제가 된다. 일반적으로 콘크리트의 종파 전파속도는 3,500~4,000m/sec이며, 완전히 공동인 경우에는 350m/sec, 갇힌 공기에서는 정도에 따라 차이는 있으나 통상 건전부에 비해 20~30% 감소한다.

<반발경도법과 초음파법의 비교>

	반 발 경 도 법	초 음 파 법
콘크리트 함수율	건조한 쪽이 습윤한 쪽보다 높은 값이 된다.	함수율이 크면 pulse 속도가 크게 된다.
온 도	동결콘크리트는 매우 높은 값으로 되기 때문에 시험전에 융해할 필요가 있다. 해머의 온도도 반발경도에 영향을 미친다.	5~30℃의 온도에서는 민감하지 않다. 그 이상의 온도에서는 속도가 감소하고 빙점에서는 증가한다.
표면의 중성화 영향	50% 정도가 증가한다.	큰 영향이 없다.
구조체 중 강재의 영향	큰 영향이 없다.	pulse 속도가 증가하는 경향
일 반 소 견	콘크리트의 균질성의 check와 다른 콘크리트와 비교하는데 유효하다.	콘크리트의 품질측정에 유효하다.

1. 시험 원리

초음파는 주파수 15,000Hz 이상이고 파장은 수mm~수cm이며 빛과 같이 직진하려는 성질이 있어 기하광학적으로 취급되어 물체의 결함과 위치를 정확히 찾아낼 수 있다. 최근에는 이러한 초음파를 이용하여 콘크리트의 품질관리, 구조물의 품질평가 및 균열의 깊이 등을 측정하는 경우에 사용되고 있다.

일반적으로 콘크리트의 종파 전파속도는 3,500~4,000m/sec (강재 5km/sec)이며, 완전히 공동인 경우에는 350m/sec, 갇힌 공기에서는 정도에 따라 차이는 있으나 통상 건전부에 비해 20~30%감소한다.

2. 시험 방법

발진자와 수진자의 배치 방법에 따라 직접 전파법, 간접 전파법 및 반직접 전파법의 3종류의 방법이 있으나, 본 시험에서는 디지털식 음속 측정 장치를 사용하였으며 측정 방법도 오차가 가장 적은 직접 전파법을 이용한다.

먼저 부속 장치인 교정용 기준바를 이용하여 교정을 한 다음 발진자와 수진자를 콘크리트 부재의 상대하는 면에 그리스 등으로 밀착시켜 측정하면 전파시간(t)이 수치로 표시된다.

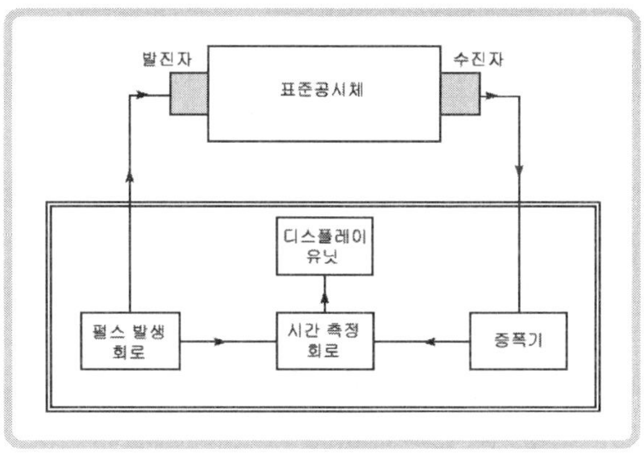

<펄스 속도 시험 장치의 개념도>

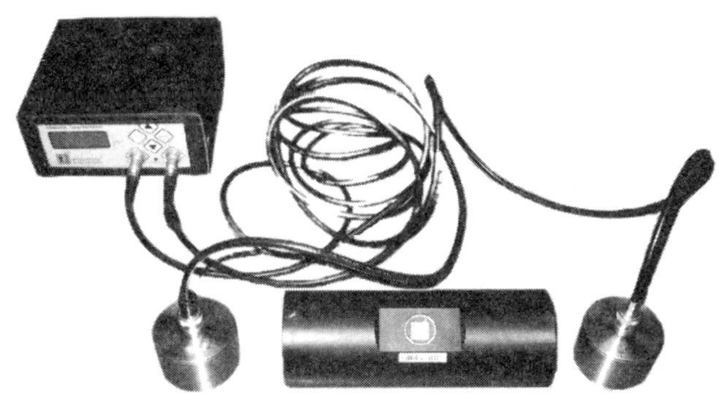

<초음파 시험장치>

3. 강도의 판정

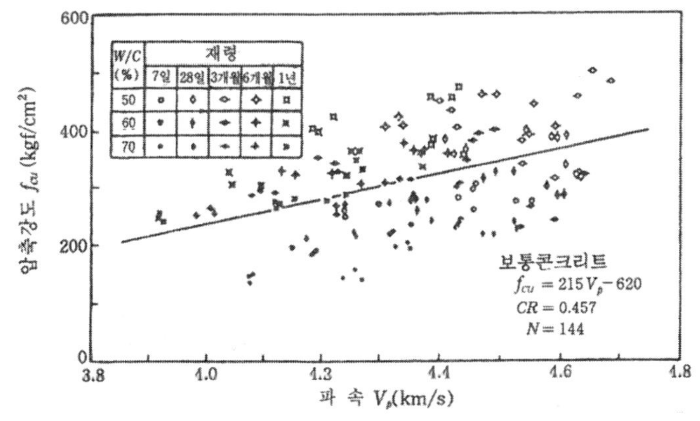

<초음파전파속도에 의한 강도추정>

$$V_p = \frac{l}{t}$$

여기서,

V_p : 초음파의 종파속도 (㎞/sec)

l : 전파길이 (㎞)

t : 전파시간 (sec)

<초음파 전파속도에 의한 콘크리트 강도 추정식>

구 분	제 안 식	비 고
일본 건축학회식	$Fc = 215V - 620$	Fc : 압축강도 (kgf/㎠) V : 초음파속도 (㎞/sec) R : 반발 경도
일본 재료학회식	$Fc = 102V - 117$	
J.Pyszniak 식	$Fc = 92.5V^2 - 508V + 782$	
타니가와(谷川) 식	$Fc = 172.5V - 499.6$	
스위스 PROCEQ 연구소	$\log \delta_{ck} = (0.3794V + 0.01149R - 0.5668) \times C_t$	

4. 초음파 전파속도에 의한 콘크리트 구조물의 균열심도 추정

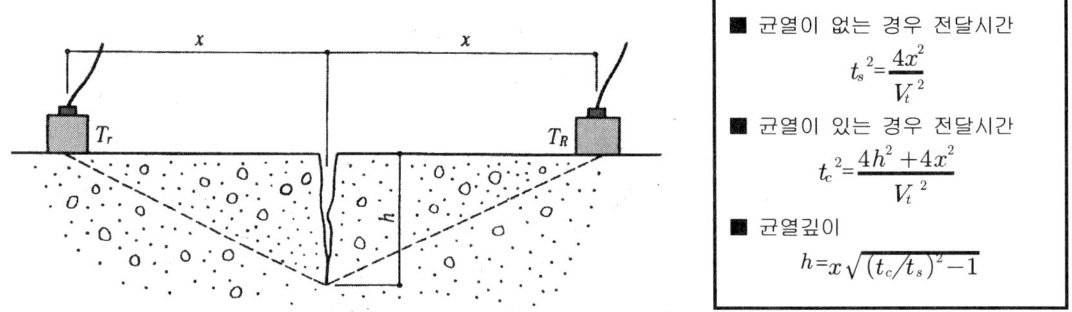

5. 초음파 전파속도에 영향을 미치는 인자

(1) 콘크리트 함수율 : 일반적으로 콘크리트의 수화 조건이나 양생 조건의 차이 및 공극 속에 있는 자유수의 존재 때문에 기인되는 대상 부재의 함수량 차이를 고려하여 펄스 속도를 보정해야 한다. 콘크리트중의 함유수분은 음속에 큰 영향을 미치며, 습윤 상태일수록 파속은 커지게 된다. 함수율이 1% 증가하면 음속은 약 50~100m/s 증대되므로, 강우 등에 의해 콘크리트가 습윤된 경우는 시험을 자제해야 한다.

(2) 콘크리트의 온도 : 10℃~30℃ 까지에서는 콘크리트 온도의 변화가 초음파속도에 큰 영향을 미치지 않는다. 그러나 이 범위 이상에서는 아래 표와 같이 초음파 속도를 수정해야 한다.

<콘크리트 온도에 따른 초음파속도 수정계수>

콘크리트의 온도(℃)	초음파의속도 수정계수(%)	
	기건 상태의 콘크리트	습윤 상태의 콘크리트
60	+5	+4
40	+2	+1.7
20	0	0
0	-0.5	-1
-4	-1.5	-7.5

(3) 투과 거리 : 투과 거리는 콘크리트의 이질적인 성질이 영향을 미치지 않도록 충분히 길어야 한다. 최소 투과 거리는 사용 골재의 최대 호칭 치수가 20㎜ 미만인 콘크리트의 경우 100㎜ 이상이어야 하고, 골재의 최대 호칭 치수가 20~40㎜ 인 콘크리트의 경우 150㎜ 이상이어야 한다.

(4) 철근의 영향 : 철근을 통해 전달되는 초음파속도가 콘크리트를 통해 전달되는 속도보다 2배정도 빠르기 때문에 초음파속도 측정시 미리 철근의 위치를 확인하여 철근의 영향을 받지 않는 곳에서 초음파속도를 측정할 필요가 있다.

6. 초음파 전파속도법을 이용한 기타측정

(1) 박리 · 공극측정

(2) 부재 · 두께 · 내부결함 측정(펄스 반사법)

(3) 균열깊이 측정

■ 03. 철근배근조사 KS F 2734

KS F 2734 (전자기 유도법에 의한 철근 탐사 시험 방법)
KS F 2735 (전자파 레이더법에 의한 철근 탐사 시험 방법)

실험목적 : 철근콘크리트 부재의 철근배근상태를 조사하여 내하력을 평가한다.

1. 개요

철근콘크리트 부재의 철근배근조사는 부재의 국부파취 및 비파괴 장비로 확인 할 수 있는데 국부파취에 의한 부재의 손상은 경제적인 면과 구조물 손상의 영향을 미치므로 비파괴 장비를 사용하여 부재를 측정함으로써 시설물의 전반적인 철근배근상태를 파악할 수 있다.

철근배근상태 조사의 장비를 아래 표와 같이 자기장에 의한 기기와 전자파를 이용한 기기로 구별할 수 있다.

<철근배근상태 조사방법>

시험법의 종류		측정방법	장 점	단 점	적용상의 유의점
자기법	paco meter법 cover meter법 R meter법 와류탐사법	철근의 존재 유무에 따른 자기장의 변화 측정	◦측정은 비교적 용이 ◦동일개소에 반복적 용가능	◦배근형태가 조밀한 경우 탐사가 곤란 ◦깊은(10㎝이상)위치에 있는 철근의 탐사는 곤란 ◦철근과 매설배관을 구별하는 것은 곤란	◦와류탐사 이외의 방법으로 피복두께 혹은 철근직경을 정밀하게 측정하기 위해서는 어느 한 쪽을 미리 알아야 할 필요가 있다. ◦와류탐사법은 다른 방법과는 달리 피복두께와 철근 지름이 동시에 구해진다. ◦근방에 철근 이외의 금속물이 있으면 탐사불가능
전자파법	레이더법	전자파의 측정	◦측정은 비교적 용이 ◦조사개소단면의 양자를 화상으로 볼 수 있다.	◦배근형태가 조밀한 경우, 탐사가 곤란	◦철근의 탐사를 목적으로 한 경우에 사용되는 기기의 탐사가능 길이는 20~30㎝이하이다. ◦조사개소 단면의 화상을 기록으로 남길 수 있다.
방사선법	X선 투과시험법 γ선 투과시험법	방사선 투과사진 촬영	◦철근의 형태를 직접 관찰할 수 있다.	◦방사선에 의한 위험이 따른다. ◦장치가 대형 ◦촬영에는 면허가 필요	◦철근위치는 투과사진을 해석적으로 구한다.

2. 자기법

(1) 자기법의 측정원리 : 측정원리는 평행공진회로의 전압진폭 감소에 따른 고유진동수의 교류가 탐촉코일(Probe Coil)을 통과하면서 교류자기장이 발생한다. 이 자기장의 영향내에 금속(철근)이 존재하면 피복두께와 철근직경의 함수에 따라 코일전압을 변화시키는 것이다.

(2) 페로스캔(Ferroscan)

① 페로스캔(Ferroscan)의 원리 : 페로스캔은 한쪽이 센서코일(Sensor Coil)에서 1초당 1100번의 전자기파를 발산하여 전자기파가 철근에 반사되어 다른 쪽의 센서코일에서 받아들여 피복두께, 철근간격 및 직경을 구하는 자극유도원리(Impulse Induction Principle)에 의해 작동하며 이것이 모니터에서 그래픽으로 나타난다.

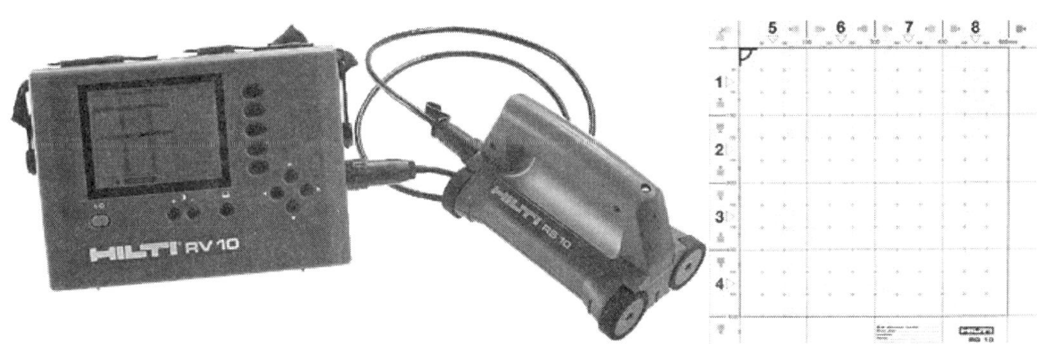

<페로스캔과 10그리드용 종이>

② 시험목적 : 보강철근의 배근 상태 확인, 보강철근의 깊이 측정, 보강철근의 유무와 직경 측정, 보강 철근의 관통이나 손상방지

③ 적용범위 : 측정 깊이가 다른 보강 철근들이 선명한 이미지로 나타나며, 42개까지 영상이 Ferroscan에 저장되며, PC로 영상을 이동시켜 저장이 가능하다. 사용이 용이하며 영상을 프린트 할 수 있다.

④ 측정방법

㉮ 그리드용 종이를 찾고자 하는 철근과 평행하게 콘크리트 표면에 붙인다.

㉯ 스캐너를 모눈종이의 눈금과 평행하게 위치시킨다.

㉰ 스캐너를 모니터에 표시하는 방향으로 움직인다.

㉱ ㉰와 같이 스캐너를 수평 · 수직으로 4회씩 움직인다.

㉲ 스캐너의 작업을 완료한 후 모니터상에 나타난 그래프에서 철근의 직경, 철근의 간격 및 철근의 배근간격을 분석한다.

㉳ 작업한 내용을 PC에 저장한다.

3. 전자파법

(1) 전자파법의 측정원리

전자파를 안테나로부터 콘크리트를 향해 방사해 그 전자파가 콘크리트와 전기적 성질이 다른물질, 예를 들면 철근, 공동등의 반사물체와의 경계면에서 반사되어 다시 콘크리트 표면에 나와 표면 가까이에 위치한 수신 안테나에 도달할 때 까지의 시간으로 심도 및 위치를 측정한다.

본 장치는 콘크리트의 얕은 부분을 높은 분해능력으로 탐사하는 것을 목적으로 하기 때문에 펄스(Pulse)폭이 극히 짧은 약1nsec(10억분의 1초)의 펄스(pulse)파를 송신에 이용하고 있다.

(2) RC-Rader

① 특징

㉮ 연속적인 측정결과를 얻을 수 있음

㉯ 측정결과를 현장에서 파악이 가능

㉰ 한번에 5m분의 데이터(Data)기억 및 송출 가능

㉱ 재질에 크게 영향을 받지 않음

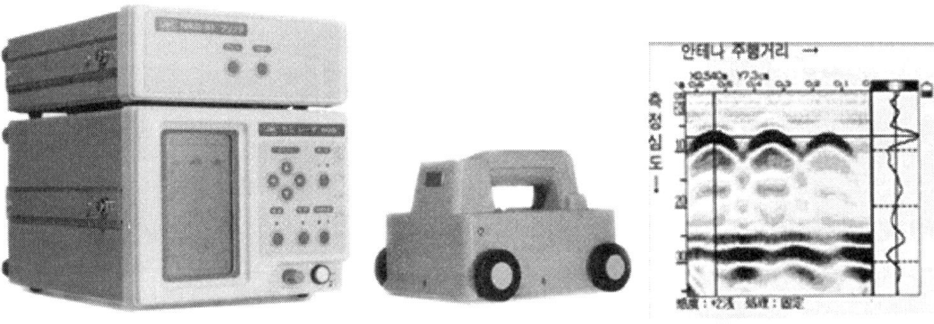

<철근탐지기 (RC-rader)>

② 적용조건

㉮ 적용 가능한 조건(콘크리트 중의 측정대상물에서의 반사 펄스가 충분히 수신 할 수 있는 것이 필요하며, 현장에 의해 다소 다름)

- 측정대상 철근지름이 6㎜ 이상
- 콘크리트의 질이 대부분 균일한 것
- 철근이 안테나 진행방향과 직교하고 있는 것

㉯ 적용 곤란한 조건

- 표면에 금속 등의 전파를 반사하는 것이 있고, 그 이하의 철근 등을 측정하려는 경우
- 100㎜ 이하의 간격으로 배근되어 있는 경우
- 안테나의 진행방향과 평행으로 철근이 있는 경우

③ 성능 : 본 장치의 주요성능은 아래 표와 같다.

<주요 성능>

항 목	성 능
방 식	Impulse 방식
송 신 출 력	약 1ns dir 30Vp-p
측정대상물	철근, 염화 비닐관, 공동 등
두 께	5-200㎜(철근지금 ø6㎜ 이상)
분해능력(피치)	80㎜이상(수평면)
측정레인지	6ns
측정모드	반사파형(A Mode)
	수직 단면도(B Mode)
화상처리	화상처리 1(표면과 처리)
	화상처리 2(Pack 처리)
출력기능	Data Recoder 입출력 기능
	Printer용 출력 기능
온도범위	0℃~40℃
전원	AC100V±10% 50/60㎐ 또는 DC10V 절환가

■ 04. 적외선 촬영법에 의한 단열 성능 평가 KS F 2829

실험목적 : 건축물의 단열 결함 부위를 정량적으로 측정 및 평가한다.

1. 개요

절대 영도 이상의 온도를 갖는 물체는 그 표면으로부터 적외선을 방출하고 있다. 그리고 그 방출량은 물체의 온도와 엄밀한 관계를 갖고 있기 때문에, 물체로부터 방출되는 적외선량을 측정함으로써 그 물체의 온도를 측정할 수 있다. 적외선은 약 0.8~1,000㎛의 범위의 파장을 갖고, 마이크로파와 가시광선 사이의 영역에 속하는 전자파이고 적외선 영역의 전자파만을 감지하는 소지를 갖는 적외선 카메라를 이용해 광학적인 비디오 카메라와 같은 방법으로 적외선 화상, 즉 대상물의 온도 분포화상을 얻을 수 있다.

2. 측정장치 및 특성

적외선 열화상 계측장치는 비접촉식으로 물체의 표면온도를 영상화시키는 장치로써 적외선을 감지하는 검출기, 적외선 신호를 영상화하는 신호처리부, 열화상을 화면에 보여주는 영상표시부 등 크게 3부분으로 이루어져 있다. 또한 다각적인 정량적 분석을 위하여 부속장치로 VTR, PC 등과 연계한 구성이 가능하다. 이러한 적외선 열화상 계측장치의 일반적 특징을 살펴보면 우언거리계측이 가능하므로 접근이 어려운 부위에 대한 진단에 효과적이며, 광범위한 부위를 1회의 계측으로 진단할 수 있다. 또한 신속한 진단이 가능하며, 대상물의 상태를 화상으로 직접 확인이 가능하여 정량, 정성적인 측면의 진단이 가능하게 되며, 연속적인 진단이 이루어 질 수 있는 장점을 가지고 있다.

<콘크리트구조물의 적외선 열화상 측정>

3. 용어의 정의

(1) 열화상법(thermography) : 측정 대상 표면의 적외선 복사량 측정에 의하여 표면 온도 분포를 파악하고 결정하는 것으로 열화상의 불균일을 발생시키는 통상적인 원인에 대한 해석 과정
(2) 열화상(thermal image) : 적외선 열화상 계측 장치에 의하여 생성된 이미지(image)로서 측정 부위의 표면 복사 온도의 분포를 나타낸 그림
(3) 열화상 기록물(thermogram) : 사진, 비디오 테이프, 컴퓨터용 디스켓 등 디지털 파일 방식의 저장 매체에 의하여 기록된 열화상
(4) 적외선 열화상 계측 장치(infrared sensing system) : 적외선 카메라에 의해 측정 대상 부위의 표면 복사온도를 측정하여 열화상을 제공하는 장치
(5) 내표면 온도차 비율(TDRi : Temperature Difference Ratio inside) : 건축물 내부에서 촬영된 벽체 내부 부위의 단열 성능 판정을 위한 지표로서 실내온도와 외기온도와의 차에 대한 실내온도와 외피 내표면 온도의 차의 비율
(6) 외표면 온도차 비율(TDRo : Temperature Difference Ratio outside) : 건축물 외부에서 촬영된 벽체 외부 부위의 단열 성능 판정 지표로서 실내온도와 외기온도와의 차에 대한 실내 온도와 외피 외표면 온도의 차의 비율
(7) 외피(envelope) : 건축물의 내부 공간을 둘러싸고 있는 벽 · 지붕 · 바닥 · 창 및 문 등으로서 외기에 면하는 부위

4. 측정의 기본 원리 및 과정

측정된 부위의 단열 결함 여부는 결함이 없는 정상 상태라고 가정된 경우의 온도 분포와 비교하여 결정된다. 결함이 없는 정상 상태라는 조건은 단열이 정상적으로 반영된 설계 조건 등 평가 목적에 따라 설정 될 수 있으나 가정된 정상 상태의 온도 분포는 측정 당시의 주변 환경을 반영하여야 한다. 가정된 정상 상태의 온도 분포는 해석 또는 측정에 의한 참조 열화상에 의하여 결정할 수 있다. 결함부위의 판정은 측정 대상 건축물의 외피 상태, 냉난방 및 환기 시스템 등에 대한 걸계 및 기타 자료를 근거로 하여 도출되어야 한다.

적외선 열화상 계측 장치에 의한 건축물 열화상 평가는 다음의 내용을 포함한다.

① 적외선 열화상 계측 장치에 의하여 구해진 복사 온도 분포로부터 건축물 외피의 부분에 대한 표면 온도 분포 결정
② 단열 결함, 함습 또는 누기 등에 의해 온도 분포가 비정상적으로 발생하는 부위의 검출
③ 검출된 비정상적인 온도 발생 부위에 대한 평가
④ 평가 부위에 대한 정량적 단열 성능 평가

열화상의 해석의 일반적인 과정을 아래 그림에 나타낸다.

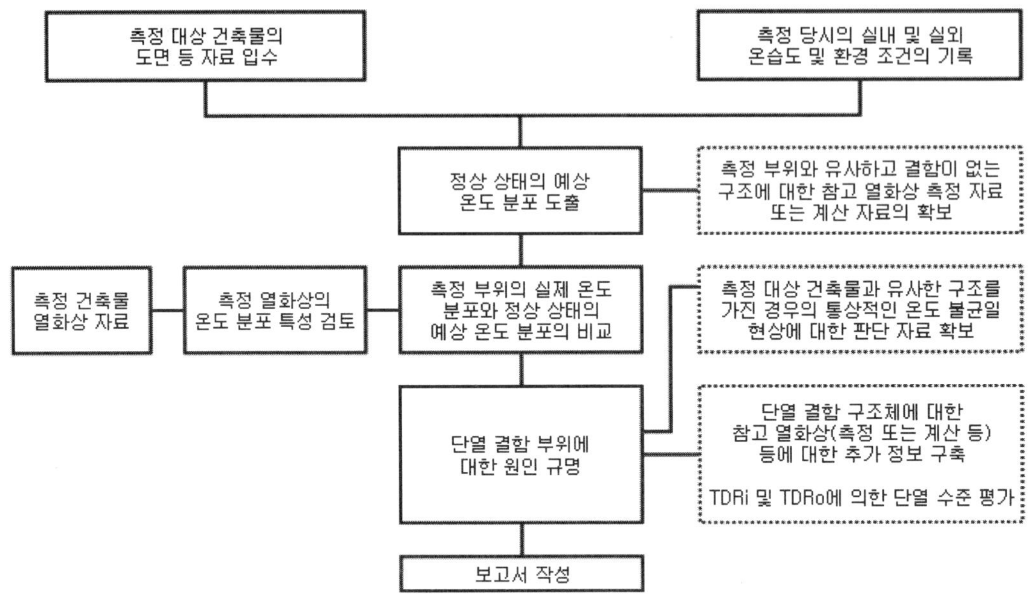

<적외선 열화상 측정에 의한 열화상 해석의 일반 과정>

5. 활용범위

(1) 건축분야에서의 활용범위

① 건축 구조물의 박리, 균열 진단의 연구
② 토목 건설의 생콘크리트 반응열 조사 연구
③ 빌딩 각종 건축물의 내부 설비 열진단
④ 건물내 누수등에 의한 온도 변화 연구
⑤ 단열재의 시공불량 조사 연구
⑥ 냉동창고 등의 단열조사 연구
⑦ 이음부, 구조상의 단차부 및 우각부 등의 표면형상 변화
⑧ 내적인 열원 또는 구조체 이외로부터의 적외선 방사

(2) 기타 각종분야(전기 · 전자, 의학, 자동차, 기계, 금속 등)에서의 활용범위는 매우 넓다.

◆ **사용상 주의 사항**

- 표면 상태에 따른 주의점
  기온의 일교차가 5℃ 이상이면 유효한 관측은 가능하지만 벽면이 젖은 상태(우천시 포함), 굴곡이 심한 표면, 곡면 계측은 어렵다.
- 다른 적외선원으로부터의 반사에 따른 주의점
  표면이 매끄러운 타일면 등의 반사율이 높은 물체의 경우에는 태양으로부터의 적외선 또는 근처에 있는 온도가 높은 물체로부터 방사된 적외선의 방사영향을 받아 대상의 표면온도 계측이 어렵다.
- 일조시간대를 피하여 그림자가 건물을 덮는 등의 경우는 피한다.
- 실내에 난방기기가 있을 경우 온도차를 감안해야 한다.
- 실내·외 온도차(Δt)가 큰 아침, 저녁이 좋다.

■ 05. 콘크리트 코어에 의한 강도 시험 KS F 2422

KS F 2422 (콘크리트에서 절취한 코어 및 보의 강도 시험 방법)
JIS A 1107 (콘크리트로부터 코어의 채취 방법 및 강도 시험 방법)
ASTM C 42

실험목적 : 구조물의 안전도에 의심이 가는 부위에 대해 코어를 채취하여 직접적으로 성능저하 상태를 조사한다.

1. 개요

기존의 콘크리트 구조물에서 아래 그림과 같이 코어를 채취하여 강도나 기타 물성을 확인하는 것은 설계상 소요강도가 만족되고 있는가를 조사하는 관리상의 목적외에 구조물의 성능저하 상태를 조사하는 것이다. 여기서 중요한 것은 시험의 목적에 따라 대표적인 시료를 채취할 장소, 개소 그리고 수량을 충분히 검토한 후 선정하는 것이다.

<콘크리트의 코어채취 사항>

구체적인 방법에 대해서는 KS F 2422(콘크리트에서 절취한 코어 및 보의 강도시험법), ASTM C 42나 JIS A 1107-74(콘크리트로부터 코어의 채취 방법 및 강도 시험방법)에 상세하게 기술되어 있지만, 코어채취는 가능한 한 전문기관에 의뢰하여 콘크리트 코어 드릴 및 커터를 이용하여 구조물 및 공시체가 손상되지 않도록 하여야 한다.

2. 코어의 채취

코어시료의 직경은 일반적으로 굵은골재 최대치수의 3배 이상, 어떤 경우라도 2배 이상으로 하여야 하며, 시료의 높이는 원칙적으로 직경의 2배가 되도록 채취하여야 한다. 이 경우, 미리 철근탐사기나 피복콘크리트를 꺼내어 철근의 위치를 확인하고, 철근을 절단하는 것은 가능한 한 피하도록 배려하는 것이 좋다. 만일, 부득이하게 철근을 절단해야 할 경우에는 철근주변의 콘크리트를 충분히 깨어내고 절단된 철근과 동일한 재질 및 직경의 철근을 용접하여 보수 · 보강하여야 한다.

채취된 코어시료는 다음의 검사를 실시한다.

① 채취위치와 부재
② 콘크리트의 응결이나 분리상태
③ 중성화(中性化) 깊이
④ 철근을 절취한 경우는 철근의 직경, 종류, 부식상태
⑤ 기타 이물질 혼합, 균열상태

3. 압축강도 시험

압축강도 시험 전에 코어시료는 규준에 따라 마무리를 하여야 하며, 특히 양단면은 코어축선에 대하여 직각이 되게 하고, 캡핑할 때는 가압면의 마감에 주의해야 한다. 예를 들면, 가압면의 마감 정밀도가 0.1㎜의 요철이 있을 경우, 압축강도는 6~10% 감소하고, 0.25㎜의 요철이 있을 경우는 35% 감소한다고 한다. 또한, 캡핑의 두께가 6㎜ 이상 되면 캡핑부의 파괴가 콘크리트의 파괴로 오인될 수 있으며, 강도 저하가 40%에 달한다고 한다. 또한, 양단면의 마감불량으로 시험기의 축선과 일치되지 않으면, 강도저하는 더욱 크게 된다.

압축강도 시험은 KS F 2405(콘크리트의 압축강도시험방법)에 의하며 공시체의 높이가 그 직경의 2배 이하인 경우에는, 시험에서 얻어진 압축강도에 아래 표에 나타낸 보정 계수를 곱하여 직경 2배의 높이를 갖는 공시체의 강도로 환산한다.

<공시체 길이에 따른 압축강도 보정계수 (KS F 2422)>

높이와 직경비 (h/d)	보정계수	비 고
2.00	1.00	h/d가 이 표에 표시된 값의 중간에 있는 경우에는 보정계수를 직선보간법으로 구한다.
1.75	0.98	
1.50	0.96	
1.25	0.93	
1.00	0.89	

※ 드릴링 속도와 방향 등에 의하여 코어 공시체의 강도가 저하하므로 코어의 3개 평균강도가 공칭강도의 85% 이상이고, 그중 75% 이하인 강도가 없을 경우 그 콘크리트는 적합한 것으로 본다.(ACI)

이상과 같은 것 외에 코어는 목적에 따라 투수성, 흡수성 등의 물리적 성질과 화학적 성분분석을 위하여 각 시험방법에 따라서 이용될 수 있다.

1 부 록

시멘트 분말도 시험 (블레인 방법)

시 험 일	20 년 월 일 요일 날씨	
시 험 조 건	실 온 (℃)	습 도 (%)
시 료 명		

측 정 번 호	1	2	3	4
① 셀과 수은과의 중량 (g)				
② 셀의 중량 (g)				
③ 수은의 중량 ①-② (g)				
④ (셀)+(시멘트)+(수은)의 중량 (g)				
⑤ (셀)+(시멘트)의 중량 (g)				
⑥ 수은의 중량 ④-⑤ (g)				
⑦ 수은의 밀도 (g/㎤)				
⑧ 배치의 체적 $\frac{③-⑥}{⑦}$ (㎤)				
⑨ 평 균 치				
측 정 번 호				
시료의 중량 (g)				
표준시료 강하시간 Ts (sec)				
표준시료 비표면적 Ss (㎠/g)				
시멘트 강하시간 T (sec)				
시멘트 비표면적 S (㎠/g)				
허 용 차				
평 균 치				

고 찰

실험자	소 속		성 명	
검 인	20 년 월 일		성 명	

시멘트의 밀도시험

시 험 일	20 년 월 일 요일 날씨		
시 험 조 건	실 온 (℃)	습 도 (%)	수 온 (℃)
시 료 명			

측 정 번 호		1	2	3	4
광유표면의 눈금 읽기	처 음 읽 기 (mℓ)				
	마지막 읽 기 (mℓ)				
읽기의 차 v (mℓ)					
시멘트의 중량 w (g)					
밀도 ρ (g/㎤) = $\frac{w}{v}$					
읽을 때 수조의 온 도	처 음 읽 기 (℃)				
	마지막 읽 기 (℃)				
평 균 비 중					

고 찰

실험자	소 속		성 명	
검 인	20 년 월 일		성 명	

시멘트의 응결 시험

<table>
<tr><td colspan="2">시 험 일</td><td colspan="4">20 년 월 일 요일 날씨</td></tr>
<tr><td colspan="2" rowspan="2">시 험 조 건</td><td>실 온 (℃)</td><td>습 도 (%)</td><td>수 온 (℃)</td><td>양생온도 (℃)</td></tr>
<tr><td></td><td></td><td></td><td></td></tr>
<tr><td colspan="2">시 료 명</td><td colspan="4"></td></tr>
<tr><td colspan="2">측 정 번 호</td><td>1</td><td>2</td><td>3</td><td>4</td></tr>
<tr><td colspan="2">시료의 중량(g)</td><td></td><td></td><td></td><td></td></tr>
<tr><td rowspan="2">표준주도</td><td>물의 양 (㎖)</td><td></td><td></td><td></td><td></td></tr>
<tr><td>표준봉의 침하량 (㎜)</td><td></td><td></td><td></td><td></td></tr>
<tr><td colspan="2">주 수 시 각 (h·m)</td><td></td><td></td><td></td><td></td></tr>
<tr><td rowspan="4">시 발</td><td>측 정 시 간 (h·m)</td><td></td><td></td><td></td><td></td></tr>
<tr><td>경 과 시 간 (h·m)</td><td></td><td></td><td></td><td></td></tr>
<tr><td>저판과 시발침과의 거리 (㎜)</td><td></td><td></td><td></td><td></td></tr>
<tr><td>시 발 시 간 (h·m)</td><td></td><td></td><td></td><td></td></tr>
<tr><td rowspan="4">종 결</td><td>측 정 시 간 (h·m)</td><td></td><td></td><td></td><td></td></tr>
<tr><td>경 과 시 간 (h·m)</td><td></td><td></td><td></td><td></td></tr>
<tr><td>종결침의 관찰</td><td></td><td></td><td></td><td></td></tr>
<tr><td>종 결 시 간 (h·m)</td><td></td><td></td><td></td><td></td></tr>
<tr><td colspan="2">시 발 시 간 (h·m)</td><td></td><td></td><td></td><td></td></tr>
<tr><td colspan="2">종 결 시 간 (h·m)</td><td></td><td></td><td></td><td></td></tr>
<tr><td colspan="6">고 찰</td></tr>
</table>

실험자	소 속		성 명	
검 인	20 년 월 일		성 명	

시멘트의 안정성 시험

시 험 일	20 년 월 일 요일 날씨			
시 험 조 건	실 온 (℃)	습 도 (%)	수 온 (℃)	양생온도 (℃)
시 료 명				

측 정 번 호	1	2	3	4
시 료 중 량 (g)				
물의 양 (㎖)				
오토클레이브 팽창도 (㎜)				

고 찰

실험자	소 속		성 명	
검 인	20 년 월 일		성 명	

시멘트의 압축강도 시험

<table>
<tr><td colspan="3">시 료 명</td><td colspan="3"></td></tr>
<tr><td rowspan="5">시 험 일</td><td colspan="2">성 형</td><td colspan="3">서기 20 년 월 일</td></tr>
<tr><td rowspan="4">강도시험</td><td>1일</td><td colspan="3">서기 20 년 월 일</td></tr>
<tr><td>7일</td><td colspan="3">서기 20 년 월 일</td></tr>
<tr><td>28일</td><td colspan="3">서기 20 년 월 일</td></tr>
<tr><td>91일</td><td colspan="3">서기 20 년 월 일</td></tr>
<tr><td rowspan="6">시험일의 상 태</td><td colspan="2" rowspan="2">성 형 실</td><td>실 온 (℃)</td><td>습 도 (%)</td><td>수 온 (℃)</td></tr>
<tr><td></td><td></td><td></td></tr>
<tr><td colspan="2" rowspan="2">습 기 함</td><td colspan="2">온 도</td><td>습 도</td></tr>
<tr><td colspan="2"></td><td></td></tr>
<tr><td colspan="2" rowspan="2">양생수조의 평균온도 (℃)</td><td>7 일</td><td>28 일</td><td>91 일</td></tr>
<tr><td></td><td></td><td></td></tr>
<tr><td rowspan="5">흐름시험</td><td colspan="2" rowspan="2">1배치 시료 중량(g)</td><td>시 멘 트</td><td>표 준 사</td><td>물</td></tr>
<tr><td></td><td></td><td></td></tr>
<tr><td colspan="2" rowspan="2">흐 름 시 험</td><td>(a) 플로 몰드 밑지름(mm)</td><td>(b) 4개 평균 밑지름(mm)</td><td>흐름값 $\frac{(b)-(a)}{(a)}$ ×100(%)</td></tr>
<tr><td>101.60</td><td></td><td></td></tr>
<tr><td colspan="2">다짐수</td><td></td><td></td><td></td></tr>
</table>

<table>
<tr><td rowspan="7">압축강도</td><td>재 령</td><td colspan="2">1일</td><td colspan="2">7일</td><td colspan="2">28일</td><td colspan="2">91일</td></tr>
<tr><td>공시체 No.</td><td>하 중 (kg)</td><td>강 도 (kg/㎠)</td><td>하 중 (kg)</td><td>강 도 (kg/㎠)</td><td>하 중 (kg)</td><td>강 도 (kg/㎠)</td><td>하 중 (kg)</td><td>강 도 (kg/㎠)</td></tr>
<tr><td></td><td></td><td></td><td></td><td></td><td></td><td></td><td></td><td></td></tr>
<tr><td></td><td></td><td></td><td></td><td></td><td></td><td></td><td></td><td></td></tr>
<tr><td></td><td></td><td></td><td></td><td></td><td></td><td></td><td></td><td></td></tr>
<tr><td>평균치 (kg/㎠)</td><td colspan="2"></td><td colspan="2"></td><td colspan="2"></td><td colspan="2"></td></tr>
</table>

고 찰

<table>
<tr><td>실험자</td><td>소 속</td><td></td><td>성 명</td><td></td></tr>
<tr><td>검 인</td><td colspan="2">20 년 월 일</td><td>성 명</td><td></td></tr>
</table>

시멘트의 인장강도 시험

<table>
<tr><td colspan="2">시 료 명</td><td colspan="2"></td></tr>
<tr><td rowspan="5">시 험 일</td><td colspan="2">성 형</td><td>서기 20 년 월 일</td></tr>
<tr><td rowspan="4">강도시험</td><td>1일</td><td>서기 20 년 월 일</td></tr>
<tr><td>7일</td><td>서기 20 년 월 일</td></tr>
<tr><td>28일</td><td>서기 20 년 월 일</td></tr>
<tr><td>91일</td><td>서기 20 년 월 일</td></tr>
</table>

<table>
<tr><td rowspan="6">시험일의
상 태</td><td rowspan="2">성 형 실</td><td>실 온 (℃)</td><td>습 도 (%)</td><td>수 온 (℃)</td></tr>
<tr><td></td><td></td><td></td></tr>
<tr><td rowspan="2">습 기 함</td><td>온 도</td><td colspan="2">습 도</td></tr>
<tr><td></td><td colspan="2"></td></tr>
<tr><td rowspan="2">양생수조의
평균온도 (℃)</td><td>7 일</td><td>28 일</td><td>91 일</td></tr>
<tr><td></td><td></td><td></td></tr>
</table>

<table>
<tr><td rowspan="5">흐름시험</td><td rowspan="2">1배지 시료
중량(g)</td><td>시 멘 트</td><td>표 준 사</td><td>물</td></tr>
<tr><td></td><td></td><td></td></tr>
<tr><td rowspan="2">흐 름 시 험</td><td>(a) 플로 몰드 밑지름(mm)</td><td>(b) 4개 평균 밑지름(mm)</td><td>흐름값 $\frac{(b)-(a)}{(a)}$ ×100(%)</td></tr>
<tr><td>101.60</td><td></td><td></td></tr>
<tr><td>다짐수</td><td></td><td></td><td></td></tr>
</table>

<table>
<tr><td rowspan="6">압축강도</td><td>재 령</td><td colspan="2">1일</td><td colspan="2">7일</td><td colspan="2">28일</td><td colspan="2">91일</td></tr>
<tr><td>공시체
No.</td><td>하 중
(kg)</td><td>강 도
(kg/㎠)</td><td>하 중
(kg)</td><td>강 도
(kg/㎠)</td><td>하 중
(kg)</td><td>강 도
(kg/㎠)</td><td>하 중
(kg)</td><td>강 도
(kg/㎠)</td></tr>
<tr><td></td><td></td><td></td><td></td><td></td><td></td><td></td><td></td><td></td></tr>
<tr><td></td><td></td><td></td><td></td><td></td><td></td><td></td><td></td><td></td></tr>
<tr><td></td><td></td><td></td><td></td><td></td><td></td><td></td><td></td><td></td></tr>
<tr><td>평균치
(kg/㎠)</td><td colspan="2"></td><td colspan="2"></td><td colspan="2"></td><td colspan="2"></td></tr>
</table>

<table>
<tr><td colspan="5">고 찰</td></tr>
<tr><td>실험자</td><td>소 속</td><td></td><td>성 명</td><td></td></tr>
<tr><td>검 인</td><td colspan="2">20 년 월 일</td><td>성 명</td><td></td></tr>
</table>

잔골재 체가름 시험

시 험 일	20 년 월 일 요일 날씨		
시 험 조 건	실 온 (℃)		습 도 (%)
시 료	채취장소	채취날짜	채취자

체크기 (mm)	각 체에 남는 양의 누계		각 체에 남는 양		통과량
	(g)	(%)	(g)	(%)	(%)
10					
5 (No.4)					
2.5 (No.8)					
1.2 (No.16)					
0.60 (No.30)					
0.30 (No.50)					
0.15 (No.100)					
팬 (접시)					
계					
조 립 률					

고 찰

실험자	소 속		성 명	
검 인	20 년 월 일		성 명	

굵은골재 체가름 시험

<table>
<tr><td>시 험 일</td><td colspan="5">20 년 월 일 요일 날씨</td></tr>
<tr><td rowspan="2">시 험 조 건</td><td colspan="2">실 온 (℃)</td><td colspan="3">습 도 (%)</td></tr>
<tr><td colspan="2"></td><td colspan="3"></td></tr>
<tr><td rowspan="2">시 료</td><td>채취장소</td><td colspan="2">채취날짜</td><td colspan="2">채취자</td></tr>
<tr><td></td><td colspan="2"></td><td colspan="2"></td></tr>
</table>

<table>
<tr><td rowspan="2">체크기(mm)</td><td colspan="2">각 체에 남는 양의 누계</td><td colspan="2">각 체에 남는 양</td><td>통과량</td></tr>
<tr><td>(g)</td><td>(%)</td><td>(g)</td><td>(%)</td><td>(%)</td></tr>
<tr><td>80</td><td></td><td></td><td></td><td></td><td></td></tr>
<tr><td>40</td><td></td><td></td><td></td><td></td><td></td></tr>
<tr><td>20</td><td></td><td></td><td></td><td></td><td></td></tr>
<tr><td>10</td><td></td><td></td><td></td><td></td><td></td></tr>
<tr><td>5 (No.4)</td><td></td><td></td><td></td><td></td><td></td></tr>
<tr><td>팬 (접시)</td><td></td><td></td><td></td><td></td><td></td></tr>
<tr><td>계</td><td></td><td></td><td></td><td></td><td></td></tr>
<tr><td>조 립 률</td><td></td><td></td><td></td><td></td><td></td></tr>
</table>

고 찰

<table>
<tr><td>실험자</td><td>소 속</td><td></td><td>성 명</td><td></td></tr>
<tr><td>검 인</td><td colspan="2">20 년 월 일</td><td>성 명</td><td></td></tr>
</table>

잔골재의 밀도 및 흡수량 시험

<table>
<tr><td>시 험 일</td><td colspan="4">20 년 월 일 요일 날씨</td></tr>
<tr><td rowspan="2">시 험 조 건</td><td>실 온 (℃)</td><td>습 도 (%)</td><td>수 온 (℃)</td><td>건조온도 (℃)</td></tr>
<tr><td></td><td></td><td></td><td></td></tr>
<tr><td rowspan="2">시 료</td><td>채 취 장 소</td><td>채 취 날 짜</td><td colspan="2">채 취 자</td></tr>
<tr><td></td><td></td><td colspan="2"></td></tr>
</table>

<table>
<tr><td>측 정 번 호</td><td>1</td><td>2</td><td>3</td><td>4</td></tr>
<tr><td>① 플라스크의 번호</td><td></td><td></td><td></td><td></td></tr>
<tr><td>② 플라스크의 용량 (㎖)</td><td></td><td></td><td></td><td></td></tr>
<tr><td>③ 시료의 중량 (g)</td><td></td><td></td><td></td><td></td></tr>
<tr><td>④ (플라스크)+(물)+(시료)의 중량(g)</td><td></td><td></td><td></td><td></td></tr>
<tr><td>⑤ 물의 중량 (g)</td><td></td><td></td><td></td><td></td></tr>
<tr><td>⑥ 표면건조 포화상태의 밀도 $\frac{③}{② - ⑤}$</td><td></td><td></td><td></td><td></td></tr>
<tr><td>⑦ 허 용 차</td><td colspan="2"></td><td colspan="2"></td></tr>
<tr><td>⑧ 평 균 치</td><td colspan="2"></td><td colspan="2"></td></tr>
<tr><td>⑨ 시료의 건조량 (g)</td><td></td><td></td><td></td><td></td></tr>
<tr><td>⑩ 흡수량 $\frac{③ - ⑨}{⑨} \times 100$ (%)</td><td></td><td></td><td></td><td></td></tr>
<tr><td>⑪ 허 용 차</td><td colspan="2"></td><td colspan="2"></td></tr>
<tr><td>⑫ 평 균 치</td><td colspan="2"></td><td colspan="2"></td></tr>
<tr><td colspan="5">고 찰</td></tr>
</table>

<table>
<tr><td>실험자</td><td>소 속</td><td></td><td>성 명</td><td></td></tr>
<tr><td>검 인</td><td colspan="2">20 년 월 일</td><td>성 명</td><td></td></tr>
</table>

굵은골재의 밀도 및 흡수량 시험

시 험 일	20 년 월 일 요일 날씨			
시 험 조 건	실 온 (℃)	습 도 (%)	수 온 (℃)	건조온도 (℃)
시 료	채 취 장 소	채 취 날 짜	채 취 자	

측 정 번 호	1	2	3	4
① 공기중의 시료의 중량 (g)				
② 물속의 철망태와 시료의 중량 (㎖)				
③ 물속의 철망태의 중량 (g)				
④ 물속의 시료의 중량 ②-③ (g)				
⑤ 표면건조 포화상태의 밀도 $\frac{①}{① - ④}$				
⑥ 허 용 차				
⑦ 평 균 치				
⑧ 건조후의 시료의 중량 (g)				
⑨ 흡수량 $\frac{① - ⑧}{⑧} \times 100$ (%)				
⑩ 허 용 차				
⑪ 평 균 치				

고 찰

실험자	소 속		성 명	
검 인	20 년 월 일		성 명	

골재의 단위용적 중량 시험

시 험 일	20 년 월 일 요일 날씨		
시험조건	실 온 (℃)	습 도 (%)	
시 료	채 취 장 소	채 취 날 짜	채 취 자

측 정 번 호	잔골재		굵은골재	
	1	2	1	2
① 용기용량 (㎥)				
② (시료+용기)의 중량 (㎏)				
③ 용기 중량 (㎏)				
④ 시료중량 ② − ③ (㎏)				
⑤ 힘수량 측정히지 않는 경우 단위용적 중량 $\frac{④}{①}$ (㎏/㎥)				
⑥ 허 용 차				
⑦ 평 균 치				
⑧ 함수량 측정하는 경우 건조전의 시료중량				
⑨ ⑧의 건조 후 중량				
⑩ 단위 용적중량 ⑤ × $\frac{⑨}{⑧}$ (㎏/㎥)				
⑪ 허 용 차				
⑫ 평 균 치				

고 찰

실험자	소 속		성 명	
검 인	20 년 월 일		성 명	

잔골재의 표면수량 시험

시 험 일	20 년 월 일 요일 날씨			
시 험 조 건	실 온 (℃)	습 도 (%)	수 온 (℃)	건조온도 (℃)
시 료	채 취 장 소	채 취 날 짜	채 취 자	표건밀도

측 정 번 호	1	2	1	2
중 량 법				
① (용기)+(표시선까지의 물)의 중량 Wc(g)				
② 시료의 중량 Wc(g)				
③ (용기)+(표시선까지의 물)+(시료)의 중량 Wc(g)				
④ Vs = ① + ② − ③ (g)				
⑤ Vd = $\frac{②}{비중}$				
⑥ 표면수량 P1 = $\frac{④-⑤}{②-④}$ ×100(%)				
⑦ 표면수량 P2 = $\frac{④-⑤}{②-⑤}$ ×100(%)				
⑧ 허 용 차				
⑨ 평 균 치				
용 적 법				
⑩ 시료를 완전히 침수시킬 수 있는 물의 용적 V_1(cc)				
⑪ (시료) + (물)의 용적 V_2(cc)				
⑫ Vs = ⑪−⑩ (cc)				
⑬ 표면수량 P1 = $\frac{⑫-⑤}{②-⑫}$ ×100(%)				
⑭ 표면수량 P2 = $\frac{⑫-⑤}{②-⑤}$ ×100(%)				
⑮ 허 용 차				
⑯ 평 균 치				

고 찰

실험자	소 속		성 명	
검 인	20 년 월 일		성 명	

모래의 유기불순물 시험

시 험 일	20 년 월 일 요일 날씨		
시험조건	실 온 (℃)	습 도 (%)	수 온 (℃)
시 료	채 취 장 소	채 취 날 짜	채 취 자

측 정 번 호	1	2	1	2
용 액 의 색	표준색의 ( )배	표준색의 ( )배	표준색의 ( )배	표준색의 ( )배
결 과				

고 찰

실험자	소 속		성 명	
검 인	20 년 월 일		성 명	

골재에 포함된 잔입자(No. 200체 통과) 시험

시 험 일	20 년 월 일 요일 날씨			
시험조건	실 온 (℃)	습 도 (%)	수 온 (℃)	건조온도 (℃)
시 료	채 취 장 소	채 취 날 짜	채 취 자	

측 정 번 호	1	2	3
① 씻기 전의 시료의 건조중량 (g)			
② 씻은 후의 시료의 건조중량 (g)			
③ 잔재(殘滓)의 중량 (g)			
④ No.200체를 통과한 잔입자의 백분율			
$\frac{①-②}{①}\times 100$ (%)			
⑤ 검 산			
$\frac{③}{①}\times 100$(%)			

고 찰

실험자	소 속		성 명	
검 인	20 년 월 일		성 명	

굵은골재 중의 연석량 시험

시 험 일	20 년 월 일 요일 날씨		
시 험 조 건	실 온 (℃)	습 도 (%)	
시 료	채 취 장 소	채 취 날 짜	채 취 자

연 석 중 량 백 분 율										
남는체 (mm)	통과하는 체 (mm)	① 각 무더기의 중량 (g)	② 각 무더기의 중량 백분율 (%)	③ 시험전의 각 무더기의 중량 (g)	④ 시험전의 각 무더기의 개수	⑤ 각 무더기의 연석중량 (g)	⑥ 각 무더기의 연석개수	⑦ 각 무더기의 연석중량 백분율 $\frac{③}{⑤}\times100$ (%)	⑧ 각무더기의 연석 개수 백분율 $\frac{⑥}{④}\times100$ (%)	⑨ 굵은 골재의 연석중량 백분율 $\frac{①\times⑦}{100}$ (%)
10	13									
13	19									
19	25									
25	40									
40	50									
합 계										
결과의 판정										

고 찰

실험자	소 속		성 명	
검 인	20 년 월 일		성 명	

콘크리트의 슬럼프 시험

시 험 일	20 년 월 일 요일 날씨		
시 험 조 건	실 온 (℃)	습 도 (%)	수 온 (℃)
시 료			

<table>
<tr><td rowspan="3">시 방
배 합</td><td rowspan="2">굵은
골재의
최대치수
(㎜)</td><td rowspan="2">슬럼프의
범위
(㎝)</td><td rowspan="2">공기량의
범위
(%)</td><td rowspan="2">물-시멘트
비
W/C
(%)</td><td rowspan="2">잔골재율
s/a
(%)</td><td colspan="8">단 위 량 (㎏ / ㎥)</td></tr>
<tr><td>물
W</td><td>시멘트
C</td><td>잔골재
S</td><td colspan="2">굵은 골재G
㎜~㎜ | ㎜~㎜</td><td colspan="2">혼화재료
혼화재 | 혼화제 (㎖/㎥)</td></tr>
<tr><td></td><td></td><td></td><td></td><td></td><td></td><td></td><td></td><td></td><td></td><td></td><td></td></tr>
</table>

측정번호	1	2	3
슬럼프			
다짐대로 콘크리트 측면을 때렸을때 의 상태			
콘크리트 의 온도 (℃)			

고 찰

실험자	소 속		성 명	
검 인	20 년 월 일		성 명	

굳지 않은 콘크리트의 공기함유량 시험 (공기실 압력방법)

시 험 일	20 년 월 일 요일 날씨		
시 험 조 건	실 온 (℃)	습 도 (%)	수 온 (℃)
시 료			

시방배합	굵은 골재의 최대치수 (mm)	슬럼프의 범위 (cm)	공기량의 범위 (%)	물·시멘트비 W/C (%)	잔골재율 s/a (%)	단 위 량 (kg / m³)						
						물 W	시멘트 C	잔골재 S	굵은 골재G		혼화재료	
									mm~mm	mm~mm	혼화재	혼화제 (mℓ/m³)

측정번호	1	2	3
①겉보기 공기량 (%)			
②골재 수정계수 (%)			
③공기량 ①-② (%)			
④ 콘크리트의 온도			

고 찰

실험자	소 속		성 명	
검 인	20 년 월 일		성 명	

콘크리트의 압축강도 시험

시 험 일	20 년 월 일 요일 날씨		
시 험 조 건	실 온 (℃)	습 도 (%)	수 온 (℃)
시 료			

시방배합	굵은 골재의 최대치수 (㎜)	슬럼프의 범위 (㎝)	공기량의 범위 (%)	물·시멘트비 W/C (%)	잔골재율 s/a (%)	단 위 량 (kg / ㎥)						
						물 W	시멘트 C	잔골재 S	굵은 골재G		혼화재료	
									㎜~㎜	㎜~㎜	혼화재	혼화제 (㎖/㎥)

공시체 번호	1	2	3	4
재령 (일)				
평균 지름				
파괴 하중				
압축 강도				
평균 압축강도				
양생방법 온도				
공시체의 파괴사항				

고 찰

실험자	소 속		성 명	
검 인	20 년 월 일		성 명	

콘크리트의 휨강도 시험

시 험 일	20 년 월 일 요일 날씨			
시험조건	실 온 (℃)	습 도 (%)	수 온 (℃)	양생온도 (℃)
시 료				

시방배합	굵은 골재의 최대치수 (mm)	슬럼프의 범위 (cm)	공기량의 범위 (%)	물-시멘트비 W/C (%)	잔골재율 s/a (%)	단 위 량 (kg / m³)						
						물 W	시멘트 C	잔골재 S	굵은 골재G		혼화재료	
									mm~mm	mm~mm	혼화재	혼화제 (mℓ/m³)

공시체 번호	1	2	3	4
재령(일)				
평균폭				
파괴높이				
스 판				
최대하중				
휨강도				
평 균 휨강도				
양생방법				
양생온도				
파괴상황				
파괴단면과 이에 가까운거리				

고 찰

실험자	소 속		성 명	
검 인	20 년 월 일		성 명	

슈미트해머 시험 DATA SHEET

시 험 일	20 년 월 일	요일 날씨
시 험 조 건	온 도 (℃)	습 도 (%)
시 료	건물소재지	건물명
추 정 식		

시 험 번 호	층 수 부재명	측 정 치					평균치	보정치	기준값	타격각도	압축강도	평균 압축강도	재령계수	보정 압축강도
							R	ΔR	R_0	α	F_c	F_{av}	α_n	F_c

실험자	소 속		성 명	
검 인	20 년 월 일		성 명	

2

부 록

1. SI 단위계

SI의 구성

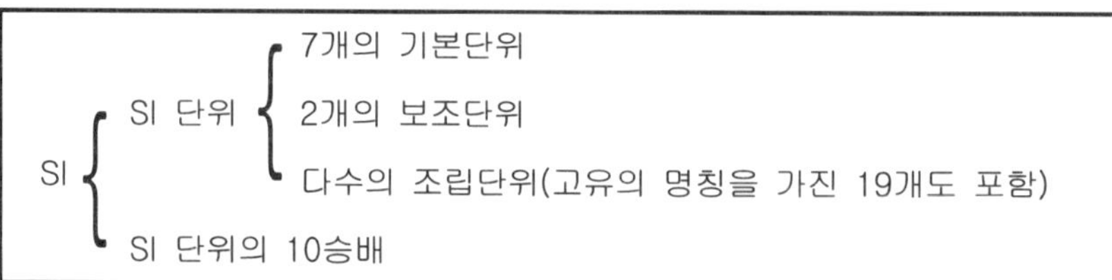

SI 기본단위

양	단위의 명칭	단위기호
길이	미터	m
질량	킬로그램	kg
시간	초	s
전류	암페어	A
열역학온도	켈빈	K
물질량	몰	mol
광도	칸델라	cd

SI 보조단위

양	단위의 명칭	단위기호
평면각	라디안	rad
입체각	스페라디안	sr

고유의 명칭을 가진 SI 조립단위의 예

양	단위의 명칭	단위기호	정 의
고주파	헬츠	Hz	1 Hz=1 s^{-1}
힘	뉴튼	N	1 N=1kg·m/s^2
압력, 응력도	파스칼	Pa	1 Pa=1 N/m^2
에너지, 일, 열량	줄	J	1 J=1N·m
전력	와트	W	1 W=1J/s
전기량, 전하	쿨롱	C	1 C=1A·s
전압, 전위	볼트	V	1 V=1J/C
정전용량	파라드	F	1 F=1C/V
전기저항	옴	Ω	1 Ω=1V/A

SI 단위와 함께 사용할 수 있는 단위

양	단위의 명칭	단위 기호	정 의
시간	분	min	1 min=60 s
	시	h	1 h=60 min
	일	d	1 d=24h
평면각	도	°	1°=(π/180) rad
	분	'	1'=(1/60)°
	초	"	1"=(1/60)'
체적	리터	l	1l=1 dm^3
질량	톤	t	1t=10^3kg

SI 접두어

단위의 배수	접두어 명칭	접두어 기호	단위의 배수	접두어 명칭	접두어 기호
10^{24}	요타	Y	10^{-1}	데시	d
10^{21}	제타	Z	10^{-2}	센티	c
10^{18}	엑사	E	10^{-3}	밀리	m
10^{15}	페타	P	10^{-6}	마이크로	μ
10^{12}	테라	T	10^{-9}	나노	n
10^{9}	기가	G	10^{-12}	피코	p
10^{6}	메가	M	10^{-15}	펨토	f
10^{3}	킬로	k	10^{-18}	아토	a
10^{2}	헥토	h	10^{-21}	젭토	z
10	데카	da	10^{-24}	욕토	y

2. 본 서에서 사용하는 주요 기호와 단위

기본량	예	기호	단위기호
척도 · 치수	길이, 높이, 깊이, 직경, 다이알게이지변위량, 침하량, 반경	$l, L, D, H, d, S, r, b, h$	m, cm, mm, ㎛
질량	시료질량, 염화물이온량	M, m, W, C, CL	kg, g
하중 · 힘	압축력, 인장력, 재하하중, 안정성	P	N
압력 · 응력도	수압, 압밀압, 압밀응력도, 인장응력도, 항복응력도, 휨응력도, 전단강도	$p, q .c, f$	$N/m^2, N/mm^2, Pa$
시간	경과시간	t	h, min, s
속도	관입속도, 침하속도, 재하속도	v	$mm/s, cm/s$
면적	공시체단면적, 용기단면적	A, a	mm^2, cm^2
체적	공시체체적, 용기체적, 배수량	V, v, T	l, ml, cm^3, m^3
밀도	단위체적질량, 공시체밀도	ρ	$g/cm^3, kg/m^3, g/mm^3$
농도	물농도, 농도		$mol/l, g/l$
온도	수온, 공시체온도, 기온	T	℃
백분율	함수비, 물시멘트비, 변형, 오차, 실적율, 공극율, 포화도, 파쇄치	$w, W/C, \varepsilon, A, V, G, V_c, V_{fa}, CV$	%

그 밖의 기호와 단위

용어	기호	단위기호	용어	기호	단위기호
탄성계수 변형계수	E	$N/m^2, N/mm^2$	체적압축계수	m_c	cm^2/N
투수계수	k	$cm/s, m/s$	침출액의 환산계수	f	g/ml
점성	η	$Pa\ s$	수소이온지수		pH
중력가속도	g	m/s^2	할증계수	α	
압밀계수	C_v	cm^2/d			

3. 그리스어 문자

대문자	소문자	읽는방법	대문자	소문자	읽는방법	대문자	소문자	읽는방법
Α	α	알파	Ι	ι	이오타	Ρ	ρ	로
Β	β	베타	*K*	κ	카파	Σ	σ	시그마
Γ	γ	감마	Λ	λ	람다	Τ	τ	타우
Δ	δ	델타	*M*	μ	뮤	Υ	υ	윱실론
Ε	ε	입실론	Ν	ν	뉴	Φ	φ	파이
Ζ	ζ	제타	Ξ	ξ	크사이	Χ	χ	카이
Η	η	에타	Ο	ο	오미크론	Ψ	ψ	프사이
ϴ	θ	세타	Π	π	파이	Ω	ω	오메가

4. 건축재료의 주요물성 비교표

재료명		주요용도	기건밀도 (g/cm^3)	흡수율 (wt %)	열전도율 (W/m·K)	비 열 (J/kg·K)	압축강도 (N/mm^2)	인장강도 (N/mm^2)	휨강도 (N/mm^2)	영계수×1000 (N/mm^2)		비강도 (N/mm^2)
목 재	삼 목	건축일반, 건구	0.3~0.4		0.12	1260	25~45	50~75	30~75	7~8	b	100
	노송나무	고급건축용일반, 건구	0.4~0.5		0.12	1260	30~40	85~160	50~90	9~10	b	85
	적 송	알뚝, 보, 서까래	0.5~0.6		0.12	1260	35~55	85~180	35~110	10~11	b	85
	느티나무	가구, 건구	0.5~0.8		0.17	1260	50~65	85~160	80~125	12~14	b	90
목질재료	합 판 (베니어)	마감재, 흡음재, 공사용재료	0.5		0.12	1260	20	7~15	10~50	0.5~3	b	40
	연질섬유판	내장재	0.2~0.3	~0.05	0.06	1260		0.5~1.6	1~3	0.8~0.4	b	5
	반경질섬유판	내장재, 바탕재, 가구	0.4~0.8		0.14	1680		18~22	25~35	2.5~3.5	b	30
	경질섬유판	내장재, 바탕재, 외장바탕	0.8~1.1	~30	0.17	1260		20~40	30~50	4~5	b	30
	파티클보드	상자 재료	0.6~0.7		0.12	1260	20	10	20	~3	b	15
	목모시멘트판	바탕재	0.4~0.5		0.12	1680						
금 속	일반강재 (연강)	건축용 봉강, 형강	7.9	0	46	510	460	460		~21	t	58
	주 철	주각, 접합부	7.9	0	46	510	530	530		~21	t	34
	스텐레스판	물돌림, 외장재, 지붕재	7.9	0	151	510	700	700				89
	알루미늄판	지붕재, 경량구조, 샤시	2.8	0	209	880	210	210		~7	t	75
	동 판	지붕재	8.9	0	371	380	245	245		~12	t	28
	아연합금판	건축철물(개구부재), 장식	7.1	0	128	420	225	225		~8	t	16
	아연철판	판재, 지붕재	7.8	0	46	420~470	30~50	30~50		~21	t	5
	피아노선	PC강재	7.8	0				3000				192
석 재	화강암	구조재, 장식용	2.6~2.7	0.1~0.5	3.13	880	130~170	4~8	11~16			55
	안산암	간지석	2.5~2.6	1.5~3.5	3.13	880	80~120	3~7	7~12			40
	응회암	목조기초, 석단	2.0~2.7	20~30	1.39	930	6~15	0.8~1.5	1~2.3			5
	사 암	기초, 석단	2.5~2.7	5~15	3.13	840	130~120	2.6~2.8	8~10			30
	점판암	슬레이트 지붕재	2.8~2.8	0~1	3.13	880	100~200					55
	석회암	골재, 시멘트 원료	2.7~2.8	0.1~9	3.13	880	60~150					40
	대리석	실내장식재	2.7~2.7	0.05~0.2	3.13	880	100~140		10~12			45
유 리	보통유리	창호재, 채광재	2.6~	0	0.78	760	900	50	40~80	50~80	c	350
시멘트계	모르터	벽바탕재, 줄눈재	2.2	8~15	1.39~1.51	800	20~40	2~4	3~7	2~2	c	15
	경량콘크리트	구조재	1.6~1.9	7~25	0.46~0.75	1010	15~25	1.5~2	2~3	15~2	c	10
	보통콘크리트	구조재, 노출마감	2.3	5~8	1.39~1.51	880	15~36	1.5~2.5	2~4	15~2	c	10
	고강도콘크리트	구조재, 고층RC	2.3~2.5		1.5~1.74	800	36~	2~6	3~10	25~5	c	30
	ALC	벽바탕재	0.6	60~80	0.17	1090	4	0.5	1	2	c	5
수 지	염화비닐수지	판, 타일, 관, 도료	1.1~1.4	0.3~0.75	0.12~0.29	2520~7960	75~85	35~63	90~105	1~4	t	65
	폴리에스테르수지	시트, 도료	1.4	0.06~0.28		2930~3350	120~140	21~63	90~130	2	t	95
	아크릴수지	채광판, 도료, 보강재	1.3	0.3~0.5				42~77	98~120	2~3	t	45
	멜라민수지	화장판, 도료, 접착제	1.5	0.1~1.3	0.29~0.70	1180~18840	15~300	49~91	63~120	8~14	t	160
	에폭시수지	접착제, 도료, 보수재	1.1~1.4	0.1~0.4	0.17~1.28	1050~3350	90~125	28~85	90~140	2~30	t	85
	실리콘수지	접착제, 도료	1.4~2.0	0.1~0.5		50~420	85~140	25~35	42~80	10~21	t	65
	우레탄수지	발포품, 도료, 접착제	1.0~1.3	0.02~1.5	0.29~0.35	3770~5030	50~100	30~75	10~60	1~7	t	65
고 무	크롤로플렌고무(합성)	방수재, 실링, 루핑	1.2		0.20~0.21			15~29				20
	에틸렌프로필렌고무(합성)	방수재, 실링, 루핑	0.9					7~25				20
	천연고무	바닥타일, 시트	0.9					20~40				30
마감재료	회반죽	벽마감재	1.3		0.75	1050						
	석고플라스터	벽마감재	2.0		0.81	840			0.9~3			
	흙 벽	벽재료	1.3		0.70	840						
보 드 류	석고보드	벽바탕재, 천장재	0.9		0.17	1130						
	석면슬레이트	바탕재, 벽재료	1.5		1.16	1220						
점토제품	시유자기질타일	내외장마감	2.3	~0.5	1.62	840		10~25	20~50	45	c	10
	도기질타일	내장마감	1.8	14	0.81	1300		5~12	13~30	21	c	5
	시유기와	지붕재	2.1	6.0	1.04	760			13	21	c	
	벽 돌	마감재, 벽재료	0.8~2.0	8~16	0.16~0.70	840	20~70					30

■ 저자소개 ■

오상균

동아대학교 건축공학과 졸업

일본, 東京大學 대학원(공학석사)

일본, 東京大學 대학원(공학박사, Ph.D)

현재 : 동의대학교 건축공학과 교수

강병희

동아대학교 건축공학과 졸업

동아대학교 대학원(공학석사)

한양대학교 대학원(공학박사)

현재 : 동아대학교 건축공학과 교수

이수용

한양대학교 건축공학과 졸업

동아대학교 대학원(공학석사)

동아대학교 대학원(공학박사)

현재 : 부경대학교 건축학부 교수

이한승

한양대학교 건축공학과 졸업

한양대학교 건축공학과 대학원(공학석사)

일본, 東京大學 대학원(공학박사, Ph.D)

현재 : 한양대학교 건축공학과 교수

안재철

동아대학교 건축공학과 졸업

동아대학교 대학원(공학석사)

동아대학교 대학원 건축공학과(공학박사)

현재 : 동아대학교 건축학부 겸임교수

건축재료실험

2025년 1월 20일 인쇄

2025년 1월 25일 발행

공 저 : 오상균,강병희.이수용

이한승,안재철

발행인 : 이 석 환

발행처 : 도서출판 서우

주 소 : 서울시 은평구 대조동 188-8

전 화 : (02) 383-1696, 1697

팩 스 : 387-9578

출판 등록 제 8-159호

ISBN: 89-91985-09-2

정가 16,000원